化学工业出版社"十四五"普通高等教育规划教材

基础化学实验（Ⅱ）
——有机化学实验

第二版

陈国术　刘天穗　陈淑杰　主编
刘运林　何芝洲　副主编

化学工业出版社
·北京·

内容简介

《有机化学实验》(第二版)共分为六篇,主要包括基本操作技术、现代合成实验技术、基础合成实验、综合与探究性实验及有机化合物官能团的定性鉴定五大部分,共 80 个实验。本书以典型的有机反应为主线,在常规的实验技术和经典的合成实验基础上,增加应用性、序列化、小量化和绿色化实验及体现相关学科交叉渗透和反映化学学科新进展的综合性与设计性实验项目,引入现代合成实验技术。本书实验内容涵盖烷、烯、炔、芳烃、卤代烃、醇酚醚、醛酮、羧酸及其衍生物等各类化合物,涉及多层次基本理论并逐步深化。

《有机化学实验》(第二版)可作为高等院校化学、化工、轻工、食品、生物、环境、制药、材料等专业本科生的有机化学实验教材,也可供相关专业研究生和从事相关行业的技术人员参考。

图书在版编目(CIP)数据

基础化学实验. Ⅱ, 有机化学实验 / 陈国术, 刘天穗, 陈淑杰主编. -- 2 版. -- 北京:化学工业出版社, 2025.3. --(化学工业出版社"十四五"普通高等教育规划教材). -- ISBN 978-7-122-47071-3

Ⅰ. O6-3

中国国家版本馆 CIP 数据核字第 2025EL4013 号

责任编辑:刘志茹　宋林青　　　　装帧设计:史利平
责任校对:宋　玮

出版发行:化学工业出版社
　　　　（北京市东城区青年湖南街 13 号　邮政编码 100011）
印　　装:大厂回族自治县聚鑫印刷有限责任公司
787mm×1092mm　1/16　印张 13　字数 314 千字
2025 年 3 月北京第 2 版第 1 次印刷

购书咨询:010-64518888　　　　　　售后服务:010-64518899
网　　址:http://www.cip.com.cn
凡购买本书,如有缺损质量问题,本社销售中心负责调换。

定　价:35.00 元　　　　　　　　　版权所有　违者必究

前　言

根据 21 世纪我国高等教育的培养目标要求，我们基于"绿色化、结构化、创新化"的新理念，对《基础化学实验（Ⅱ）——有机化学实验》教材进行了全面的修订与升级，旨在更好地服务于化学、化学（师范）、应用化学、化学工程与工艺、食品科学与工程、生命科学与生物工程等专业的本科教学需求。相较于第一版，第二版教材在保持原有特色的基础上，实现了以下重要突破与改进。

强化绿色化理念：我们深刻认识到化学实验对环境的潜在影响，因此在第二版中特别强调绿色化学实验的重要性。通过选用低毒、可回收的试剂，优化实验条件以减少废弃物产生，以及引入环境友好的实验技术，我们力求在每个实验环节中都体现绿色化学的原则，培养学生的环保意识与可持续发展理念。

编排更合理，结构更清晰：在保持"一体化、多层次、分阶段"的教学体系基础上，第二版对内容进行了更为细致的梳理与重组。通过优化章节布局，使实验项目之间的衔接更加流畅，知识体系更加系统完整。同时，强化了"基本操作技术—基础合成实验—现代合成实验技术—综合与研究性实验"的递进关系，确保学生能够在循序渐进的过程中掌握扎实的实验技能。

修订了第一版中的错漏：我们认真回顾了第一版的使用反馈，对其中发现的错误和遗漏进行了细致的修正与补充。这不仅提升了教材的准确性，也确保了教学内容的时效性和科学性。

此外，第二版依然保留了第一版中的诸多优点，如引入现代合成实验技术、注重实验技术的多元化应用、提供多层次实验项目以供选择等。我们相信，经过此次修订，本教材将更加符合当前高等教育的发展趋势，更好地服务于广大师生的教学与学习需求。

本书的修订得到了"广州大学教材出版基金"的持续支持，对此我们深表感谢！同时，也要感谢所有参与教材编写、校核工作的同事，以及为本书提供宝贵意见和建议的同行与读者。李幼红、林锦豪、董宝乐、陈舒链进行了部分实验的校核，在此一并致心诚挚的谢意！

尽管我们已尽力完善，但限于水平，书中难免有不足之处，恳请广大读者批评指正，共同推动化学实验教学的不断进步。

最后，希望第二版《基础化学实验（Ⅱ）——有机化学实验》教材能够成为广大化学相关专业学生手中的良师益友，助力他们在科研探索的道路上越走越远。

编　者

2024 年 11 月

第一版前言

化学实验课程体系和实验内容、教学手段的改革与创新是在教学实践中不断完善与提高的。根据"一体化、多层次、分阶段"的教改理念，我们总结多年积累的教学实践经验，结合我校化学、应用化学、化学工程与工艺、食品科学与工程、生命科学与生物工程等专业的教学基本要求，编写了这本适合我校及普通高等院校相关专业使用的《有机化学实验》教材。本教材具有以下特点：

1. 以典型的有机反应为主线，简述反应类型的背景、应用和实验技术，结合"制备—分离—结构表征"的研究手段，构筑了"基本操作技术—基础合成实验—现代合成实验技术—综合与研究性实验"多层次的教材体系，形成综合、螺旋上升的教学思维模式。

2. 减少和合并了部分验证性内容，增加了应用性、小量化和绿色化实验，以及体现相关学科间交叉渗透、反映化学学科新进展的综合性与设计性实验项目，从注重培养学生对理论知识的理解记忆向培养学生的综合实践能力、创新能力方面转变。

3. 在介绍常规实验技术的基础上，引入了现代合成实验技术，如光化学合成、电化学有机合成、微波辐射技术、不对称催化技术，并强化了现代波谱技术在基础实验中的应用。

4. 每类型反应有2~3个实验项目供选用，教学内容注重完整性、多层次和逐步深化，以满足相关院校、同一教学平台的不同专业、不同层次学生的使用。

5. 基础性实验注重实验原理、实验操作、注意事项和注释；综合性、设计性与探究性实验设定研究问题或实验探究，提高内容的深度，学科交叉并附有相关文献，拓宽学生的视野，供讨论式、开放式实验使用，也可供本专业研究生参考选用。

本书选编的内容远超过现在的教学时数，各学校、各相关专业可根据自己的专业特点、教学时数和教学要求，选择不同层次的内容。

本书可作为高等院校化学、化工、轻工、食品、生物、环境、制药、材料等专业本科生的有机化学实验教材，也可供相关专业研究生、从事相关行业的技术人员参考。

本书的出版受到"广州大学教育教学研究项目"及"广州大学教材出版基金"的资助，特此表示感谢！本书的编写参阅了国内外相关教材及文献资料并加以注释；古凤强、赵汝颖、刘思欣、谢宝谊、丁伟、邱梦瑶、林家辉进行了部分实验的校核，在此一并致以诚挚的谢意！

限于编者水平，本书难免存在不妥之处，敬请读者批评指正。

编　者
2010年6月于广州大学

目 录

第1篇 有机化学实验的一般知识 ·········· 1
1.1 实验室安全 ·········· 1
1.1.1 有机化学实验室的基本规则 ·········· 1
1.1.2 有机化学实验室事故的预防与急救常识 ·········· 1
1.1.3 化学药品的毒性及化学废弃物的排放 ·········· 4
1.2 实验室常用仪器和设备 ·········· 4
1.2.1 玻璃仪器的洗涤和干燥 ·········· 4
1.2.2 常用电器设备 ·········· 7
1.2.3 常用反应装置 ·········· 9
1.3 实验预习、实验记录和实验报告 ·········· 12
1.3.1 实验预习 ·········· 12
1.3.2 实验记录 ·········· 12
1.3.3 实验报告 ·········· 13
1.4 化学化工手册和文献查阅 ·········· 16
1.4.1 工具书和手册 ·········· 16
1.4.2 有机化学领域期刊 ·········· 16
1.4.3 化学数据库 ·········· 17

第2篇 基本操作技术 ·········· 19
2.1 萃取 ·········· 19
2.1.1 液-液萃取 ·········· 19
2.1.2 液-固萃取 ·········· 20
2.2 干燥 ·········· 21
2.2.1 液体有机化合物的干燥 ·········· 21
2.2.2 固体有机化合物的干燥 ·········· 23
2.3 固体有机化合物的分离与纯化 ·········· 24
2.3.1 过滤 ·········· 24
2.3.2 重结晶 ·········· 25
2.3.3 升华 ·········· 29
2.4 液体有机化合物的分离与纯化 ·········· 30
2.4.1 蒸馏 ·········· 30
2.4.2 分馏 ·········· 33
2.4.3 水蒸气蒸馏 ·········· 34
2.4.4 减压蒸馏 ·········· 36
2.5 无水无氧操作技术 ·········· 39

2.6 色谱技术 ································ 40
2.6.1 纸色谱法 ······························ 40
2.6.2 薄层色谱法 ····························· 41
2.6.3 柱色谱法 ······························ 43
2.6.4 气相色谱法 ···························· 44
2.6.5 高效液相色谱法 ························· 45

2.7 有机化合物的物理常数测定 ···················· 46
2.7.1 熔点的测定 ···························· 46
2.7.2 沸点的测定 ···························· 48
2.7.3 折射率的测定 ··························· 49
2.7.4 比旋光度的测定 ························· 51

2.8 结构表征的波谱技术 ·························· 53
2.8.1 红外光谱 ······························ 53
2.8.2 核磁共振谱 ···························· 54

第3篇 基础合成实验 ······························· 56

3.1 分子模型设计 ······························· 56
3.1.1 构建构造异构体模型 ······················ 57
3.1.2 构建立体异构体模型 ······················ 58

3.2 自由基取代反应 ····························· 59
3.2.1 环己烷的氯代反应 ······················· 61
3.2.2 各级氢原子在溴代反应中的相对活性 ········· 62

3.3 亲电加成反应 ······························· 64
3.3.1 1,2-二溴乙烷的制备 ······················ 64
3.3.2 1,2,3-三溴丙烷的制备 ···················· 66

3.4 亲电取代反应 ······························· 67
3.4.1 对二叔丁基苯的制备 ······················ 68
3.4.2 苯乙酮的制备 ··························· 70
3.4.3 硝基苯的制备 ··························· 72

3.5 亲核取代反应 ······························· 73
3.5.1 2-甲基-2-氯丙烷水解反应速率的测定 ········ 74
3.5.2 2-甲基-2-氯丙烷的制备 ···················· 75
3.5.3 正丁醚的制备 ··························· 77
3.5.4 β-萘乙醚的制备 ························· 79

3.6 消除反应 ·································· 80
3.6.1 环己烯的制备 ··························· 81
3.6.2 2-甲基-2-丁烯和2-甲基-1-丁烯的制备 ········ 82

3.7 格氏反应 ·································· 83
3.7.1 三苯甲醇的制备 ························· 84
3.7.2 2-甲基-2-丁醇的制备 ····················· 86

3.8 酯化反应 ·································· 88

- 3.8.1 乙酸乙酯的制备 ············ 88
- 3.8.2 苯甲酸乙酯的制备 ············ 90
- 3.9 缩合反应 ············ 91
  - 3.9.1 肉桂酸的制备 ············ 93
  - 3.9.2 乙酰乙酸乙酯的制备 ············ 94
  - 3.9.3 查耳酮的制备 ············ 96
- 3.10 狄尔斯-阿尔德反应 ············ 97
  - 3.10.1 蒽与马来酸酐的环加成 ············ 98
  - 3.10.2 环戊二烯与对苯醌的环加成 ············ 98
- 3.11 氧化反应 ············ 99
  - 3.11.1 环己酮的制备 ············ 99
  - 3.11.2 己二酸的制备 ············ 101
- 3.12 还原反应 ············ 103
  - 3.12.1 1-苯乙醇的制备 ············ 104
  - 3.12.2 苯胺的制备 ············ 105
- 3.13 康尼查罗反应 ············ 107
  - 3.13.1 呋喃甲醇和呋喃甲酸的制备 ············ 108
  - 3.13.2 苯甲醇和苯甲酸的制备 ············ 109
- 3.14 重氮化反应 ············ 111
  - 3.14.1 甲基橙的制备 ············ 112
  - 3.14.2 对氯甲苯的制备 ············ 114
- 3.15 杂环化合物的合成 ············ 116
  - 3.15.1 8-羟基喹啉的制备 ············ 116
  - 3.15.2 2-氨基噻唑的制备 ············ 118
- 3.16 外消旋体的合成与拆分 ············ 120
  - 3.16.1 （±）-α-苯乙胺的合成 ············ 120
  - 3.16.2 （±）-α-苯乙胺的拆分 ············ 122
- 3.17 天然产物的分离技术 ············ 123
  - 3.17.1 酶解-水蒸气蒸馏法提取沙姜精油 ············ 124
  - 3.17.2 溶剂法从黑胡椒中提取胡椒碱 ············ 125
  - 3.17.3 从毛发中提取胱氨酸 ············ 126

第4篇 现代合成实验技术 ············ 129

- 4.1 相转移催化在有机合成中的应用 ············ 129
  - 4.1.1 邻甲氧基苯酚相转移催化制备香兰素 ············ 130
  - 4.1.2 相转移催化制备二茂铁 ············ 132
- 4.2 光化学反应在有机合成中的应用 ············ 133
  - 4.2.1 苯频哪醇的光化学制备 ············ 135
  - 4.2.2 马来酸酐光化二聚制备1,2,3,4-四羧酸甲酯环丁烷 ············ 136
- 4.3 电化学有机合成 ············ 138
  - 4.3.1 Kolbe电解法合成十二烷 ············ 139

4.4 微波辐射技术 ·· 140
    4.4.1 微波辐射合成对氨基苯磺酸 ·· 141
    4.4.2 微波法提取黑胡椒油树脂及胡椒碱含量的测定 ··· 142
4.5 不对称催化技术 ·· 144
    4.5.1 α-乙酰氨基肉桂酸的不对称常压氢化反应 ·· 145
4.6 组合化学在药物合成中的应用 ·· 146

第 5 篇 综合与探究性实验 ·· 149
5.1 解热镇痛药片 APC 各组分的合成与分离鉴定 ··· 149
    5.1.1 阿司匹林的合成 ·· 149
    5.1.2 非那西丁的合成 ·· 151
    5.1.3 从茶叶中提取咖啡因 ·· 152
    5.1.4 薄层色谱法对解热镇痛药片 APC 各组分的分离鉴定 ································ 154
5.2 磺胺药物的合成及抗菌试验 ··· 156
    5.2.1 乙酰苯胺的制备 ·· 157
    5.2.2 对乙酰氨基苯磺酰氯的制备 ··· 159
    5.2.3 对氨基苯磺酰胺的制备 ··· 161
    5.2.4 磺胺吡啶的制备 ·· 163
    5.2.5 磺胺噻唑的制备 ·· 165
    5.2.6 磺胺药物的抗菌试验 ·· 167
5.3 抗癫痫药物苯妥英的合成 ·· 169
    5.3.1 安息香的辅酶法合成 ·· 170
    5.3.2 二苯基乙二酮的制备——薄层色谱监测反应的进程 ·································· 172
    5.3.3 5,5-二苯基乙内酰脲的合成 ·· 173
5.4 在水相中进行的类似格氏反应研究 ·· 175
5.5 番茄酱中番茄红素和 β-胡萝卜素的提取及分析测定 ··· 176

第 6 篇 有机化合物官能团的定性鉴定 ··· 180
6.1 烯烃、炔烃的鉴定 ··· 180
6.2 芳烃的鉴定 ·· 180
6.3 卤代烃的鉴定 ··· 181
6.4 醇的鉴定 ··· 181
6.5 酚的鉴定 ··· 181
6.6 醛和酮的鉴定 ··· 182
6.7 羧酸及其衍生物的鉴定 ··· 182
6.8 胺的鉴定 ··· 183
6.9 糖类的鉴定 ·· 183
6.10 蛋白质的鉴定 ··· 184

附录 ··· 185
附录 1 常用元素的原子量（1997 年） ··· 185

附录 2　常用有机溶剂的纯化 …………………………………………………………… 185
附录 3　常用试剂的配制 ………………………………………………………………… 190
附录 4　制备实验中基本操作一览表 …………………………………………………… 191
附录 5　有机化学文献和手册中常见的英文缩写 ……………………………………… 194

主要参考书目 ……………………………………………………………………………… 196

第 1 篇　有机化学实验的一般知识

有机化学实验的教学目标是对学生进行知识能力、科学素质和创新精神的培养。基本任务是使学生熟练地掌握有机化学实验的基本知识和基本技能，掌握典型的有机合成方法和规律，正确选择合成路线，进行有机化合物的制备、分离和分析鉴定。培养学生查阅资料、设计实验、发现问题、分析和解决问题的综合能力，以及实事求是的科学态度、认真细致的工作作风和相互协作的团队精神，使其具备一定的创新意识与创新能力。

1.1　实验室安全

1.1.1　有机化学实验室的基本规则

实验室是开展实验的工作场所。要确保实验的顺利进行，不仅要求我们具备敏捷的思维和熟练的实验技巧，也要有良好的实验习惯。或许一次小小的不规范的习惯性操作，就让我们与正确结果失之交臂。因此，从第一次走进实验室时，就必须严格遵守化学实验室的规则和安全守则。

① 实验前做好一切准备，写出预习报告。

② 不准穿拖鞋进入实验室，应穿戴实验服，需要时采取必要的安全措施，如戴防护眼镜、面罩或橡皮手套等。严禁在实验室内吸烟或进食。

③ 熟悉实验室及周围的环境，熟悉灭火器材、喷淋设备以及急救药箱的使用和放置地方。发生意外事故应及时采取应急措施，并立即报告教师处理。

④ 实验开始前应先检查仪器是否完好无损，装置是否正确稳妥。

⑤ 遵从教师的指导，按照实验步骤进行实验，严格遵守操作规程。不能随意更改或结束实验，必须征得教师的同意方可决定。

⑥ 实验过程中要集中精力，仔细观察并做好记录，尊重实验结果。应保持安静和遵守纪律，不得擅自离开实验岗位。

⑦ 保持实验室和实验桌面的整洁，实验仪器及药品不能乱丢乱放。遵守公共实验台药品、器材取用的规定，废弃物和回收溶剂应放在指定的容器中做统一处理。节约水、电和药品。

⑧ 实验结束后及时把仪器洗刷干净，并认真洗手。值日生打扫实验室，整理公用仪器和药品，倒净废物容器。检查水、电、煤气及门窗，报告教师后方可离开实验室。

1.1.2　有机化学实验室事故的预防与急救常识

有机化学实验中使用的药品多数是有毒、可燃、有腐蚀性和挥发性的，甚至是有爆炸性的，使用的仪器大部分是玻璃制品，特殊条件下，还会涉及高温高压如高压釜、钢瓶的使用等。因此，必须意识到有机化学实验室可能是一个危险的工作场所，充分认识药品的理化性质，了解潜在的危险，集中精力严格按正确的操作规范进行实验，能对事故的预防起到重要的作用。同时，为了避免在事故发生后惊慌失措，还必须掌握一般事故的处理方法，把损失降低至最低限度。必须记住，如果发生严重事故，将无法挽回，再也没有弥补的机会了。

1.1.2.1 实验室事故的预防

(1) **眼睛的安全** 如果有可能，进实验室时都应戴护目镜。曾有这样的情况，在洗涤玻璃仪器时，只是由于一颗未被觉察的活性物质（如 Na 粒）发生爆炸，玻璃碎片溅入了操作者的眼睛。蒸馏放置过久的乙醚，因存在过氧化物而未经处理，蒸干时也会发生过氧化物的爆炸。为了避免这类事故，始终戴上安全眼镜是明智的。不要戴隐形眼镜，因有机溶剂会溶蚀隐形眼镜，对眼睛造成损害。

(2) **火灾的预防** 实验室中使用的有机溶剂大部分是易燃的，如乙醚、二硫化碳、正己烷、苯、乙醇、丙酮、乙酸乙酯等，防火的基本原则有如下几点：

① 在操作易燃的有机溶剂时应远离火源，当附近有露置的易燃溶剂时切勿点火。

② 勿将易燃液体化合物放置在敞开的容器内，勿直接加热低沸点易燃有机化合物，应使用水浴或电热套，也可使用蒸汽浴。

③ 绝不可以加热一个密封的实验装置，因为加热而导致的压力增加会引起装置炸裂，引发火灾。

④ 可燃液体在加热蒸馏和回流时，应确保所有接头紧密且无张力。蒸馏时接引管的尾气出口应远离火源，特别对于低沸点物质如乙醚，应用橡皮管引入下水道或室外。

⑤ 用油浴加热，必须注意避免水的溅入。

⑥ 凡进行放热反应时，应准备冷水浴。一旦发现反应失去控制能立即将反应器浸在冷水浴中冷却。当用电热套对装置进行加热时，电热套应有足够的活动空间，以便在加热剧烈时能方便地拆卸移开。

⑦ 数量较大的易燃有机溶剂应放在危险药品柜中，存放时注意不得将其与某些强氧化剂如氯酸钾、浓硝酸、高锰酸钾等放在一起，因它们接触后会发生猛烈反应，引起燃烧或爆炸。

(3) **爆炸的预防**

① 常压装置不能安装成密闭体系，应与大气相通。减压蒸馏时要用圆底烧瓶作接收器，不能用锥形瓶，否则，容易发生爆炸。

② 注意一些气体或有机溶剂的蒸气与空气相混时，在一定比例范围内，如遇到一个热的表面或者一个火花、电火花就会引起爆炸。

③ 在使用醚类物质时，必须用亚铁氰化钾检查有无过氧化物存在。如果有过氧化物存在，应用硫酸亚铁除去过氧化物才能使用，以免发生爆炸。对于以过氧化物作引发剂的反应，在后续操作中应特别注意。

④ 卤代烷与钠的反应剧烈，易发生爆炸，应分隔放置。金属钠屑须放在指定的地方。

⑤ 对于易爆炸的固体，如炔化银、炔化亚铜、三硝基甲苯等都不能重压或撞击，以免引起爆炸。残渣必须小心销毁，如炔化银、炔化亚铜可用酸使它分解而销毁，不得任意乱丢。

⑥ 进行可能爆炸的实验，使用可能发生爆炸的化学试剂时，必须做好个人防护。需戴面罩或防护眼镜，在通风橱中进行操作。并设法减少药品用量或浓度，进行微量或半微量试验。

(4) **玻璃割伤的预防** 避免玻璃割伤的基本原则是切勿对玻璃仪器的任何部分施加过度的压力或张力。

① 当玻璃部件插入橡皮或软木塞中时，务必将手握在玻璃部件靠近橡皮或软木塞的部位，应用水、甘油或其他润滑剂，并渐渐旋转，不可强行插入或拔出。

② 玻璃管的截断操作：锉痕时只能向一个方向，不能来回拉锉；锉出凹痕后，两手分别握住凹痕的两边，凹痕向外，两个大拇指分别按在凹痕后面的两侧，用力急速一压带拉。

为了安全起见，常用布包住玻璃管，并尽可能远离眼睛，以免玻璃破碎伤人。

③ 玻璃管（棒）的锋利边口必须用火烧熔，使之光滑后方可使用。

(5) 因疏忽而混错的化学品　在使用贴有危险品警示图标的药品时，要特别小心谨慎。切勿将倒出的化学试剂倒回储瓶中，这是一种危险的行为。可能会因偶尔不慎把异物倒入或倒错试剂瓶，与瓶内化合物发生反应造成爆炸；也可能会引进杂质，导致下一个使用这种试剂的人实验失败。

1.1.2.2　实验室事故急救常识

(1) 火灾的处理　如果着火，切勿惊慌失措！首先应立即熄灭附近所有火源，拉开总电闸，移开附近任何易燃物质，并立即采取灭火措施。

若是烧瓶少量溶剂着火或是酒精等易燃溶剂洒在桌面引起的小火，用石棉网或湿布盖住就可熄灭。若遇大火，就得视情况用沙子、灭火器灭火（注意：这种情况通常是带有破坏性的灭火，应遇到较大火灾时才使用）。有机化学实验室的灭火通常采用使燃着的物质隔绝空气的办法，千万不要用水浇，否则有机物漂浮在水的上面，扩散更快，会引起更大的火灾。

如果电器着火，应立即切断电源，用二氧化碳或四氯化碳灭火器灭火。切记：在带电情况下，不能用水和泡沫灭火器，水能导电，易造成触电。

如果衣服着火，切勿奔跑，奔跑无疑等于扇火！应在地板上打滚（以免火焰烧向头部），或用浸湿的工作服将着火部位裹起来，或者直接用水冲淋。

(2) 割伤、烫伤处理　如果割伤，将伤口处的异物（如玻璃屑）取出，用水冲洗伤口，涂上红汞药水后用纱布包扎。伤势严重者应先按紧主血管以防止大量出血，急送医院就医。

如果烫伤（包括沸水浴、油浴、灼热玻璃的烫伤）可涂抹玉树油、鞣酸油膏或烫伤油膏。

(3) 化学灼伤　与腐蚀性化学药品接触的皮肤应立即用肥皂和水充分洗涤，轻微的灼伤敷以灼伤油膏，严重的应去医院作进一步的医治。

溴引起的灼伤特别严重，应立即用水冲洗，然后用酒精擦洗至无溴液存在为止，再涂上甘油轻轻按摩并求诊。若眼睛受到溴蒸气的刺激，可对着盛有酒精的瓶口注视片刻。

如果酸（或碱）溅入眼睛，应立即用大量水冲洗，再用1%碳酸氢钠溶液（或1%硼酸溶液）洗后，最后滴入少许蓖麻油。

如果酸灼伤，立刻用水冲洗，然后用1%～2%碳酸氢钠洗，经水冲洗后涂烫伤油膏。

如果碱灼伤，立刻用水冲洗，然后用1%硼酸或1%～2%醋酸洗，经水冲洗后涂烫伤油膏。

(4) 中毒　在实验中，化学药品溅入或误入口腔，应立即用大量的水冲洗。如已进入胃中，应查明药品的毒性性质，再根据毒性的性质服用解毒药，并立即送往医院急救。

误吞强酸，先饮用大量水，再服氢氧化铝膏、鸡蛋白；对于强碱，也要先饮用大量水，再服醋、酸果汁、鸡蛋白。不论酸或碱中毒都需灌注牛奶，不要吃呕吐剂。

如果发生刺激性及神经性中毒，先服牛奶或鸡蛋白使之冲淡缓和，再服用硫酸镁溶液（约10 g溶于100 mL水）催吐，并送往医院就诊。

吸入气体中毒者，应立即将中毒者抬至室外，解开衣领及纽扣，必要时做人工呼吸并及时送往医院急救。

为处理事故需要，实验室内应备有急救箱，内置有下列物品：绷带、纱布、脱脂棉、橡皮膏、创可贴、医用镊子、剪子；凡士林、玉树油或鞣酸油膏、烫伤油膏；2%醋酸、1%硼酸、1%～2%碳酸氢钠、3%双氧水、酒精、甘油、红汞、龙胆紫等。

安全切记：

易燃、易爆溶剂应远离火源！

有毒、有腐蚀性试剂在通风橱内操作！

任何常压装置应与大气相通，不能造成密闭体系！

未经准许的实验不得擅自做！

1.1.3 化学药品的毒性及化学废弃物的排放

大部分有机化学药品有毒性。如含氯有机溶剂（如 CH_2Cl_2、$CHCl_3$、CH_2ClCH_2Cl 等）不易被人体排出和分解，在人体内积累过多时就会使肝脏病变，产生的后果与饮酒过多造成的肝硬化类似。经常过多地接触苯蒸气可能使人患白血病。还有一些溶剂（如氯仿、乙醚）是良好的麻醉剂，过多吸入就会产生睡眠症，随后还会使人感到恶心。另外，吡啶是一种奇臭气味的溶剂，能使人暂时乏力。

有机化学药品进入江河湖泊会毒害或毒死水中生物，引起生态破坏。一些有机化学药品会积累在水生生物体内，致使人食用后中毒。被有机化学药品污染的水难以得到净化，使人类的饮水安全和健康受到威胁。

总之，有机化学药品的危险性与硫酸之类不相上下，只是有机溶剂的危险性更为隐蔽。处理时切勿掉以轻心，必须小心地按照规程操作。

严禁把废气、废液、废渣和废弃化学品等污染物直接向外界排放。学校不能自行处理的废弃物，必须交由环境保护行政主管部门认可、持有危险废物经营许可证的单位处置。提倡实验室采用无毒、无害或者低毒、低害的试剂，尽可能减少危险化学品的使用。

使用化学药品时的注意事项如下：

① 切勿让化学药品不必要地与皮肤接触，特别注意避免伤口及创伤部位与毒品接触。不要用诸如丙酮、酒精之类有机溶剂洗涤皮肤上的化学品，因为这些溶剂能增加皮肤对化学药品的吸收速度。实验结束后应认真洗手。

② 实验室通风应良好，尽可能地在通风橱内进行实验操作。如果反应过程中产生有害气体，则应安装有效的气体吸收装置。避免吸入化学药品，特别是有机溶剂的烟雾和蒸气。

③ 切勿用嘴尝试任何化学药品，除非是特定指明需作尝试的。

④ 化学药品一旦溅出，应立即采取相应的措施以清除溅出物。

⑤ 使用化学药品前，应查阅相关资料，了解其毒性以及其他生理作用。

⑥ 使用有毒药品时，应认真操作，妥善保管。剧毒物质应由专人负责收发，并向使用者提出必须遵守的操作规程。实验后的有毒残渣，必须作妥善而有效的处理，不准乱放。

1.2 实验室常用仪器和设备

1.2.1 玻璃仪器的洗涤和干燥

1.2.1.1 标准磨口仪器

标准磨口，顾名思义，接口部位的尺寸大小都是统一，即标准化的。例如，14 口、19 口、24 口指的是磨口的最大端直径分别为 14 mm、19 mm 和 24 mm（中量仪是 19 口）。而磨口是指瓶口通过磨砂而成，而且其材料都是采用硬质料的配方。使用这种仪器只要是相同尺寸的标准磨口，相互之间便可以装配吻合。对不同尺寸的磨口仪器，可以通过相应尺寸的大小磨口接头使之相互连接。与普通玻璃仪器相比，标准磨口仪器要贵得多。不过，由于标准磨口仪器的装配、拆卸非常方便，且密封性好，能避免物质被胶塞沾污，因而得到广泛的应用，是有机制备中常用的仪器。常用标准磨口仪器见图1.1。

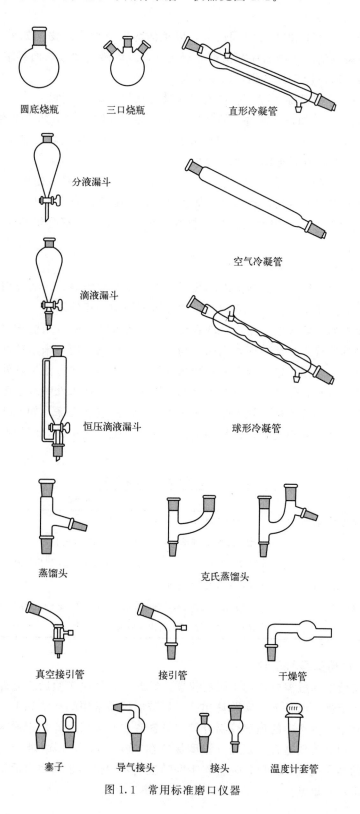

图1.1 常用标准磨口仪器

标准磨口仪器的注意事项如下：

① 磨口仪器必须清洁无杂质，若粘有固体杂物，会使磨口对接不严密导致漏气；若有硬质杂物，更会损坏磨口。

② 一般情况下，磨口处不必涂润滑剂，以免沾污反应物或产物。如果用滴液漏斗或者三口烧瓶等盛装碱性溶液，则需涂润滑剂，以免磨口处因碱腐蚀玻璃而黏结在一起，无法拆开。减压蒸馏时，磨口应涂真空脂，以免漏气。

③ 使用完后应及时洗涤干净，否则磨口接处会粘住，难以拆除。

④ 具塞玻璃仪器（如滴液漏斗）不用时，应在旋塞与磨口间用纸片隔离开，以免粘牢。

⑤ 磨口仪器如果黏结在一起，不可使劲拆卸。可先用电吹风对着黏结接口处加热，然后再试着拆卸；或用水煮后再用木块轻敲塞子，使之松开。

⑥ 安装标准磨口仪器装置时，应注意装配正确、整齐、稳妥，使磨口的连接处不受歪斜的应力，否则易将仪器折断，特别是在加热时，仪器受热，应力更大。

⑦ 使用时应充分小心，因磨口仪器价格高，损失一个零件都会给使用带来困难，也会造成仪器不配套。

1.2.1.2 玻璃仪器的洗涤

进行合成实验时必须使用清洁的玻璃仪器，以避免杂质的混入。实验用过的玻璃器皿必须立即洗涤，若时间长了，会由于忘记污垢的性质而增加洗涤的困难。

洗涤玻璃仪器的一般方法：用水、洗衣粉、去污粉或洗洁精，用刷子（如烧瓶刷、冷凝管刷）刷洗湿润的器壁，直至玻璃表面的污物除去为止；然后用自来水冲洗干净后，倒置在玻璃仪器架上晾干。若用于精制或有机分析用的器皿，除用上述方法处理外，还须用蒸馏水冲洗。当玻璃仪器倒置，器壁有一层既薄又均匀的水膜，不挂水珠时表示已洗净。

若难以洗涤时，则可根据污垢的性质选用适当的洗液进行洗涤。如酸性（或碱性）的污垢可用碱性（或酸性）洗液洗涤，有机污垢用碱液或有机溶剂洗涤，但用腐蚀性洗液时则不能用刷子（见表1.1）。

表1.1 常见污垢的洗脱方法

污垢的性质	处理方法
二氧化锰、碳酸盐和氢氧化物等	用盐酸处理
铜或银附在器壁上	用硝酸处理，难溶的银盐可以用硫代硫酸钠溶液
少量炭化残渣	铬酸洗液浸泡一段时间后在小火上加热，直至冒出气泡，炭化残渣可被除去
油脂和一些有机物（如有机酸）	碱液和合成洗涤剂配成的浓溶液处理
胶状或焦油状的有机污垢	选用丙酮、乙醚、苯等有机溶剂浸泡，或用NaOH-乙醇溶液浸泡
煤焦油污迹	浓碱浸泡一段时间，再用水冲洗

1.2.1.3 玻璃仪器的干燥

化学合成实验中一般需要使用干燥的仪器。因此，在每次实验后应立即把玻璃仪器洗涤干净并倒置使之干燥，以备下次实验使用。干燥玻璃仪器常用的方法如下。

(1) 自然晾干 把洗净的玻璃仪器开口向下挂在干燥架上，但干燥速度较慢。

(2) 烘干 把玻璃仪器置于烘箱（温度保持在100～105 ℃）中烘干。玻璃仪器应从上层依次往下层的顺序放置，器皿口向上；带磨口玻璃塞的仪器必须取出活塞；仪器上的橡皮塞、软木塞不可放入烘箱。

(3) 吹干　若需急用的玻璃仪器，可采用气流烘干器或电吹风快速吹干的方法。先将水尽量沥干，用少量丙酮或乙醇荡洗并倾出，冷风吹 1～2 min，待大部分溶剂挥发后，再吹入热风至完全干燥为止。

1.2.1.4　玻璃仪器的保养

① 厚壁玻璃仪器如吸滤瓶受热易破裂，不可直接对其加热。计量类容器如量筒受热会影响计量准确度，洗净后宜晾干而不宜置于高温下烘烤。

② 锥形瓶、平底烧瓶不耐压，不能用于减压操作。

③ 安装冷凝管时应将夹子夹在冷凝管重心的地方，以免翻倒。冷凝管用洗涤液或有机溶液洗涤时，用软木塞塞住一端，不用时应直立放置使之易干。

④ 砂芯漏斗一般用于抽滤酸性介质中的固体，在使用后应立即用水冲洗，难以洗净的污垢可用酸性洗液浸泡一段时间，再用水抽滤冲洗，必要时用有机溶剂洗涤。

⑤ 温度计水银球部位的玻璃很薄，容易破损，使用时要特别小心。不能用温度计当搅拌棒使用；不能测定超过刻度范围的温度；不能把温度计长时间放在高温溶剂中，否则，会使水银球变形，读数不准；温度计用后要让它慢慢冷却，特别在测量高温之后，切不可立即用水冲洗，否则会破裂或水银柱断裂，应悬挂在铁架台上，待冷却后洗净抹干，放回温度计盒内，盒底要垫上一小块棉花。

1.2.2　常用电器设备

1.2.2.1　电子天平

电子天平是实验室常用的称量设备（见图 1.2），尤其在微型、半微量实验中必备，是一种比较精密的仪器，应注意其维护和保养。

① 电子天平应放在清洁、稳定的环境中，以保证测量的准确性。勿将其放在通风、有磁场或产生磁场的设备附近，勿在温度变化大、有震动或存在腐蚀性气体的环境中使用。

② 要保持机壳和称量台的清洁，以保证天平的准确性。可用蘸有中性清洗剂的湿布擦洗，再用一块干燥的软毛巾擦干。

③ 不使用时应关闭开关，拔掉变压器。

1.2.2.2　电热套

电热套是有机化学实验中常用的间接加热设备。用玻璃纤维丝与电热丝编织成半圆形的内套，外边加上金属外壳，中间填上保温材料（见图 1.3）。根据内套直径的大小分为 50 mL、250 mL、500 mL 等规格，电热套的容积一般与烧瓶的容积相匹配。电热套的使用温度一般不超过 400 ℃。电热套具有不见明火、不易使有机溶剂着火、使用较安全、热效率高等优点。

图 1.2　电子天平

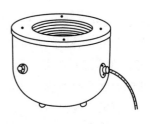

图 1.3　电热套

使用时应注意不要将药品洒在电热套中,以免加热时药品挥发污染环境,同时避免电热丝被腐蚀而断开。用完后放在干燥处,否则内部吸潮后会降低绝缘性能。

1.2.2.3 磁力加热搅拌器

图1.4 磁力加热搅拌器

磁力加热搅拌器带有温度和转速控制旋钮,可同时进行加热和搅拌,由一根以玻璃或塑料密封的软铁(叫磁子)和一个可旋转的磁铁组成(见图1.4)。将磁子投入盛有欲搅拌的反应液容器中,将容器置于内有旋转磁场的搅拌器托盘上,接通电源,由于内部磁铁旋转,使磁场发生变化,容器内磁子亦随之旋转,达到搅拌的目的。

1.2.2.4 电动搅拌器

电动搅拌器由机座、小型电动机和变压调速器几部分组成(见图1.5),一般用于常量的非均相反应时搅拌液体反应物。

① 应先将搅拌棒与电动搅拌器连接好,再将搅拌棒用套管或塞子与反应瓶固定好。

② 开动搅拌机前,应用手先空试搅拌机转动是否灵活,如不灵活,应找出摩擦点,进行调整,直至转动灵活才接通电源,旋动调速运行。

1.2.2.5 调压变压器

调压变压器常用来调节电炉、电热套、红外干燥箱的温度、调整电动搅拌器的转速等。

① 接好地线,注意输入端与输出端切勿接错,不许超负荷使用。

② 使用时,先将调压器调至零点,再接通电源,然后根据加热温度或搅拌速度调节旋钮到所需要的位置,调节变换时应缓慢均匀。

③ 使用完毕,应将旋钮调至零点,并切断电源。

图1.5 电动搅拌器

图1.6 旋转蒸发仪

1.2.2.6 旋转蒸发仪

旋转蒸发仪由电机带动可旋转的蒸发器(圆底烧瓶)、冷凝器和接收器组成(见图1.6)。可在常压或减压下使用,可一次进料,也可分批吸入蒸发料液。由于蒸发器的不断旋转,可免加沸石而不会暴沸。蒸发器旋转时,液体附于壁上形成一层液膜,加大了蒸发面积,加快了蒸发速度。因此,旋转蒸发仪是快速浓缩溶液、回收溶剂的理想装置。

旋转蒸发仪许多部件是玻璃材质,在实验操作时应特别小心。

1.2.2.7 循环水多用真空泵

循环水多用真空泵（见图 1.7）是以循环水作为流体，利用射流产生负压的原理而设计的，广泛用于蒸发、蒸馏、结晶、过滤、减压、升华等操作中。由于水可以循环使用，避免了直排水的现象，节水效果明显。因此，是实验室理想的减压设备，一般用于对真空度要求不高的减压体系中。

① 真空泵抽气口最好接一个缓冲瓶，以免停泵时水被倒吸入反应瓶中，使反应失败。

图 1.7　循环水真空泵

② 开泵前，应检查是否与体系接好，然后，打开缓冲瓶上的旋塞。开泵后，用旋塞调至所需要的真空度。关泵时，先打开缓冲瓶上的旋塞，拆掉与体系的接口，再关泵，切忌相反操作。

③ 有机溶剂对水泵的塑料外壳有溶解作用，所以，应经常更换（或倒干）水泵中的水，以保持水泵的清洁完好和真空度。

1.2.2.8　油泵

油泵是实验室常用的减压设备，它多用于对真空度要求较高的反应中。其效能取决于泵的结构及油的好坏（油的蒸气压越低越好），好的油泵能抽到 10~100 Pa 以上的真空度。在用油泵进行减压蒸馏时，溶剂、水和酸性气体会造成对油的污染，使油的蒸气压增加，降低真空度，同时，这些气体会腐蚀泵体。为了保护泵和油，使用时应注意做到定期换油；干燥塔中的氢氧化钠、无水氯化钙如已结成块状应及时更换。

1.2.2.9　烘箱

实验室一般使用的是恒温鼓风干燥箱，使用温度为 50~300 ℃，主要用于干燥玻璃仪器或无腐蚀性、热稳定性好的药品。使用时首先打开加热开关（一般开到 1，需急速烘干时可开到 2），然后设定好温度。

① 挥发性易燃物或刚用酒精、丙酮淋洗过的玻璃仪器切勿放入烘箱内，以免发生爆炸。

② 刚洗好的仪器，应将水控干后再依次从上层往下层放入烘箱中，以防湿仪器上的水滴到其他已烘干的热仪器上造成炸裂。

③ 热仪器取出后，不要马上碰冷的物体如冷水、金属用具等。

④ 带旋塞或具塞的仪器，应取下塞子并擦去油脂后再放入烘箱中烘干。

1.2.3　常用反应装置

利用常用的标准磨口仪器基本"配件"，可以搭建出一般常规有机化学实验中所需要的实验装置，如回流、搅拌、气体吸收、蒸馏、分馏等装置。

1.2.3.1　气体吸收装置

气体吸收装置（见图 1.8）用于吸收反应过程中生成的有刺激性和水溶性的气体（如 HCl、SO_2 等）。图 1.8(a) 中的玻璃漏斗应略微倾斜，使漏斗口一半在水中、一半在水面上；图 1.8(b) 的玻璃管应略微离开水面。这样，既能防止气体逸出，亦可防止水被倒吸至反应瓶中。在烧杯或吸滤瓶中可装入一些气体吸收液，如酸液或碱液，以吸收反应过程中产生的碱性或酸性气体。

在采用气体吸收装置时应密切注意观察气体吸收情况。有时会因为反应温度的变化而导致体系内形成一定的负压，从而发生气体吸收液倒吸现象。解决的办法是保持玻璃漏斗或玻

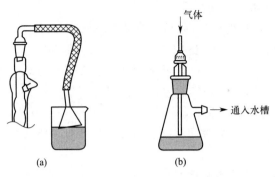

图 1.8 气体吸收装置

璃管悬在近离吸收液的液面上,使反应体系与大气相通,消除负压。

1.2.3.2 回流（滴加）装置

很多有机化学反应需要在反应体系的溶剂或液体反应物的沸点附近进行,这时就要用回流装置（见图 1.9）。图 1.9(a) 是普通加热回流装置；图 1.9(b) 是防潮加热回流装置；图 1.9(c) 是带有吸收反应中生成气体的回流装置；图 1.9(d) 为回流时可以同时滴加液体的装置；图 1.9(e) 为回流时可以同时滴加液体并测量反应温度的装置。

在回流装置中,一般多采用球形冷凝管。因为蒸气与冷凝管接触面积较大,冷凝效果较好,尤其适合于低沸点溶剂的回流操作。如果回流温度较高,也可采用直形冷凝管。当然,当回流温度高于 150 ℃时就要选用空气冷凝管,因为球形或直形冷凝管在高温下容易炸裂。

回流加热前,应先放入沸石,根据瓶内液体的沸腾温度,可选用电热套、水浴或油浴加热等方式,在条件允许下,一般不采用隔石棉网直接用明火加热的方式。回流的速率应控制在液体蒸气浸润不超过两个球为宜。

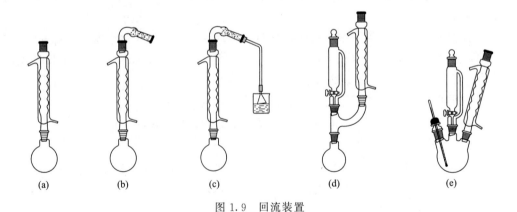

图 1.9 回流装置

1.2.3.3 搅拌回流装置

当反应在均相溶液中进行时一般可以不要搅拌,因为加热时溶液存在一定程度的对流,从而保持液体各部分均匀地受热。如果是非均相间反应或反应物之一是逐渐滴加时,为了尽可能使其迅速均匀地混合,以避免因局部过浓过热而导致其他副反应发生或有机物分解；有时反应产物是固体,如不搅拌将影响反应顺利进行；在这些情况下均需进行搅拌操作。在许多合成实验中使用搅拌装置,既可以较好地控制反应温度,也能缩短反应时间和提高产率。

常用的搅拌回流装置见图 1.10。图 1.10(a) 是可同时进行搅拌、回流和测量反应温度的装置；图 1.10(b) 是同时进行搅拌、回流和自滴液漏斗加入液体的装置；图 1.10(c) 是还可同时测量反应温度的搅拌回流滴加装置。图 1.10(d) 是同时测量反应温度的磁力搅拌回流滴加装置。

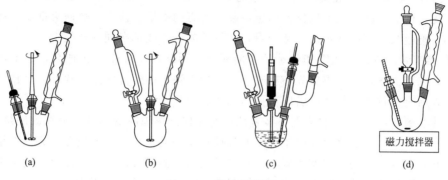

图 1.10　搅拌回流装置

1.2.3.4　回流分水装置

对一些可逆平衡反应，为了使正向反应进行完全，可将产物之一的水不断从反应混合体系中除去。此时，可以用回流分水装置（见图 1.11）。

在该装置中有一个分水器，回流下来的蒸气冷凝液进入分水器，分层后，有机层自动流回到反应烧瓶，生成的水则从分水器中放出。这样就可以使某些生成水的可逆反应尽可能地反应完全。

1.2.3.5　滴加蒸出反应装置

某些有机反应需要一边滴加反应物一边将产物之一蒸出反应体系，防止产物再次发生反应，并破坏可逆反应平衡，使反应进行彻底。此时可采用图 1.12 所示的滴加蒸出反应装置。

利用这种装置，反应产物可单独或形成共沸混合物，不断从反应体系中蒸馏出去，并可通过恒压滴液漏斗将一种试剂逐渐滴加入反应瓶中，以控制反应速率或使这种试剂消耗完全。

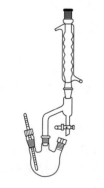

图 1.11　回流分水装置

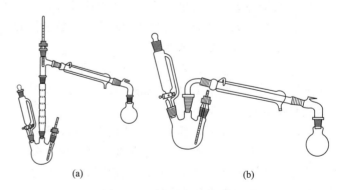

图 1.12　滴加蒸出反应装置

仪器装配原则如下：

① 整套仪器应尽可能使每一件仪器都用铁夹固定在同一个铁架台上，以防止各种仪器因振动频率不协调而破损。

② 铁夹的双钳应包有橡皮、绒布等衬垫，以免铁夹直接接触玻璃而将仪器夹坏。夹物要不松不紧，既保证磨口连接处严密不漏，又尽量使各处不产生应力。

③ 铁架应正对实验台的外面，不要倾斜，否则重心不一致，容易造成装置不稳而倾倒。

④ 安装仪器时，应首先确定烧瓶的位置，其高度以热源的高度为基准。先下后上，从左到右，先主件后次件，逐个将仪器固定组装。所有的铁架、铁夹、烧瓶夹都要放在玻璃仪器的后面，整套装置不论从正面、侧面看，各仪器的中心线都在同一直线上。

⑤ 仪器装置的拆卸方式则和组装的方向相反。拆卸前，应先停止加热，移走热源，待稍冷却后，取下产物，然后再按先右后左，先上后下逐个拆掉。注意在松开一个铁夹时，必须用手托住所夹的仪器，拆冷凝管时不要将水洒在电热套上。

以回流装置［图1.9(b)］为例。装置仪器时先根据热源高低用铁夹夹住圆底烧瓶瓶颈，垂直固定于铁架上。然后将冷凝管下端正对烧瓶口用铁夹垂直固定于烧瓶上方，再稍稍放松铁夹，将冷凝管放下，使磨口塞塞紧后，再将铁夹旋紧固定好冷凝管，冷凝管的下进水口和上出水口用合适的橡皮管连接并接冷凝水，最后在冷凝管顶端装置干燥管。

1.3 实验预习、实验记录和实验报告

实验前的预习、实验操作和实验报告是安全、高效地完成有机化学实验的三个重要环节。对于科学研究来说，实验报告同时是劳动的唯一成果。实验报告记录的原始数据是不能假冒的，一份详细、真实的实验报告具有较高的收藏价值。在以后重复实验时，可直接用作参考数据，避免不必要的文献、数据的重复查阅，提高工作效率。因此，完成实验报告是一件严肃认真、实事求是的工作。

1.3.1 实验预习

实验预习是做好实验的第一步。首先应认真阅读实验教材及相关参考资料，明确实验目的、弄清实验原理、熟悉实验内容和方法、牢记实验条件和注意事项。在此基础上，简明、扼要地写出预习报告。预习报告包括以下内容：

① 实验目的。

② 实验原理，可写出主反应及主要副反应，并简述反应机理、反应条件分析等。

③ 查阅并列出主要试剂和产物的物理常数及性质，试剂的规格、用量。

④ 画出主要反应装置图。

⑤ 写出实验步骤。实验步骤应简单明了，文字可用化学符号简化。例如：试剂可写分子式，克（g）、毫升（mL）、加热（△）、加入（+）、沉淀（↓）、气体逸出（↑），不能照抄教材中的实验内容。

⑥ 合成实验应写出粗产物的纯化流程图，明确后处理各步骤的目的和要求。

反应停止后，所要的产物必须要从副产物、未反应的原料、溶剂和催化剂等混合物中分离出来。所以在写分离方案时，不仅要清楚反应的原理，还要熟悉有机合成中常用的分离提纯技术，以及这些技术的应用。

⑦ 针对实验中可能出现的问题，特别是安全问题，写出防范措施和解决办法。

⑧ 计算理论产率，列出产率计算公式，实验完毕，填上产量，就可以直接计算产率。

1.3.2 实验记录

实验记录是科学研究的第一手资料，实验记录的好坏直接影响对实验结果的分析。因

此，必须对实验的全过程进行仔细观察，并要及时、如实地记录以下内容：
① 加入原料的量、顺序、颜色。
② 反应时间、温度变化、反应液颜色的变化、有无沉淀及气体出现等。
③ 产品的量、状态、颜色、熔点、沸点和折射率等数据。

特别是当观察到的现象和预期不同，以及操作步骤与教材规定的不一致时，要按照实际情况记录清楚。这些观察结果在当时看来可能不重要，而实验完毕，在讨论实验以及老师批阅实验报告时，对于正确解释实验结果有很大帮助。记录时，要与实验步骤一一对应，内容要简明、准确，字迹整洁。实验完毕，将产品贴标签，交给老师后才可以离开。

1.3.3 实验报告

实验报告在实验预习的基础上完成。内容包括：
① 实验目的；
② 实验原理（反应式）；
③ 主要试剂和产物的物理常数、试剂的规格和用量；
④ 实验装置图；
⑤ 实验步骤和现象记录；
⑥ 粗产物的纯化流程（合成实验）；
⑦ 实验结果及产率计算；
⑧ 问题与讨论。

数据处理应有原始数据记录表和计算结果表，计算产率必须列出反应方程式和算式，使写出的报告更加清晰、明了、逻辑性强，便于批阅和留做以后参考。

结果讨论应包括对实验现象的分析解释、对实验结果的定性分析或定量计算、对实验的改进意见和做实验的心得体会等。这是锻炼学生分析问题的重要一环，是使直观的感性认识上升到理性思维的必要步骤，务必认真对待。

实验报告范例：

乙酸乙酯的制备

一、实验目的
1. 学习从有机酸合成酯的基本原理和制备方法。
2. 掌握回流、分液、洗涤、干燥、蒸馏等操作。

二、实验原理
本实验由乙酸和乙醇在浓硫酸催化下反应制备乙酸乙酯：

$$CH_3COOH + C_2H_5OH \underset{120\sim125\ ℃}{\overset{H_2SO_4}{\rightleftharpoons}} CH_3COOC_2H_5 + H_2O$$

酯化反应是可逆反应，为了使反应有利于酯的生成，通常可采用过量的羧酸或醇，或者从反应物中不断移去产物酯或水（共沸蒸馏法），或者二者同时采用。本实验采取了以下措施：

1. 以乙酸作为基准试剂，用过量的乙醇促使平衡右移，使 CH_3COOH 尽可能作用完全。
2. 用过量的硫酸，一部分起催化作用，另一部分用于除去部分生成的水，并提高反应温度。但硫酸用量增加，也会引起醇的脱水和氧化、炭化等副反应。

3. 采用边反应边蒸馏除去生成的酯和水的方法，使平衡右移。乙酸乙酯与水或乙醇形成低沸点共沸混合物（bp 70～72 ℃）。

主要副反应：

$$CH_3CH_2OH \xrightarrow[170\ ℃]{H_2SO_4} CH_2=CH_2 + H_2O$$

$$2C_2H_5OH \xrightarrow[140\ ℃]{H_2SO_4} C_2H_5OC_2H_5 + H_2O$$

三、主要试剂及产物的物理常数

名称	性状	分子量（M）	相对密度	熔点(mp)/℃	沸点(bp)/℃	折射率（n_D^{20}）	溶解度
乙醇	无色透明液体	46.07	0.7893	−117.3	78.4	1.3614	溶于水、甲醇、乙醚和氯仿
冰醋酸	无色液体刺激气味	60.05	1.049	16.7	118	1.3718	溶于水、乙醇、乙醚等
乙酸乙酯	无色可燃性液体	88.12	0.9005	−83.6	77.06	1.3723	微溶于水，溶于乙醇、氯仿、乙醚和苯等

主要试剂用量及规格

名称	规格	用量 g	用量 mL	用量 mol	备注
乙醇	无水		9.5	0.20	易挥发和易燃
冰醋酸			6	0.10	有刺激气味
浓硫酸			2.5		腐蚀性很强
Na_2CO_3	饱和		适量		中和用

四、实验装置图（略）
五、实验步骤及现象记录

时间	步骤	现象	备注
8:35	投料：圆底烧瓶中加入 9.5 mL 无水乙醇、6 mL 冰醋酸、2.5 mL 浓硫酸、沸石，混匀	烧瓶壁发热 混合液为无色透明	一边摇动一边慢慢加入浓 H_2SO_4，以防局部炭化
8:45	回流：缓慢加热，保持沸腾 0.5 h	反应液保持沸腾、回流 无色透明液	温度过高会增加副产物乙醚的生成
9:15	改成蒸馏装置，接收瓶用冷水冷却 蒸馏：蒸出生成的乙酸乙酯	收集 73～80 ℃馏分 馏出液：无色透明，有香味 残留液：变为浅黄色	蒸馏直到馏出液体积约为反应物总体积的 1/2 为止
9:40	中和：馏出液中慢慢加入饱和 Na_2CO_3 不断振荡	有少许 CO_2 产生，用 pH 试纸检验有机层呈中性 溶液分层	用碱除去其中的酸，直至不再有 CO_2 产生（用湿润蓝色石蕊试纸检验），或酯层对 pH 试纸呈中性
9:45	分液：混合液静置，分出下层水层	分层 上层：无色透明液 下层：无色透明液	

续表

时间	步骤	现象	备注
	洗涤:有机层依次用 5 mL 饱和 NaCl、5 mL 饱和 CaCl₂、水洗涤	分别振摇、静置后,均分层 上层:无色透明液 下层:无色浑浊液	用饱和食盐水洗涤,以减少酯在水中的溶解度,除去碳酸钠;用饱和氯化钙除去未反应的醇
9:50	干燥:有机层用无水 MgSO₄ 干燥 静置,不时摇动	开始 MgSO₄ 结块黏稠,静置、摇动,至新加入 MgSO₄ 呈干爽颗粒状、不粘壁 无色透明液	不能单以产品是否透明判断干燥好否,应以干燥剂加入后吸水情况而定
10:00	蒸馏:收集 73~78 ℃馏分	前馏分:71~72 ℃ 主馏分:73~78 ℃ 无色透明液体	若有机层中含有乙醇、水时,由于形成低沸点共沸物,会使沸点降低,前馏分增加,影响酯的产率
10:15	产品:称重	产品质量:5.2 g	

六、粗产物纯化流程

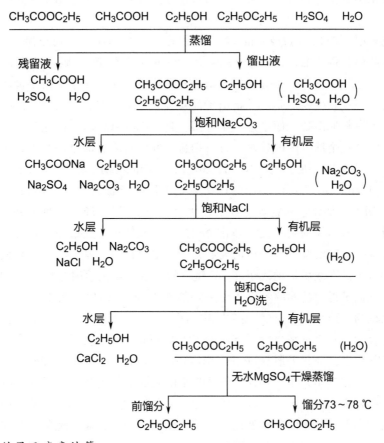

七、实验结果及产率计算

产品性状:无色透明液、有香味。

产　　量:5.2 g

理论产量:乙醇过量,以乙酸作为计量依据物

　　　　0.1 mol CH₃COOH 生成 0.1 mol CH₃COOC₂H₅

$$0.1\ \text{mol} \times 88.12\ \text{g·mol}^{-1} = 8.812\ \text{g}$$

产　　率：$5.2/8.812 \times 100\% = 59.01\%$

八、问题与讨论（略）

1.4　化学化工手册和文献查阅

进行有机合成实验设计、确定化合物的分离提纯方法时，必须了解反应物和产物的物理常数、反应原理、已有的合成方法、以及实验操作的注意事项和安全数据等，因此，需要查阅手册、参考书和进行文献检索，这是一个非常重要、不可缺少的前提和环节。能够熟练地使用手册和参考书将会大幅度地减少实验准备所花费的时间，并提高实验的成功率。

1.4.1　工具书和手册

1. 《化工辞典》第 5 版. 姚虎卿主编. 化学工业出版社于 2014 年出版　这是一本综合性化工工具书，共收集化学化工名词 20000 余条，列出了无机和有机化合物的分子式、结构式、基本物理化学性质（如密度、熔点、沸点、冰点等）及有关数据，并附有简要制法及主要用途。

2. 《默克索引》（The Merck Index）　该书是由美国 Merck 公司出版的一部化学制品、药物和生物制品的百科全书。初版于 1889 年，2006 年出至第 14 版，共收集了近 2 万种化合物的性质、毒性和用途等，还有相应的结构式和化学产品。化合物按字母的顺序排列，附有简明的摘要、物理和生物性质，并指出了最初发表论文的作者和出处，同时列出了有关反应的综述性文献资料的出处，便于进一步查阅。自 2013 年以来，《默克索引》纸版及网络版由英国皇家化学会在全球范围内独家发行与销售，并负责内容的维护与更新。

3. 《CRC 化学物理手册》（CRC Handbook of Chemistry and Physics），John Rumble (Editor)，104th edition，2023-06-15　该手册是美国化学橡胶公司（Chemical Rubber Co. 简称 CRC）出版的一部化学和物理工具书。初版于 1913 年，每隔一两年更新增补，目前已再版至 104 版。手册不仅提供了元素和化合物的化学和物理方面最新的重要数据，而且还提供了大量的科学研究和实验室工作所需要的知识，是全世界化学、物理等领域研究人员不可或缺的标准参考书。在线版被纳入了 T&F 旗下的前沿交互化学词典数据库 CHEMnetBASE 中，它是科学家们最得力的实验室助手之一，能在近 60 万种化合物中进行检索。在最常用的有机物、无机物、药物以及自然产品中获得深入信息，通过容易使用的结构式检索确定结构以及相关化合物，并浏览来自世界首席专家的最新同行评议资料。

4. 《实验室化学品纯化手册》（Purification of Laboratory Chemicals）．W. L. F. Armarego，8th edition，2017-03-14　本书在介绍提纯相关技术（重结晶、干燥、色谱、蒸馏、萃取、衍生物的制备等）基础上，详细介绍了化学品的纯化方法，例如重结晶的溶剂选择，常压和减压蒸馏的沸点，纯化以前的处理手续等。从粗略纯化到高度纯化都有详细说明，并附参考文献。给出了几乎所有商品化有机化学品、无机化学品以及生化试剂的基本理化性质和纯化过程，包括名称、CAS 登录号、分子量、熔点、沸点、相对密度、溶解性、离子化常数等。

1.4.2　有机化学领域期刊

（1）中文期刊　具有影响力的部分中文化学期刊见表 1.2。

表 1.2 部分中文期刊

序号	刊名	ISSN	主办单位
1	高等学校化学学报	0251-0790	吉林大学、南开大学
2	化学学报	0567-7351	中国化学会、上海有机所
3	中国科学:化学	1674-7224	中国科学院、国家自然科学基金委员会
4	有机化学	0253-2786	中国化学会、上海有机所
5	化学通报	0441-3776	中国科学院化学研究所、中国化学会
6	科学通报	0023-074X	中国科学院、国家自然科学基金委员会
7	催化学报	0253-9837	中国科学院大连化物所、中国化学会
8	化学进展	1005-281X	中国科学院、国家自然科学基金委员会

（2）英文期刊　在国际上具有影响力的部分英文期刊见表1.3。

表 1.3 部分英文期刊

序号	刊名	ISSN	主办单位
1	Nature	1476-4687	英国 Nature Publishing Group 出版社
2	Science	1095-9203	美国科学促进会
3	Nature Chemistry	1755-4330	英国 Nature Publishing Group 出版社
4	Nature Synthesis	2731-0582	英国 Nature Publishing Group 出版社
5	Nature Catalysis	2520-1158	英国 Nature Publishing Group 出版社
6	Nature Communications	2041-1723	英国 Nature Publishing Group 出版社
7	Science Advance	2375-2548	美国科学促进会
8	Chem	2451-9294	Cell Press
9	Chem Rev	1520-6890	美国化学会
10	Chem Soc Rev	0306-0012	英国皇家化学会
11	Acc Chem Res	0001-4842	美国化学会
12	J Am Chem Soc	0002-7863	美国化学会
13	Angew Chem Int Ed	1521-3773	John Wiley and Sons Ltd
14	Chemical Science	2041-6539	英国皇家化学会
15	ACS Catalysis	2155-5435	美国化学会
16	Science China Chemistry	1869-1870	中国科学院、国家自然科学基金委员会
17	Organic Letters	1523-7052	美国化学会
18	Chinese Chemical Letters	1001-8417	中国化学会、中国医学科学院药物所
19	Org Chem Front	2052-4129	中国化学会、英国皇家化学会

1.4.3　化学数据库

化学领域有多个专业学术数据库，这些数据库提供了丰富的化学文献、化合物数据和反应机理等资源。它们覆盖化学各个分支，包含最新研究成果和历史资料，为科研人员提供了全面的学术支持。

（1）SciFinder：由美国化学会（American Chemical Society，ACS）旗下的美国化学文摘社（Chemical Abstracts Service，CAS）开发，涵盖了数百万篇化学文献，包括期刊文

章、专利、会议记录等。其文献库更新迅速，通常在文献发表后不久就会被收录。SciFinder 拥有超过 1.2 亿种化学物质的数据以及数百万个化学反应的信息，用户可以通过关键词检索、结构检索、反应检索等检索方式，快速找到所需的化学物质和反应数据。

（2）Reaxys：Elsevier 旗下基于数据深度提炼与挖掘的数据科学应用平台，包含了超过 5 亿条经过实验验证的物质信息，收录超过 1.38 亿种化合物、5000 万种单步和多步反应、6000 万条文摘记录。涵盖全球 7 大专利局和 16000 种期刊 16 个学科中与化合物性质检测、鉴定和合成方法相关的所有信息。用户可以轻松检索物质名称、反应名称、物质理化性质、物质的谱图、分子式、反应类型、关键词、反应结构、物质结构，更有效地设计化合物合成路线。

（3）Web of Science：由 Clarivate Analytics 公司开发和维护的综合性的学术资源库，收录了全球多种权威的、高影响力的国际学术期刊，内容涵盖自然科学、工程技术、社会科学、艺术与人文等学科领域。同时，还收录了论文中所引用的参考文献，通过独特的引文索引，用户可以用一篇文章、一个专利号、一篇会议文献、一本期刊或者一本书作为检索词，检索它们的被引用情况，轻松回溯某一研究文献的起源与历史，或者追踪其最新进展。

（4）PubChem：由美国国家生物技术信息中心（NCBI）维护的一个开放获取的化学分子数据库，可以按名称、分子式、结构和 CAS 标识符等搜索，结构搜索支持 mol 等格式文件的导入和导出。PubChem 数据库中的化学结构检索提供了方便的化学结构编辑器，用户可手动绘制化学结构或提供结构 smiles 文件格式检索。PubChem 检索可得到的结果包含了分子式、SMILES、2D 和 3D 结构、InChI 和 InChIKey、分子量、脂水分配系数、氢键受体和供体数目、可旋转键数目、互变异构体数目等基本的结构信息和物化性质。除此以外，还有该化合物作为药物的剂型和商品信息、药理性质、毒性、生物活性检测等信息，并通过文献分类副标题可以查看相关文献。

第 2 篇　基本操作技术

2.1　萃　取

用溶剂从液体或固体混合物中提取所需要的物质，这一操作过程称为萃取（extraction）。萃取是提取和纯化有机化合物的一种常用方法，通常，从混合物中分离出需要的物质称为萃取，从天然物中提取有效成分称为抽提，洗去混合物中的杂质称为洗涤。

2.1.1　液-液萃取

液-液萃取是利用同一种物质在两种互不相溶的溶剂中具有不同溶解度的性质，将其从一种溶剂转移到另一种溶剂中，从而达到分离或提纯目的的一种方法。

假设已有一种物质（M）溶于溶剂（A）中，要从溶剂（A）中提取 M，可选取一种对 M 溶解度较好而与原溶剂 A 不相溶的溶剂（B）来提取。在一定温度下，物质 M 在 A 和 B 溶剂两相间的浓度比为一常数（用 K 表示），叫作分配系数，这种关系叫分配定律，也称为能斯特分配定律（Nernst partition law）。溶质 A 在两相间的分配系数 K 可以用以下公式来表示：

$$K = \frac{c_B}{c_A}$$

式中　c_B——溶质 M 在萃取剂 B 中的浓度；

c_A——溶质 M 在原溶剂 A 中的浓度。

当两种溶剂的体积相等时，分配系数 K 就等于物质（M）在这两种溶剂中的溶解度之比。增加溶剂的体积，溶解在其中的物质（M）的量也会增加。另外，在分配过程中（即 M 从溶剂 A 转移到溶剂 B 中），由于物质的交换只发生在两相界面上，为加速平衡的建立，必须尽可能增大两相之间的界面，为此，液体要充分振荡，固体则必须在提取之前研碎。

由分配定律还可以推出，若用一定量的溶剂进行萃取，用少量溶剂分次萃取比用全量溶剂一次萃取的效率高。当然，这以不考虑机械和人为付出为前提。一般以提取三次为宜，每次所用萃取剂约相当于被萃取溶液体积的 1/3。

萃取效率还与溶剂的选择密切相关。选择溶剂的基本原则是：对被提取物质溶解度较大；与原溶剂不相混溶且不反应；沸点低、毒性小。有机化合物在有机溶剂中的溶解度一般远大于在水中的溶解度，因此，可以用有机溶剂将有机物从其水溶液中萃取出来，常用的有氯仿、石油醚、乙醚、乙酸乙酯等。若从有机物中洗除其中的酸或碱、或其他水溶性杂质时，可分别用稀碱或稀酸、或直接用水洗涤。

液-液萃取一般在分液漏斗中进行，分液漏斗主要应用于以下几方面：

① 分离两种分层的液体；

② 从溶液中萃取某种成分；

③ 用水或酸或碱洗涤某种成分。

2.1.1.1 实验操作

将分液漏斗置于固定在铁架台上的铁圈中,把待萃取混合液(体积为V)和萃取剂(体积约为V/3)倒入分液漏斗中,盖好上口塞。用右手握住分液漏斗上口,并以右手食指摁住上口玻璃塞,以免塞子松开,左手握住分液漏斗下端的活塞部位,握持活塞的方式既要能防止振荡时活塞转动或脱落,又要便于灵活地旋开活塞(如图2.1所示)。小心振荡,使萃取剂和待萃取混合液充分接触。振荡过程中,要不时将漏斗尾部向上倾斜并旋开活塞,以排出因振荡而产生的气体,重复数次。

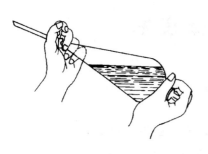

图 2.1 分液漏斗的使用

将分液漏斗放在铁圈上,静置分层。当两相分清后,先打开分液漏斗上口玻璃塞,然后旋开下端活塞,使下层液从漏斗下口慢慢放出,上层液自漏斗上口倒出。一般像这样萃取三次就可以了。将萃取液合并,经干燥后,通过蒸馏蒸除萃取剂就可以获得提取物。

2.1.1.2 注意事项

① 分液漏斗使用前,应先加入适量的水检查活塞处是否严密。如有漏水应及时处理:脱下活塞,用纸擦净活塞及活塞孔道的内壁,蘸取少量真空脂,在活塞边上抹上薄薄一层,注意不要抹在活塞孔中,然后,插上活塞,旋转至均匀透明。

② 所用分液漏斗的容积一般要比待处理的液体体积大1~2倍。

③ 采取正确的分液漏斗振摇方法,并及时排气,以免漏斗中的液体从上口塞处喷出。

④ 振荡中,如液体出现乳化现象,可以通过以下方法破乳:ⅰ. 加入强电解质(如食盐);ⅱ. 加入几滴醇类溶剂(乙醇、异丙醇或丁醇);ⅲ. 若因溶液碱性而产生乳化,可加入少量稀硫酸;ⅳ. 通过离心机离心或抽滤;ⅴ. 长时间静置分液漏斗,一般也可达到乳浊液分层的目的。

⑤ 分液时,如果一时不知哪一层是萃取层,可以通过再加入少量萃取剂来判断:当加入的萃取剂穿过分液漏斗中的上层液溶入下层液,则下层是萃取相;反之,则上层是萃取相。为了避免出现失误,最好将上下两层液体都保留到操作结束。

⑥ 不能在两液澄清分层前分出下层液体。分液时应将上口玻璃塞打开通大气后,才能开启活塞分出下层液体。如忘记打开玻璃塞就开启了活塞,应先关好活塞后再打开玻璃塞,以免扰动两界面。如果上口塞已打开,液体仍然放不出,那就该检查活塞孔是否被堵塞。

⑦ 放出下层液体时,注意不要流得太快。待下层液体流出后,关上活塞,等待片刻,观察再有无水层分出,若尚有,应将水层放出。而上层液应从漏斗上口倒出,以免萃取层受污染。

2.1.2 液-固萃取

如果要从固体中提取某些组分,则利用样品中被提取组分和杂质在同一种溶剂中具有不同溶解度的性质来进行提取和分离。在实验室中,通常用索氏提取器(Soxhlet extractor,也称脂肪提取器)。其工作原理是:溶剂加热汽化,冷凝成液体对固体进行萃取,当萃取液达到一定高度时可通过虹吸现象又自动流回加热器内;溶剂再汽化,冷凝为液体再进行萃取,如此循环。固体物质连续且每次均被新的溶剂所萃取,直到大部分物质被萃取为止。被萃取物质富集于烧瓶内,然后再用蒸馏或者其他方法将溶剂分离而得到被萃取物。

以索氏提取器来提取物质，最显著的优点是节省溶剂。不过，由于被萃取物要在烧瓶中长时间受热，对于受热易分解或易变色的物质就不宜采用这种方法。此外，应用索氏提取器来萃取，所使用溶剂的沸点也不宜过高。

2.1.2.1 实验操作

将待提取物研细，并用滤纸包好封严，呈圆柱状，置入提取管内。向烧瓶内加入溶剂，并投放1~2粒沸石，配置冷凝管［见图2.2(a)］。

开始加热，使溶剂回流，冷凝液不断滴入提取管中，溶剂逐渐积聚，浸泡样品。当其液面高出虹吸管顶端时，萃取液自动流回烧瓶中。溶剂受热后又被蒸发，经冷凝又回流至提取管，如此反复，使萃取物不断地积聚在烧瓶中。当萃取物基本上被提取出来后，蒸除溶剂，即可获得提取物。

若无索氏提取器，可用恒压滴液漏斗代替索氏提取器进行回流抽提［如图2.2(b)］。恒压滴液漏斗下端塞少许脱脂棉（勿塞太多太紧，否则液体流速慢），将待提取物研细，放入恒压滴液漏斗中。关闭恒压滴液漏斗的活塞，在圆底烧瓶中加入溶剂和几粒沸石，加热回流，回流液进入恒压滴液漏斗中，浸泡样品。待漏斗中液体积聚一定量之后，打开漏斗活塞，使提取液回流入圆底烧瓶内。关闭漏斗活塞，使回流液再进入滴液漏斗中浸泡样品，积累一定量后再放入圆底烧瓶。如此反复，直至浸泡液颜色变得较浅。蒸除溶剂，即可获得提取物。

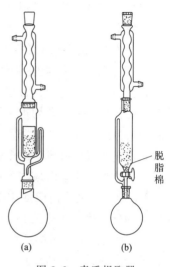

图2.2 索氏提取器

2.1.2.2 注意事项

① 萃取前先将待提取物研细，以增加固液接触面积。

② 滤纸筒大小要紧贴器壁，能取放方便，其高度不能超过虹吸管；用滤纸包被抽提的固体时要严密，不得漏出，以免堵塞虹吸管；纸套上面要折成凹形。

2.2 干　燥

干燥是指除去附在固体或混杂在液体或气体中的少量水分或少量溶剂。有机化合物在物性测试、参与反应或蒸馏前均要进行干燥处理。

根据除水原理，干燥方法可分为物理方法和化学方法。常见的物理方法有吸附、蒸发、微波、红外线干燥和共沸蒸馏等，吸附法包括离子交换树脂和分子筛。化学方法主要是利用干燥剂与水分发生可逆或不可逆反应来除水。如无水氯化钙、无水硫酸镁等能与水反应，可逆地生成水合物，金属钠、五氧化二磷、氧化钙等可与水发生不可逆反应，生成新的化合物。实验室常用化学方法进行干燥，而又以第一种方法广泛应用。

2.2.1 液体有机化合物的干燥

一般可将液体有机化合物与颗粒状干燥剂混在一起，以振荡的方式进行干燥处理。由于干燥剂与水作用常常是可逆的，要全部除去有机液体中的水分是不可能的。干燥剂加入量过多，也会因为吸附作用使有机液体损失增多，所以，它只适用于含水量较少的液体有机化合物的干燥。而且在使用干燥剂前先要通过萃取将水尽可能分离干净，否则达不到干燥效果。

如果有机化合物中含水量较大，可分次进行干燥处理，直到重新加入的干燥剂不再有明显的吸水现象为止。液体有机化合物除了用干燥剂外，还可采用共沸蒸馏的方法除水。

2.2.1.1 干燥剂的选择原则

① 所用干燥剂应不与被干燥化合物发生化学反应，不溶解于该化合物；吸水量较大，干燥速度较快，并且价格低廉。

② 要考虑干燥剂的吸水容量和干燥效能。在干燥含水量较多而又不易干燥的液体时，常先用吸水容量大的干燥剂（如 Na_2SO_4）除去大部分水，然后再用干燥效能好的干燥剂除去残留的水分。

③ 酸性物质不能用碱性干燥剂，碱性物质不能用酸性干燥剂。

④ 分子筛属多孔类吸水性固体，受热后又会释放出水分子，可反复使用。应用最广的是沸石分子筛，它是一种含铝硅酸盐的结晶，由于其结构上有许多与外部相通的均一微孔，凡是比此孔径小的分子均进入孔道中，而较大者则留在孔外，借此以筛分各种分子大小不同的混合物。有机化学实验室常用分子筛吸附乙醚、乙醇和氯仿等有机溶剂中的少量水分。此外，其还用于吸附有机反应中生成的水分，效果较好。

使用分子筛干燥时应注意以下几点：

ⅰ. 分子筛使用前应活化脱水。活化温度为 350 ℃（不超过 600 ℃），常压下烘干 8 h。活化后的分子筛待冷却至 200 ℃ 左右，应立即取出存于干燥器中备用。

ⅱ. 使用后的分子筛活性会降低，须再经活化方可使用。活化前须用水蒸气或惰性气体把分子筛中的其他物质替代出来，然后再按 ⅰ 进行处理。

ⅲ. 使用分子筛时，介质的 pH 应控制在 5～12。

ⅳ. 分子筛宜除去微量水分，若水分过多，应先用其他干燥剂除水，然后再用分子筛干燥。

常用干燥剂的性能及应用范围、各类有机物常用的干燥剂分别见表 2.1 和表 2.2。

表 2.1 常用干燥剂的性能及应用范围

干燥剂	水合物	酸度	吸水容量	干燥效能	干燥速度	应用范围
$CaCl_2$	$CaCl_2 \cdot nH_2O$ ($n=1、2、4、6$)	中性	较高	中	较快	烃、卤代烃、醚
$MgSO_4$	$MgSO_4 \cdot nH_2O$ ($n=1、2、4、5、6、7$)	中性	较高	较高	较快	一般通用
Na_2SO_4	$Na_2SO_4 \cdot 10H_2O$	中性	较高	弱	较慢	一般通用
$CaSO_4$	$2CaSO_4 \cdot H_2O$	中性	低	强	快	一般通用
K_2CO_3	$K_2CO_3 \cdot 1/2H_2O$	弱碱性	中	较弱	慢	醇、酯、酮、胺
KOH	溶于水	强碱性		中	快	胺、碱、酯、酮
Na	$Na + H_2O \xrightarrow{} NaOH + 1/2H_2$			强	快	醚、烃
CaO	$CaO + H_2O \xrightarrow{} Ca(OH)_2$			强	较快	低级醇类
P_2O_5	$P_2O_5 + 3H_2O \xrightarrow{} 2H_3PO_4$			强	快	醚、烃、卤代烃、腈
分子筛	物理吸附	中性		强	快	通用

注：吸水容量指单位质量干燥剂除去的水量；干燥效能指水与干燥剂达成平衡时液体干燥的程度。

表 2.2 各类有机物常用的干燥剂

化合物类型	干燥剂
烃	$CaCl_2$、Na、P_2O_5、分子筛
卤代烃	$CaCl_2$、$MgSO_4$、Na_2SO_4、P_2O_5
醇	K_2CO_3、$MgSO_4$、CaO、Na_2SO_4
醚	$CaCl_2$、Na、P_2O_5
醛	$MgSO_4$、Na_2SO_4
酮	K_2CO_3、$CaCl_2$、$MgSO_4$、Na_2SO_4
酸、酚	$MgSO_4$、Na_2SO_4
酯	$MgSO_4$、Na_2SO_4、K_2CO_3
胺	KOH、NaOH、K_2CO_3、CaO
硝基化合物	$CaCl_2$、$MgSO_4$、Na_2SO_4

2.2.1.2 干燥实验操作

首先,被干燥液中不应有任何可见的水层或悬浮水珠。把待干燥的液体放入锥形瓶中,取颗粒大小合适(如无水氯化钙,应为黄豆粒大小的并不夹带粉末)的干燥剂放入液体中,用塞子盖住瓶口,轻轻振摇、观察,判断干燥剂是否足量,静置(0.5 h 以上)。然后把干燥好的液体滤入适当容器中,密封保存或过滤后进行蒸馏。

2.2.1.3 干燥操作过程中的注意事项

① 干燥剂的用量 根据水在液体中的溶解度和干燥剂的吸水量,可算出干燥剂的最低用量,但是,干燥剂的实际用量是大大超过计算量的。由于干燥剂也能吸收一部分有机液体,故干燥剂用量要适中。应先加入少量干燥剂后静置一段时间,观察用量不足时再补加。通常每 10 mL 样品约需 0.5~1.0 g 干燥剂。实际操作中,主要是通过现场观察来判断。

观察被干燥液体:不溶于水的有机溶液在含水时常处于浑浊状态,加入适当的干燥剂进行吸水后,会呈清澈透明状,这时即表明干燥合格。否则,应补加适量干燥剂继续干燥。

观察干燥剂:某些微溶于水的有机溶剂,含水的溶液也会呈清澈透明状(如乙醚),这种情况下要判断干燥剂用量是否合适,应看干燥剂的状态。加入干燥剂后,如因吸水粘在器壁上,摇动容器也不易旋转,表明干燥剂用量不够,应适量补加,直到新加的干燥剂不结块、不粘壁且棱角分明,摇动时旋转并悬浮(尤其是 $MgSO_4$ 等小晶粒干燥剂),表示所加干燥剂用量合适。

② 干燥剂与水反应形成水合物达到平衡需要一定的时间,液体有机物进行干燥时要放置一段时间,通常是半小时以上,甚至几小时。

③ 对于生成水合物的干燥剂,加热虽可加快干燥速度,但远远不如水合物放出水的速度快,因此,干燥通常在室温下进行。同时,蒸馏前一定要把干燥剂过滤除去。

2.2.2 固体有机化合物的干燥

固体有机化合物的干燥主要是指除去残留在固体产品上少量的水或低沸点溶剂,如乙醇、乙醚、丙酮、苯、三氯甲烷等。由于固体有机物的挥发性比液体物质小得多,所以,通常是采用蒸发和吸附的方法达到干燥的目的。

蒸发的方法有自然晾干和加热干燥。最简便的就是将其摊开在表面皿或滤纸上自然晾干,这只适合于非吸湿性化合物。如果化合物热稳定性好,且熔点较高,就可采用烘箱干燥、红外灯或红外线干燥箱干燥，红外线具有穿透能力强、干燥速度较快的特点。在加热干燥时应注意，加热温度应低于固体物质的熔点，随时加以翻动，不能有结块现象，并且放温度计以便控制温度。

吸附方法是使用装有各种类型干燥剂的干燥器进行干燥，包括普通干燥器干燥、真空干燥器干燥。对于那些易吸潮或受热易分解的固体有机物，不能用加热蒸发干燥，可选用干燥器干燥。蒸发和吸附并用干燥法包括真空恒温干燥器、真空恒温干燥箱，优点是干燥效率高。

2.3 固体有机化合物的分离与纯化

2.3.1 过滤

过滤（filtration）是分离液固混合物的常用方法。根据液固体系的性质不同，可采用普通过滤、趁热过滤和减压过滤等方法。

2.3.1.1 趁热过滤

溶液中如有不溶性杂质应趁热过滤，以防止在过滤过程中，由于温度降低而在滤纸上析出结晶。

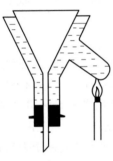

图 2.3　热水漏斗

方法一：使用热水漏斗（见图 2.3）进行常压保温过滤。把短颈玻璃漏斗置于热水漏斗套里，夹套间充水，预先加热热水漏斗或边加热边过滤，但注意过滤易燃溶剂时应先熄灭火焰。折叠菊花形滤纸，准备锥形瓶接收滤液。过滤时，把热的饱和溶液逐渐地倒入漏斗中，在漏斗中的液体不宜积得太多，以免析出结晶，堵塞漏斗。

方法二：把布氏漏斗预先烘热，然后趁热减压过滤。

注意事项：

① 菊花形滤纸又叫折叠式滤纸（见图 2.4），能提供较大的过滤表面，使过滤加快，可减少在过滤时析出结晶的机会。其折叠顺序如下：

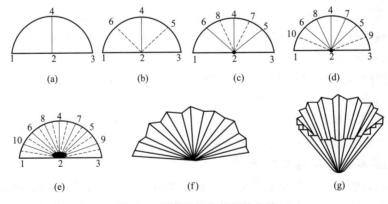

图 2.4　菊花形滤纸的折叠方法

a. 将圆形滤纸对折后再对折，得折痕 1-2、2-3、2-4 [见图 2.4(a)]。

b. 在 2-3 与 2-4 间对折出 2-5，在 1-2 与 2-4 间对折出 2-6 [见图 2.4(b)]。

c. 在 2-3 与 2-6 间对折出 2-7，在 1-2 与 2-5 间对折出 2-8 ［见图 2.4(c)］。

d. 在 2-3 与 2-5 间对折出 2-9，在 1-2 与 2-6 间对折出 2-10 ［见图 2.4(d)］。

e. 在相邻两折痕间（如 2-3 与 2-9 间、2-9 与 2-5 间、2-10 与 1-2 间）都按反方向对折一次［见图 2.4(e) 和图 2.4(f)］。

f. 拉开双层即得菊花形滤纸［图 2.4(g)］。

② 热水漏斗过滤时，应先用溶剂润湿滤纸，以免结晶析出而阻塞滤纸孔；漏斗上应盖上表面皿，起到保温和减少溶剂挥发的作用。

③ 趁热减压过滤时，应洗净抽滤瓶，开始不要减压太甚，以免将滤纸抽破，在热溶剂中，滤纸强度会大大下降。

2.3.1.2 减压过滤

减压过滤又称抽滤。通常使用瓷质的布氏漏斗，漏斗配以橡皮塞，装在玻璃的吸滤瓶上（见图 2.5），在标准磨口仪中，漏斗与吸滤瓶间的连接是靠磨口。吸滤瓶的支管用橡皮管与抽气装置连接，若用水泵，吸滤瓶与水泵之间宜连接一个缓冲瓶（配有二通旋塞的吸滤瓶，调节旋塞，可以防止水的倒吸）。滤纸应剪成比漏斗的内径略小，但能完全盖住所有的小孔，不要让滤纸的边缘翘起，以保证抽滤时密封。微量物质的减压过滤是用带玻璃钉的小漏斗组成的过滤装置。

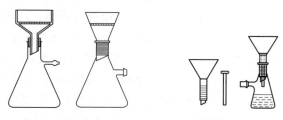

图 2.5 布氏漏斗和抽滤装置

过滤时，应先用溶剂把平铺在漏斗上的滤纸润湿，然后关活塞、开泵，使滤纸紧贴在漏斗上。小心地把要过滤的混合物倒入漏斗中，为了加快过滤速度，可先倒入清液，然后使固体均匀地分布在整个滤纸面上，一直抽气到几乎没有液体滤出时为止。最后，再用玻璃塞压挤过滤的滤饼，以尽量把液体除净。

在布氏漏斗上洗涤滤饼的方法：先旋开活塞，平衡内外压，把少量溶剂均匀地洒在滤饼上，使溶剂恰能盖住滤饼。静置片刻，用玻璃棒轻轻搅动滤饼，待有滤液从漏斗下端滴下时，重新关活塞抽气，再把滤饼尽量抽干、压实。这样反复几次，就可把滤饼洗净。

必须记住：在停止抽滤时，应先旋开活塞，将系统与大气相通，然后再关闭抽气泵。强酸性或强碱性溶液过滤时，应在布氏漏斗上铺上玻璃布或涤纶布、氯纶布来代替滤纸。

减压过滤具有过滤和洗涤速度快、液体和固体分离较完全、滤出的固体容易干燥的优点。

2.3.2 重结晶

利用被纯化物质与杂质在同一溶剂中溶解性能的差异，将其分离的操作称为重结晶（recrystallization）。重结晶是纯化固体有机化合物最常用的一种方法。

固体有机化合物在溶剂中的溶解度一般随温度的升高而增大。把固体有机物溶解在热的溶剂中使之饱和，冷却时由于溶解度降低，有机物又重新析出晶体。同一种溶剂，对于不同的固体化合物，其溶解性不同。重结晶操作就是利用不同物质在溶剂中的不同溶解度，或者经热过滤将溶解性差的杂质滤除，或者让溶解性好的杂质在冷却结晶过程仍保留在母液中，从而达到分离纯化的目的。但一般的重结晶只适用于纯化杂质含量少于5％的固体有机化合物，将反应粗产物直接进行重结晶是不适宜的。

理想的重结晶溶剂应具备以下条件：

① 不与被提纯物质发生化学反应。

② 对被提纯物的溶解度随温度变化大，即被提纯物在冷、热溶剂中的溶解度有显著的差别，这种差别越大，回收率就越高。

③ 对被提纯物和杂质的溶解度差异较大。最好是杂质在热溶剂中的溶解度很小（热过滤时可除去），或者在低温时溶解度很大，冷却后不会随样品结晶出来。

④ 被提纯物在溶剂中能够形成良好的结晶。

⑤ 溶剂易挥发，易与结晶分离，便于蒸馏回收，沸点在30～50 ℃为宜。注意溶剂的沸点不得高于被提纯物的熔点，否则当溶剂沸腾时，样品会熔化为油状，给纯化带来麻烦。

⑥ 价廉易得，纯度高，毒性小，使用安全。

正确选择溶剂是进行重结晶的前提，选择溶剂时可考虑"相似相溶"的原则。例如，对于带有能形成氢键的官能团（如—OH、—NH_2、—COOH、—$CONH_2$）的极性化合物，通常是选用水、醇之类含羟基的溶剂，而不是选用苯、石油醚等非极性溶剂。

如果筛选不到一种合适的单一溶剂，可考虑使用混合溶剂。混合溶剂的筛选方法如下：选用两种互溶的溶剂，其中一种必须对样品是易溶的，另一种则是难溶或不溶的。将少量的样品溶于易溶的溶剂中，然后向其中逐渐加入已预热的难溶溶剂，至溶液刚好出现浑浊为止。再滴加1～2滴易溶溶剂，使浑浊消失。冷却，结晶析出，则这种溶剂适用，记录两种溶剂的体积比。实际操作时，可按上述程序进行，也可按比例配制好后使用。

重结晶常用的混合溶剂为：甲醇-水、乙醇-水、乙酸-水、丙酮-水、乙醚-甲醇、乙醚-丙酮、乙醚-石油醚（30～60 ℃）、苯-石油醚（60～90 ℃）、二氯甲烷-甲醇、二氧六环-水、氯仿-乙醚、苯-无水乙醇。

将溶液冷却物料从溶液中析出时，如果结晶生长相对较慢而且是选择性的称为结晶，而如果这个过程发生得很快而且是没有选择性的则称为沉淀。结晶过程是一个可逆过程，最初是生成一粒小晶种，随后可逆地一层层长大，结果可以得到非常纯的产品。从某种意义上说，这个晶种在溶液中"选择"恰当的分子。而沉淀过程中，晶体形成很快，以致杂质也被包藏在晶格中，所以，沉淀物是一个含有杂质的混合物。

2.3.2.1 实验操作

对于1 g以上的固体样品纯化，一般采用常量重结晶法。如果待纯化样品量较少时（少于500 mg），则用Y形砂芯漏斗作半微量重结晶操作，产物损失较小。

首先将待重结晶的有机物放入圆底烧瓶中，加入少于估算量的溶剂和沸石。如使用有机溶剂，则安装回流冷凝管，通冷凝水。加热至沸，不时摇动，如仍有部分固体没有溶解，再逐次添加溶剂，并保持沸腾，至固体全部溶解后，再多加20％左右的溶剂。

如果溶液中含有色杂质，可待溶液稍冷后，加入活性炭，继续煮沸5～10 min。用热水漏斗或经预热过的布氏漏斗趁热过滤，滤除不溶性杂质和活性炭。所得滤液让其自然冷却至室温，使晶体析出。然后，抽滤，以除去在溶剂中溶解度大的、仍残留在母液中的杂质。滤除母液后，再用少量溶剂对固体收集物洗涤几次，抽干后将晶体置放在表面皿上进行干燥。

2.3.2.2 注意事项

(1) 加热溶解

① 加热溶解常选用锥形瓶或圆底烧瓶,根据溶剂的沸点和易燃性选择适当的热浴。如果溶剂是水,可以不用回流装置,若使用易挥发的有机溶剂则应当采用回流装置。

② 要提高重结晶产品的纯度和回收率,溶剂用量是关键。溶剂过量,可使溶解损失增大;溶剂用量过少,在热过滤时,因溶剂挥发导致晶体在过滤漏斗上与杂质一起析出,造成热过滤困难,也增加产品的损失。通常经验是加入的溶剂恰好溶解固体后,再多加20%左右;对易挥发溶剂更要加入过量。实验操作是分次添加溶剂,每次加入均需再加热到沸腾。

③ 在添加易燃溶剂时应注意避开明火,移去热源后,从冷凝管上端加入。

④ 允许有少量不溶或难溶杂质悬浮或沉淀。

(2) 脱色

① 溶液中若含有色杂质,会使析出的晶体污染,若含树脂状物质更会影响重结晶操作,此时,可以用活性炭来处理。活性炭是由木炭、糖炭、骨灰和少量磷酸钙等组成,分子结构松散,表面积大,可吸附有色物质、树脂状物质以及分散的有色物质。通常,活性炭在极性溶液(如水溶液)中的脱色效果较好,而在非极性溶液中的脱色效果要差一些。另外,活性炭在吸附杂质的同时,对待纯化物质也同样具有吸附作用。因此,在满足脱色的前提下,活性炭的用量应尽量少,一般为被纯化物的1‰~5‰,视脱色情况而定。

② 活性炭应在结晶完全溶解后才能加入,不能与结晶一起加入。

③ 活性炭不能加到已沸腾的溶液中,以免引起近沸溶剂的暴沸。因为从活性炭内放出大量的空气能引起发泡,加剧溶液沸腾。必须先将火熄灭,使溶液稍冷后再加入活性炭。

④ 加入活性炭后要振摇,使其均匀分布,并要将溶液重新加热至沸腾5~10 min。

(3) 趁热过滤

① 热过滤前,要先准备好折叠滤纸、短颈漏斗及保温漏斗,将漏斗事先充分预热。

② 用少量热溶剂将滤纸润湿后才能过滤。以免干滤纸吸收溶液中的溶剂使结晶析出而堵塞滤纸孔。

③ 过滤时任何杂质或活性炭都不能穿滤,应没有或仅有少量结晶析出在滤纸上。若结晶析出过量,必须用刮刀刮到原来的瓶中,再加入溶剂溶解并重新过滤。

④ 热过滤操作要迅速,以防止由于温度下降使晶体在漏斗上析出。也可采用把布氏漏斗预先烘热,然后趁热减压过滤。

⑤ 若未曾加入活性炭或不存在不溶性颗粒,可省去热过滤这一步。

(4) 冷却结晶

① 静置时要加盖,防止尘埃落入瓶内。

② 不要摇动溶液,不要采用急冷,那样会形成很细的晶体,容易使杂质混进。要让热的饱和溶液自然冷却,缓慢降温至接近室温且有大量的晶体析出后,再进一步用冷水或冰水冷却,使更多的晶体从母液中析出来。

③ 如果滤液中已出现絮状结晶,可以适当加热使其溶解,然后自然冷却,这样可以获得较好的结晶。

④ 无结晶析出时应用以下方法:用玻璃棒摩擦内壁;加入晶种;用冷水冷却或改用其他溶剂。

⑤ 如果不析出晶体而析出油状物,原因之一是热饱和溶液的温度比被提纯物质的熔点

高或接近。可重新加热溶液至成清液后，让其自然冷却至开始有油状物出现时，立即剧烈搅拌，使油状物分散，也可搅拌至油状物消失。

⑥ 经冷却结晶、过滤后所得的母液，在室温下静置一段时间，还会析出一些晶体，但其纯度不如第一批晶体。如果对于结晶纯度有一定的要求，前后两批结晶不可混合在一起。

(5) 抽滤与洗涤

① 被过滤物的温度应已冷却至室温或室温以下。

② 黏附在容器壁上的残留晶体可用少量母液转移到布氏漏斗中，但不能用新的溶剂转移，以防溶剂将晶体溶解而造成产品损失。

③ 洗涤前要先旋开活塞，平衡内外压。洗涤时要用玻璃棒轻轻搅动晶体，但不能捅穿滤纸或刮起滤纸纤维毛。每次洗涤后要关活塞，抽去洗涤液及挤压滤饼。不能穿滤，滤液应澄清透明。

④ 任何时候关泵之前都应将系统与大气相通。

(6) 干燥

① 将布氏漏斗倒放在干燥的表面皿上，轻轻拍打，使结晶或结晶连同滤纸完全脱落，未脱落的可用洁净的玻璃棒或刮刀转移。

② 选择以下干燥方法：自然晾干、烘箱干燥、红外灯烘干、真空干燥。

③ 晶体不充分干燥，熔点会下降，晶体经充分干燥后通过熔点测定来检验其纯度。

2.3.2.3 操作实例

(1) 乙酰苯胺的重结晶　称取 2 g 粗乙酰苯胺放入 150 mL 锥形瓶中，加入适量水，加热至沸腾，使其完全溶解。若不全溶或出现油珠应搅动，或可添加少量热水，再加热直至油状物全部消失。然后移去热源，稍冷，加适量（约 0.5 g）活性炭到溶液中，搅动使混合均匀，再煮沸 5 min。

准备好热水漏斗与折叠滤纸，将脱色后的热溶液尽快地分次倾入热水漏斗，滤入烧杯中。每次倒入的溶液不要太满，也不要等溶液全部滤完后再加。为了保持溶液的温度，应将未过滤的部分继续用小火加热。

过滤完毕，将盛有滤液的烧杯盖上表面皿，放置，先自然冷却，再放入冷水中冷却，使晶体析出完全。然后用布氏漏斗抽滤，用少量水洗涤晶体，抽干，并用玻璃塞挤压晶体至无水滴下。将晶体移至表面皿上，摊开置空气中晾干或放在红外灯下干燥后，称重，计算回收率。乙酰苯胺在水中的溶解度：5.55 g/100 mL（100 ℃），0.56 g/100 mL（25 ℃）。

(2) 萘的重结晶　在装有回流冷凝管的 50 mL 圆底烧瓶或锥形瓶中，放入 3 g 粗萘，加入 20 mL 70%乙醇和 1~2 粒沸石。开启冷凝水，加热至沸，并不时振摇瓶中物，观察溶解情况。如不能全溶，用滴管自冷凝管口加入 70%乙醇直至恰能完全溶解，再多加少量 70%乙醇。然后移开火源，稍冷后，加入少量活性炭，并稍加摇动，再重新加热煮沸 5 min。

预热好热水漏斗和折叠滤纸，用少量热的 70%乙醇润湿折叠滤纸后，趁热将上述萘的热溶液滤入干燥的锥形瓶中（注意这时附近不应有明火），滤完后，用少量热的 70%乙醇洗涤容器和滤纸。

将盛有滤液的锥形瓶塞好，先自然冷却至室温，再用冰水进一步冷却。然后用布氏漏斗及抽滤瓶抽滤收集产品，用少量 70%乙醇洗涤。抽干后，将晶体移至表面皿上，使其自然晾干或在红外灯下干燥，称重，计算回收率。

2.3.3 升华

固体物质受热后不经熔融就直接转变为蒸气,该蒸气经冷凝又可直接转变为固体,这个过程称为升华(sublimation)。利用升华可以分离具有不同挥发度的固体混合物,还能除去难挥发的杂质,升华是纯化固体有机物的一种方法。

一般来说,能够通过升华操作进行纯化的物质是那些在熔点温度以下具有较高蒸气压的固体物质。考察固-液-气三相平衡图(见图 2.6),ST 为固相与气相平衡时固体的蒸气压曲线;TW 为液相与气相平衡时液体的蒸气压曲线;TV 为固相与液相的平衡曲线,表示压力对熔点的影响;T 为三相点,即固、液、气三相并存的点。一种物质的熔点指的是物质的固、液两相在大气压下达到平衡时的温度。而物质的三相点指的是该物质在固、液、气三相达到平衡时的温度和压力。在三相点以下,物质只有固、气两相。这时,只要将温度降低到

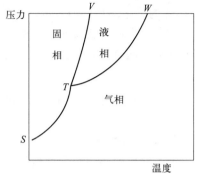

图 2.6 物质三相平衡图

三相点以下,蒸气就可不经液态直接转变为固态。反之,若将温度升高,则固态又会直接转变为气态。由此可见,升华操作应该在三相点温度以下进行。

不同物质在其三相点的蒸气压是不一样的,其升华难易也不相同。一般来说,分子对称性较高的固态物质具有较高熔点,并且在熔点温度下具有较高的蒸气压,这类物质在三相点以下的温度就可升华。如六氯乙烷的三相点温度为 186 ℃,此时蒸气压为 104.0 kPa(780 mmHg),当升温至 185 ℃时,其蒸气已达 101.3 kPa(760 mmHg),六氯乙烷即可由固相常压下直接挥发为蒸气。又如樟脑的三相点温度为 179 ℃,其蒸气压为 370 mmHg,由于它在不达到熔点以前就有相当高的蒸气压,所以,只要缓缓加热,使温度维持在 179 ℃以下,就可以不经熔化直接蒸发。

应该注意,若加热过快,蒸气压超过三相点的平衡压力,就容易使固体熔化为液体,所以,升华加热应该缓慢进行。另外,有些物质在三相点时的平衡蒸气压比较低,在常压下进行升华时效果较差,这时可在减压条件下进行升华操作。

使用升华纯化固体的优点是不使用溶剂,操作简便,同时还能除去吸藏在被升华的固体内的杂质,如溶剂分子或其他残渣,提纯得到的固体有机物纯度都较高。但是,由于该操作较费时,损失也较大,因而,通常只限于实验室少量物质的精制。在应用方面,升华操作远不如重结晶操作应用广泛。

2.3.3.1 实验操作

将待升华物质研细后,放置在蒸发皿中,然后用一张扎有许多小孔的滤纸覆盖在蒸发皿口上,并用一玻璃漏斗倒置在滤纸上面,在漏斗的颈部塞上一团疏松的棉花(见图 2.7)。

用小火慢慢加热,使蒸发皿中的物质慢慢升华,蒸气透过滤纸小孔上升,凝结在玻璃漏斗壁上,滤纸面上也会结晶出一部分固体。升华完毕,用不锈钢刮匙将凝结在漏斗壁上以及滤纸上的结晶小心刮落收集起来。

图 2.7 升华装置

2.3.3.2 注意事项

① 待升华物质要经充分干燥,否则在升华操作时部分有机物会与水

蒸气一起挥发出来,影响分离效果。

② 在蒸发皿上覆盖一层布满小孔的滤纸,主要是为了在蒸发皿上方形成一温差层,使逸出的蒸气容易凝结在玻璃漏斗壁上,提高物质升华的收率。必要时,可在玻璃漏斗外壁上敷上冷湿布,以助冷凝。

③ 为了达到良好的升华分离效果,最好采取砂浴或油浴而避免用明火直接加热,使加热温度控制在待纯化物质的三相点温度以下。如果加热温度高于三相点温度就会使不同挥发性的物质一同蒸发,从而降低分离效果。

2.4　液体有机化合物的分离与纯化

2.4.1　蒸馏

液态物质受热沸腾变为蒸气,蒸气经冷凝又转变为液体,这个操作过程称作蒸馏(distillation)。蒸馏是液体有机化合物分离与纯化最常用的重要方法之一,通过蒸馏还可以测定纯液体有机物的沸点及定性检验液体有机物的纯度。

沸点是指液体的蒸气压与外界压力相等时的温度,纯的液态物质在一定压力下具有固定的沸点,不同的物质具有不同的沸点。蒸馏就是利用不同物质的沸点差异对液态混合物进行分离和纯化。当液态混合物受热时,由于低沸点物质易挥发,首先被蒸出,而高沸点物质因不易挥发或挥发出的少量气体易被冷凝而滞留在蒸馏瓶中,从而使混合物得以分离。

普通的蒸馏只宜用于沸点在 40~150 ℃ 的液体。高于 150 ℃,许多物质可能发生显著的分解,通常需采用减压蒸馏;而沸点低于 40 ℃ 的液体,由于挥发性大,蒸馏回收困难,损失太大。另外,只有当组分沸点相差 30 ℃ 以上时,蒸馏才有较好的分离效果。如果组分沸点差异不大,需要采用分馏操作对液态混合物进行分离和纯化。

通常,纯化合物的沸点固定,沸程(沸点范围)较小(0.5~1 ℃),而混有杂质时沸点上升,沸程增大。因此,蒸馏可用于定性地鉴定化合物,还可用来判定化合物的纯度。需要指出的是,具有恒定沸点的液体并非都是纯化合物,有些化合物相互之间可以形成二元或三元共沸混合物,它们也有一定的沸点。而共沸混合物是不能通过蒸馏操作进行分离的。

蒸馏过程分为三个阶段。在第一阶段,随着加热,蒸馏瓶内的混合液不断汽化,当液体的饱和蒸气压与液体表面的外压相等时,液体沸腾。一旦水银球部位有液滴出现(体系正处于汽-液平衡状态),温度计内水银柱急剧上升,直至接近易挥发组分沸点,水银柱上升变缓慢,开始有液体被冷凝而流出。这部分流出液称为前馏分(或馏头),其沸点低于要收集组分的沸点,应作为杂质弃掉。有时被蒸馏的液体几乎没有馏头,应将蒸馏出来的前 1~2 滴液体作为冲洗仪器的馏头去掉,不要收集到馏分中去,以免影响产品质量。

在第二阶段,馏头蒸出后,温度稳定在沸程范围内,此时,流出来的液体称为正馏分,就是所要的产品。随着正馏分的蒸出,蒸馏瓶内混合液体的体积不断减少。直至温度超过沸程,或温度明显下降,即可停止接收。

在第三阶段,如果混合液中只有一种组分需要收集,此时,蒸馏瓶内剩余液体应作为馏尾弃掉。如果是多组分蒸馏,第一组分蒸完后温度上升到第二组分沸程前流出的液体,则既是第一组分的馏尾又是第二组分的馏头,称为交叉馏分,应单独收集。当温度稳定在第二组分沸程范围内时,即可接收第二组分。如蒸气温度在两个馏分交接时会下降,随后,当下一个组分开始蒸出时温度又显著地上升,其达到的分离效果良好。如果蒸馏瓶内液体很少时,温度会自然下降，此时应停止蒸馏。

2.4.1.1 实验操作

安装好蒸馏烧瓶、冷凝管、接引管和接收瓶（见图2.8），然后将待蒸馏液体通过漏斗从蒸馏烧瓶颈口加到瓶中，投入1~2粒沸石，再配置温度计。

接通冷凝水，开始加热，使瓶中液体沸腾。调节火焰，控制蒸馏速度以1~2滴/s为宜。注意温度计读数的变化，记下第一滴馏出液流出时的温度。当温度计读数稳定后，另换一个接收瓶收集馏分。如果仍然保持平稳加热，但不再有馏分流出，而且温度突然下降，表明该段馏分已近蒸完，需停止加热，记下该段馏分的沸程和体积（或质量）。

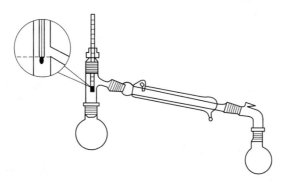

图 2.8 蒸馏装置

2.4.1.2 注意事项

（1）安装装置

① 安装仪器时，要从热源开始，先下后上，先左后右，逐个将仪器固定组装。拆卸的方式则和组装的方向相反。蒸馏瓶、冷凝管应用铁架台及铁夹固定，不得有局部应力。仪器接口处要紧密，不得漏气。

② 蒸馏瓶大小的选择依待蒸馏液体的量而定，通常待蒸馏液体的体积占蒸馏瓶体积的1/3~2/3。

③ 加热用的电炉、电热套在蒸馏过程中应能迅速挪开。

④ 蒸馏瓶在液体热浴中应浸入至与瓶内待蒸馏液体液面相近的深度，其底部应与热浴容器底部保持一定的距离（约2 cm）。

⑤ 测馏出物的温度计其水银球上缘应和蒸馏头支管接口的下缘在同一水平线上。

⑥ 当待蒸馏液体的沸点在130 ℃以下时，应选用直形（水）冷凝管；沸点在130 ℃以上时，就要选用空气冷凝管，若仍用直形冷凝管则易发生爆裂。

⑦ 如果蒸馏装置中所用的接引管无侧管，则接引管和接收瓶之间应留有空隙，以确保蒸馏装置与大气相通。接收瓶放置要稳当，又要方便挪动，不得用夹夹紧。

⑧ 如果蒸馏出的物质易受潮分解，可在接引管上边接一个氯化钙干燥管；如果蒸馏时放出有毒气体，则需装配气体吸收装置；如果蒸馏出的物质易挥发、易燃，则可在接收器上连接一长橡皮管，通入水槽下水管内或引出室外。

⑨ 有时在反应结束后，需对反应混合物直接蒸馏，此时，可将三口烧瓶作蒸馏瓶组装成蒸馏装置直接进行蒸馏［见图2.9(a)］。如需蒸除较大量溶剂选图2.9(b)的装置。由于液体可自滴液漏斗中不断地加入，既可调节滴入和蒸出的速度，又可避免使用较大的蒸馏瓶。

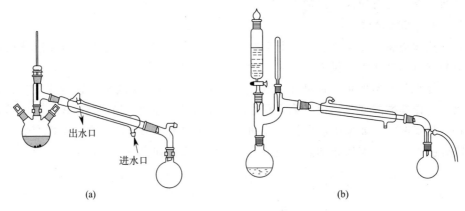

图 2.9　改装的蒸馏装置

⑩ 蒸馏装置决不能成封闭体系，必须与大气相通，否则，受热后会使系统内压力增大，引起液体冲出造成火灾或发生爆炸事故。

(2) 加料

① 用长颈漏斗或沿支管对壁加料。

② 当有固体（如干燥剂等）时，要用少量脱脂棉或玻璃纤维轻轻塞住漏斗颈，再进行加料，以隔开固体物质。

③ 蒸馏时应加入 1～2 粒沸石，防止暴沸。沸石是一种多孔性的物质（如素瓷片）。当液体受热沸腾时，沸石内的小气泡就成为汽化中心，使液体保持平稳沸腾。沸石要在加热前加入，当加热后发现未加沸石时，千万不能直接地投入沸石，以免引发暴沸。要先停止加热，待液体稍冷片刻后，再补加沸石。若蒸馏中途停止需要再继续蒸馏，也必须在加热前补加新的沸石。因为冷却时，沸石内的小孔已被液体饱和，达不到释放空气的目的。

(3) 加热蒸馏

① 加热前先通入冷凝水。冷凝管的下端进水，上端出水，冷水自下而上，蒸汽自上而下，两者逆流冷却效果好。

② 蒸馏时，控制加热速度在 1～2 滴/s。若热源温度太高，使蒸气成为过热蒸气，造成温度计所显示的沸点偏高；若热源温度太低，馏出物蒸气不能充分浸润温度计水银球，造成温度计读得的沸点偏低或不规则。

③ 蒸馏低沸点易燃液体（如乙醚）时，千万不可用明火加热，此时可用热水浴加热。

④ 收集馏液应准备两个接收瓶，一个接收前馏分，另一个（需先称重）接收所需馏分。并记录该馏分的沸程，即该馏分的第一滴和最后一滴时温度计的读数以及馏出物的颜色、透明度等。

⑤ 若维持原来的加热速度而不再有馏出液蒸出，且温度计读数下降，则应停止蒸馏。无论何时都不能蒸干，以免蒸馏瓶破裂及发生其他意外事故。

(4) 停止蒸馏

① 蒸馏完毕，应先停止加热，后停止通水。

② 仪器拆卸后，应立即清洗干净，特别是使用碱液的磨口仪器，不得留待下次实验。

2.4.1.3　操作实例

(1) 工业乙醇的蒸馏　在 50 mL 圆底烧瓶中，加入 10 mL 工业乙醇，加热蒸馏，收集沸程为 77~79 ℃的馏分，并测量馏分的体积。

（2）无水乙醇的蒸馏（沸点的测定） 在 50 mL 圆底烧瓶中，加入 10 mL 无水乙醇，加热蒸馏，记下馏出液的沸点，并蒸至残留液约 1 mL 为止。

2.4.2 分馏

采用分馏柱进行蒸馏可对沸点相近的混合物进行分离和提纯，这种操作称为分馏（fractional distillation）。利用分馏技术甚至可以将沸点相距 1~2 ℃的混合物分离开来。

分馏的基本原理与蒸馏相似，不同之处是借助分馏柱将多次汽化-冷凝的蒸馏过程在一次操作中完成。当混合物受热沸腾时，蒸气首先进入分馏柱。由于柱内外存在温差，柱内蒸气中高沸点组分受柱外空气的冷却而被冷凝，并流回至烧瓶，从而导致继续上升的蒸气中低沸点组分的含量相对增加，这一过程可以看作是一次简单蒸馏。当高沸点冷凝液在回流途中遇到新蒸上来的蒸气时，两者之间发生热交换，上升的蒸气中，同样是高沸点组分被冷凝，低沸点组分继续上升，这又可以看作是一次简单蒸馏。蒸气就是这样在分馏柱内反复进行汽化、冷凝和回流的过程，或者说重复进行着多次简单蒸馏。这样靠近分馏柱顶部易挥发组分比率高，而在烧瓶里高沸点组分的比率高。因此，只要分馏柱的效率足够高，从分馏柱上端蒸出的蒸气组分就能接近低沸点单组分的纯度，而高沸点组分仍回流到蒸馏烧瓶中。

分馏时，柱内保持一定的温度梯度极为重要。在理想情况下，柱底的温度与蒸馏瓶内液体沸腾时的温度接近，柱内自下而上温度不断降低，直至柱顶接近易挥发组分的沸点。一般来说，柱内温度梯度的保持可以通过调节馏出液速度来实现，若加热速度快，蒸出速度也快，会使柱内温度梯度变小，影响分离的效果。另外，通过控制回流比也可以保持柱内的温度梯度。所谓回流比是指冷凝液流回蒸馏瓶的速度与柱顶蒸气通过冷凝管流出速度的比值。回流比越大，分离效果越好。回流比的大小根据物系和操作情况而定，一般回流比控制在 4∶1，即冷凝液流回蒸馏瓶每 4 滴，柱顶馏出液为 1 滴。

需要指出，由于共沸混合物具有恒定的沸点，与蒸馏一样，分馏操作也不可用来分离共沸混合物。

2.4.2.1 实验操作

将待分馏物质装入圆底烧瓶，并投放 1~2 粒沸石，然后依序安装分馏柱、温度计、冷凝管、接引管及接收瓶（见图 2.10）。

接通冷凝水，开始加热，使液体平稳沸腾。当蒸气缓缓上升时，控制温度，使馏出速度维持在 1 滴/2~3 s。记录第一滴馏出液滴入接收瓶时的温度，根据具体要求分段收集馏分，并记录各馏分的沸点范围及体积（或质量）。

2.4.2.2 注意事项

① 分馏柱柱高是影响分馏效率的重要因素之一。一般来说，分馏柱越高，上升蒸气与冷凝液之间的热交换次数越多，分离效果就越好。但是，如果分馏柱过高，则会影响馏出速度。

② 分馏柱内的填充物也是影响分馏效率的一个重要因素。填充物在柱中起到增加蒸气与回流液接触的作用，填充物的比表面积越大，越有利于提高分离效率。填充物之间要保持

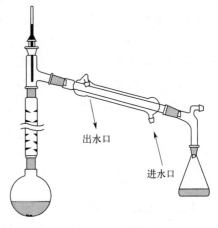

图 2.10 分馏装置

一定的空隙，否则会导致蒸馏困难。实验室中常用的韦氏（Vigreux）分馏柱是一种柱内呈刺状的简易分馏柱，不需另加填料。另外有球形分馏柱和填充式分馏柱。

③ 当室温较低或待分馏液体的沸点较高时，分馏柱的绝热性能会对分馏效率产生显著影响。如果分馏柱的绝热性能差，其散热就快，因而难以维持柱内汽液两相间的热平衡，从而影响分离效果。此时，可用石棉绳、干布等保温材料将柱身裹起来，以尽量减少分馏柱的热量损失和波动。

④ 要控制加热温度，使馏出速度适中。如果馏出速度太快，会产生液泛现象，即回流液来不及流回烧瓶，并逐渐在分馏柱中形成液柱。若出现这种现象，应停止加热，待液柱消失后重新加热，使汽液达到平衡，再恢复收集馏分。

2.4.2.3 操作实例

丙酮和水的分馏：取 15 mL 工业丙酮和 15 mL 水进行常压分馏，分别收集记录在 56～62 ℃、62～72 ℃、72～98 ℃、98～100 ℃时的馏出液体积。根据温度和体积画出分馏曲线，并与简单蒸馏曲线比较。

2.4.3 水蒸气蒸馏

将水蒸气通入不溶或难溶于水但有一定挥发性的有机物中，使有机物与水经过共沸而蒸馏出来的操作称为水蒸气蒸馏（steam distillation）。水蒸气蒸馏是分离和提纯液态或固态有机物的一种方法。

根据分压定律，当水与有机物混合共热时，其蒸气压为各组分之和：

$$p_{混合物} = p_{水} + p_{有机物}$$

如果水的蒸气压和有机物的蒸气压之和等于大气压，混合物就会沸腾，有机物和水就会一起被蒸出。显然，混合物沸腾时的温度要低于其中任一组分的沸点。换句话说，有机物可以在低于其沸点的温度下被蒸出。因此，在常压下应用水蒸气蒸馏，就能在低于 100 ℃下将高沸点有机物与水一起蒸馏出来。

例如：苯甲醛的沸点为 178 ℃，将水蒸气通入含苯甲醛的反应混合物中，当温度达到 97.9 ℃，苯甲醛蒸气压为 56.5 mmHg，水蒸气压为 703.5 mmHg，即两者的蒸气压总和 $p = 56.5 + 703.5 = 760$（mmHg），也即在 1 个大气压、温度达到 97.9 ℃时，混合物就沸腾，苯甲醛随水蒸气一起蒸馏出来。

理论上，馏出液中有机物（$m_{有机物}$）与水（$m_{水}$）的质量比，应等于两者的分压（$p_{有机物}$ 和 $p_{水}$）与各自分子量（$M_{有机物}$ 和 $M_{水}$）乘积之比：

$$\frac{m_{有机物}}{m_{水}} = \frac{p_{有机物} M_{有机物}}{p_{水} M_{水}}$$

代入上述数据，得到：$\dfrac{m_{苯甲醛}}{m_{水}} = \dfrac{106 \times 56.5}{18 \times 703.5} = 47.30\%$

但由于实验中有相当一部分水蒸气来不及与被蒸出物作充分接触就离开烧瓶，同时，苯甲醛微溶于水，所以，实验蒸出的水量往往超过理论值。

水蒸气蒸馏的应用范围：

① 反应混合物含有较多的树脂状杂质或不挥发性杂质；

② 从固体多的反应混合物中分离被吸附的液体产物；

③ 要求除去易挥发的有机物；

④ 达到沸点时易发生变化的有机物分离。

水蒸气蒸馏被提纯化合物需具备的条件：

① 不溶或难溶于水，沸腾下不与水发生化学反应；

② 在 100 ℃左右应具有一定的蒸气压（一般不小于 1.33 kPa）。

2.4.3.1 实验操作

(1) 安装装置　依序安装水蒸气发生器、圆底烧瓶、克氏蒸馏头、温度计、冷凝管、接引管和接收瓶（见图 2.11）。水蒸气发生器中配置安全管，盛入占其容量 1/3～2/3 的水。水蒸气发生器与烧瓶之间装有 T 形管，T 形管支管上套一段短橡皮管，用止水夹夹住。

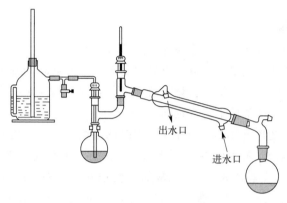

图 2.11　水蒸气蒸馏装置

(2) 加热蒸馏　将待分离混合物转入圆底烧瓶中，通冷凝水。打开 T 形管止水夹，加热水蒸气发生器使水沸腾。当有水蒸气从 T 形管支口喷出时，夹紧止水夹，使水蒸气通入烧瓶中。调节火焰，控制馏出速度以 2 滴/s 为宜，收集馏液。待馏出液变得清亮透明、不再含有油状物时，即可停止蒸馏。

(3) 停止蒸馏　先松开 T 形管止水夹，然后停止加热，稍冷后关闭冷凝水，取下接收瓶。

2.4.3.2 注意事项

① 水蒸气发生器内注入的水不要超过其容积的 2/3。可选用一根长玻璃管作安全管，管子下端浸入水面以下，接近水蒸气发生器底部。

② 水蒸气发生器与烧瓶之间的连接距离应尽可能短，以减少水蒸气在导入过程中的热损耗。当 T 形管已充满冷凝水时，应松开止水夹，放去冷凝水。

③ 导入水蒸气的玻璃管应尽量接近圆底烧瓶底部，以提高蒸馏效率。

④ 加入圆底烧瓶中的待分离混合物不超过烧瓶容量的 1/3。蒸馏过程中，如果有较多的水蒸气因冷凝而积聚在圆底烧瓶中，可以在圆底烧瓶底部小火加热。

⑤ 加热时，应注意安全管液面的高度。如果水柱出现不正常上升，说明水蒸气系统内压力增高，某一部分可能被阻塞，应立即打开 T 形管，使系统与大气相通，然后停止加热，排除故障后再重新蒸馏。

⑥ 对于冷凝管内壁蒸馏出来的固体，可调小冷凝水甚至停止冷凝水流入，也可将冷凝水放掉，待固体熔化，再通冷凝水。

⑦ 停止蒸馏或因任何原因停止加热时，一定要先打开 T 形管，然后停止加热。如果先停止加热，水蒸气发生器因冷却而产生负压，会使烧瓶内的混合液发生倒吸。

⑧ 可采用一种不用水蒸气发生器的更为简单的水蒸气蒸馏装置（见图2.12）。在克氏蒸馏头上配置滴液漏斗。先将待分离有机物和适量的水置入圆底烧瓶中，投入沸石，再接通冷凝水。开始加热，保持平稳沸腾。当烧瓶内的水经连续不断地蒸馏而减少时，可通过滴液漏斗补加水。如由于克氏蒸馏头弯管段较长，蒸气易冷凝，影响有效蒸馏，可以用玻璃棉等绝热材料缠绕，以避免热量迅速散失，从而提高蒸馏效率。

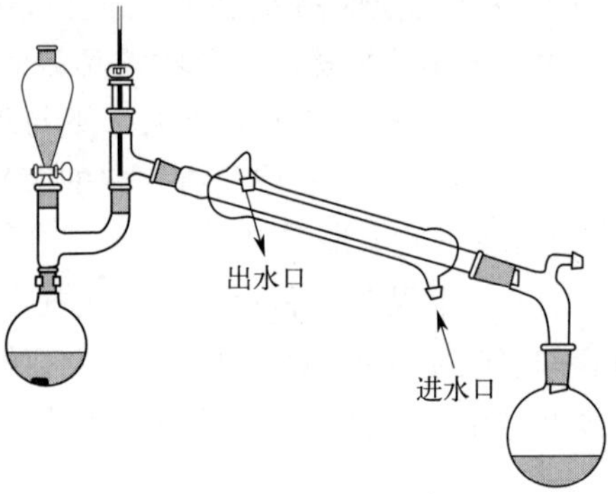

图 2.12　简易水蒸气蒸馏装置

2.4.4　减压蒸馏

减压蒸馏（vacuum distillation）又称真空蒸馏，借助于真空泵降低系统内压力，可以将有机化合物在低于其沸点的温度下蒸馏出来。对于那些沸点高、或热稳定性较差、在受热温度还未到达其沸点就已发生分解、氧化或聚合的化合物，其纯化或分离常常不宜采取常压蒸馏的方法，而应该在减压条件下进行蒸馏。

液体化合物的沸点是其蒸气压等于外界压力时的温度。因此，当外界压力降低时，液体沸点也会随之下降。例如，苯甲醛在常压下（760 mmHg）的沸点为179 ℃，当压力降至50 mmHg时，其沸点已降低到95 ℃。通常的经验公式是：外压减少一半，沸点大约降低15 ℃。如某化合物在标准压力时，沸点是180 ℃，则在380 mmHg时，沸点是165 ℃，而在190 mmHg时，沸点为150 ℃等。当压力降低到20 mmHg时，大多数有机化合物的沸点比其常压下的沸点下降100 ℃左右。

沸点与压力的关系也可近似地用图2.13推出。例如，某化合物在常压下的沸点为200 ℃，若要在4.0 kPa（30 mmHg）的减压条件下进行蒸馏，其蒸出沸点是多少？首先在图2.13中常压沸点刻度线上找到200 ℃标示点，在系统压力曲线上找出4.0 kPa（30 mmHg）标示点，然后将这两点连接成一直线并向减压沸点刻度线延长相交，其交点所示的数字就是该化合物在4.0 kPa（30 mmHg）减压条件下的沸点，即100 ℃。在没有其他资料来源的情况下，由此法所得估计值，对于实际减压蒸馏操作还是具有一定的参考价值。

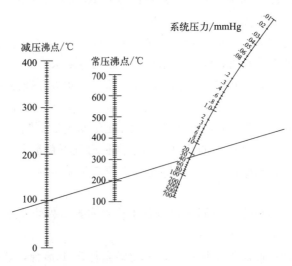

图 2.13　液体在常压和减压下的沸点近似关系图（1 mmHg＝133.3Pa）

2.4.4.1 实验操作

减压蒸馏系统由减压蒸馏装置（见图2.14）、安全瓶、冷却阱、真空计、气体吸收塔、缓冲瓶（见图2.15）组成。依序装配蒸馏烧瓶、克氏蒸馏头、冷凝管、多尾真空接引管及接收瓶。以玻璃漏斗将待蒸馏物质注入蒸馏烧瓶中，配置一根末端拉成毛细管的玻璃管，毛细管距瓶底1~2 mm，玻璃管上端带有螺旋夹的橡皮管可调节进入的空气量。

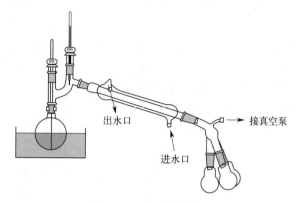

图2.14 减压蒸馏装置

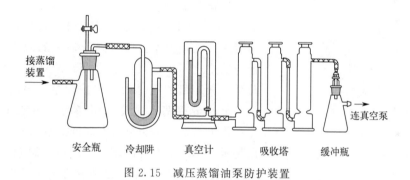

图2.15 减压蒸馏油泵防护装置

将真空接引管用厚壁真空橡皮管与油泵防护装置及油泵相连接。冷却阱可置于广口保温瓶中，用液氮或冰-盐冷却剂冷却。

先打开安全瓶上的活塞，使体系与大气相通。然后开启油泵抽气，慢慢关闭安全瓶上的活塞，同时注意观察压力计读数的变化，调节毛细管空气流量，使体系真空度调节至所需值。

通入冷凝水，开始加热蒸馏烧瓶。当有馏分蒸出时，记录其沸点及相应的压力读数，控制蒸馏速度以1~2滴/s为宜。如果待蒸馏物中有几种不同沸点的馏分，可通过旋转多头接引管收集不同的馏分。

蒸馏结束后，先停止加热，缓缓松开毛细管上螺旋夹，再慢慢打开安全瓶上的旋塞，待系统内外的压力达到平衡后，关闭油泵，以免真空泵中的油倒吸。关冷凝水，最后拆卸仪器。

2.4.4.2 注意事项

① 在用油泵减压蒸馏前，一定要先进行普通蒸馏、或在水泵减压下蒸馏、或利用旋转蒸发仪蒸馏，以蒸除低沸点物质。

② 减压蒸馏时，应使用圆底烧瓶，不得使用机械强度不大的仪器（如锥形瓶、平底烧瓶等）。加入液体的量不能超过蒸馏烧瓶容积的 1/2。

③ 克氏蒸馏头的目的是避免减压蒸馏时，瓶内蒸馏物由于沸腾而进入冷凝管中。从克氏蒸馏头直插蒸馏瓶底末端如细针般的毛细管，起到引入汽化中心的作用，使蒸馏平稳。用电磁搅拌代替毛细管产生气泡也可以防止暴沸，不过在蒸馏过程中由于压力骤降或是还存在低沸点物质的原因，仍很可能产生暴沸。因此在逐渐关闭安全瓶活塞时，应密切注意蒸馏瓶内的情况，一旦有暴沸倾向，应立即适度打开安全瓶活塞，消除暴沸。

④ 仪器装好后，应空试系统是否密封。具体操作为：开启油泵，若发现体系压力无多大变化或系统不能达到油泵应达到的真空度，说明系统内漏气，即进行分段检查。检查时，首先将真空接引管与安全瓶连接处的橡胶管折起来用手捏紧，如果压力马上下降，说明是蒸馏装置漏气。将油泵关闭，在蒸馏装置的各连接部位适当涂一点真空脂，并通过旋转使磨口接头处吻合致密。如果压力不变，说明在气体吸收塔及压力计等其他相连的接合部位漏气，可涂上少许熔化的石蜡，并用电吹风加热熔融（或涂上真空脂）。

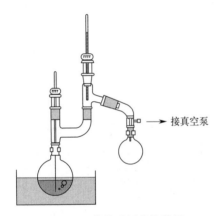

图 2.16　简易减压蒸馏装置

⑤ 如果蒸馏少量高沸点或低熔点物质，则可采用图 2.16 装置进行蒸馏，即省去冷凝管。如果蒸馏温度较高，为了减少散热，可在克氏蒸馏头处用玻璃棉等绝热材料缠绕起来。

⑥ 使用油泵时，不可使水分、有机物质或酸性气体侵入泵内，否则会严重降低油泵的效率。在蒸馏装置与油泵之间所安装的安全瓶、冷却阱、气体吸收塔及缓冲瓶，目的就是为了保护油泵。另外，装在安全瓶口上的带旋塞双通管可用来调节系统压力或放气。冷却阱可视被蒸出组分沸点高低而浸入盛有冰-水或冰-盐甚至干冰或液氮等冷却剂的广口保温瓶中进行冷却。吸收塔一般设 2~3 个，分别装有无水氯化钙、颗粒状氢氧化钠及片状固体石蜡，用于吸收水分、酸性气体及烃类气体。

⑦ 封闭式水银压力计常用于测量减压系统的真空度，其两臂汞面高度之差即为减压系统的真空度。应当注意，当减压操作结束时，要小心旋开安全瓶上的双通旋塞，让气体慢慢进入系统，使压力计中的水银柱缓缓复原，以避免因系统内的压力突增使水银柱冲破玻璃管。

2.4.4.3　操作实例

乙酰乙酸乙酯的减压蒸馏：由于乙酰乙酸乙酯在常压蒸馏时易分解产生去水乙酸，故必须通过减压蒸馏进行提纯。

取 50 mL 圆底烧瓶，安装减压蒸馏装置。旋紧螺旋夹，开动真空泵，逐渐关闭安全瓶上的二通活塞，调试压力稳定在 1.33 kPa 后，徐徐放入空气，使压力与大气平衡后，关闭真空泵。

取 15 mL 乙酰乙酸乙酯，加入蒸馏烧瓶。检查各接口处的严密性后，开动真空泵，使压力稳定在 1.33 kPa 后，加热蒸馏烧瓶，收集沸程为 66~68 ℃的馏分。收集大部分馏液后，停止减压蒸馏，按顺序关闭并拆卸减压蒸馏装置。

2.4.4.4 旋转蒸发仪

在进行合成实验及萃取、柱色谱等分离操作时，常常需要使用大量有机溶剂，而其后浓缩溶液或回收溶剂是一项繁琐又耗时的工作。长时间加热有时也会造成化合物分解，这时可以使用旋转蒸发仪。旋转蒸发仪（如图 1.6 所示）可用于快速浓缩或回收、蒸发有机溶剂的场合，在有机实验室中被广泛使用。

① 先将所有仪器连接固定好，容易脱滑的位置用特制的夹子夹住。活塞通大气，冷凝管中通入冷凝水。

② 打开旋转蒸发仪旋转开关，使蒸馏瓶旋转，置于合适的转速。

③ 打开循环水真空泵，慢慢关通大气的活塞，使系统抽紧。然后加热，蒸馏。

④ 蒸馏完毕，先慢慢开启活塞通大气，待内外压力一致时，关闭真空系统，拆去热源，待温度降低至室温后，停止旋转，取下单口圆底烧瓶，整理清洁仪器。

2.5　无水无氧操作技术

在有机合成中，一些反应活性很高，但对空气、水分也非常敏感的化合物，在制备时通常需要使用无水无氧操作技术。

无水无氧操作线又称史兰克线（Schlenk line），是一套惰性气体的净化及操作系统，通过它可以将无水无氧惰性气体导入反应系统（见图 2.17）。

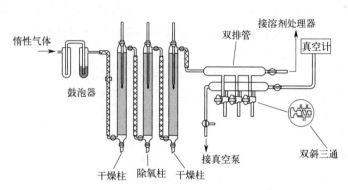

图 2.17　简易无水无氧操作线（史兰克线）

史兰克线主要由除氧柱、干燥柱、双排管、真空计等部分组成。惰性气体（一般为氮气或氩气）在一定压力下由鼓泡器导入干燥柱初步除水，再进入除氧柱除去氧，然后进入第二根干燥柱以吸收除氧柱中生成的微量水，最后进入双排管（惰性气体分配管）。经过脱水除氧系统处理后的惰性气体，可以导入反应系统或其他操作系统。

在对合成装置或其他仪器进行除水除氧操作时，将要求除水除氧的仪器通过带旋塞的导管，与无水无氧操作线上的双排管相连以便抽换气。在该仪器的支口处要接上液封管以便放空。同时保持仪器内惰性气体为正压，使空气不能入内。关闭支口处的液封管，旋转双排管的双斜三通活塞使体系与真空管相连。抽真空并用电吹风烘烤处理系统各部分，以除去系统内的空气及内壁附着的潮气。烘烤完毕，待仪器冷却后，打开惰性气体阀，旋转双排管上的双斜三通，使待处理系统与惰性气体管路相通。如此重复处理三次，即抽换气完毕。

在利用史兰克线进行除水除氧操作时，应事先对干燥柱和除氧柱进行活化。在干燥柱

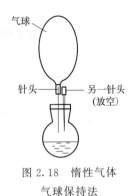

图 2.18 惰性气体
气球保持法

中,常填充脱水能力强并可再生的干燥剂,如 5A 分子筛。在除氧柱中则选用除氧效果好并能再生的除氧剂,如银分子筛。

有时候,如果对于无水无氧要求不是很高的话,实验中还可用简便的方法以获得无水无氧的条件。一种比较简单的方法是惰性气体的气球保持法(见图 2.18)。操作时,先将装满惰性气体的带有针头的气球插入装有橡皮塞的圆底烧瓶的一口上,然后插入另一细针排空体系中的空气,待反应瓶被惰性气体完全冲洗以后,则拔去此针以备用,气球可使整个反应体系处于惰性气体的压力下。也可以先将反应系统抽真空,然后在反应烧瓶的一口插上充满惰性气体的气球。根据需要,气球也可置于冷凝管的顶部。

2.6 色谱技术

色谱法(chromatography)是分离、纯化和鉴定有机化合物的重要方法之一。色谱法也称色层法或层析法,最初源于对有色物质的分离,因而得名。后来,随着各种显色、鉴定技术的引入,其应用范围早已扩展到无色物质。

色谱法的基本原理是利用待分离混合物中各组分在某一物质中的吸附或溶解性能(即分配)等的差异,让混合物溶液流经该物质,进行反复吸附或分配等作用,从而使混合物中各组分得以分离。其中,流动的体系称为流动相,可以是气体,也可以是液体。固定不动的物质称为固定相,可以是固体吸附剂,也可以是液体(吸附在支持剂上)。

色谱法在有机化学中的主要应用:

① 分离混合物。一些结构类似、理化性质也相似的化合物组成的混合物,一般用化学方法分离很困难,但用色谱法分离,有时可得到满意的结果。

② 精制提纯化合物。有机化合物中含有少量结构类似的杂质,不易除去,可利用色谱法分离以除去杂质,得到纯品。

③ 鉴定化合物。

④ 观察化学反应终点。

根据组分在固定相中的作用原理不同,可分为吸附色谱、分配色谱、离子交换色谱等。按操作条件不同,可分为纸色谱、薄层色谱、柱色谱、气相色谱和高压液相色谱等。流动相的极性小于固定相极性时为正相色谱,而流动相的极性大于固定相极性时为反相色谱。

2.6.1 纸色谱法

纸色谱法(paper chromatography)是一种以滤纸为支持物的色谱方法,主要用于多官能团或高极性的亲水化合物如醇类、羟基酸、氨基酸、糖类和黄酮类等的分离。它具有微量、快速、高效和灵敏度高等特点。纸色谱的原理比较复杂,涉及分配、吸附和离子交换等机理,但分配机理起主要作用,因此,一般认为纸色谱属于分配色谱。

纸色谱的滤纸几乎是由纯粹纤维素构成的,在水蒸气饱和的空气中,它可以吸附 20%~25% 的水分,其中有 6%~7% 的吸附水是通过氢键与纤维素的羟基结合,吸附极其牢固,一般条件下,很难脱去。这些吸附水构成了色谱过程的固定相,展开剂为流动相,滤纸只起到支持固定相的作用。作为分配色谱,其分离过程是依靠萃取原理实现的。在滤纸上点样后,样品实际上是溶解在固定相(吸附水)中的,当流动相与溶解有样品的吸附水接触时,样品便在固定相和流动相中按照分配系数（K）的大小进行分配，实际上是流动相对固定相中的物质进行萃取。由于流动相是连续不断地向前移动，这种萃取过程也就连续不断地进行，最终导致物质随着流动相的移动而移动。由于各物质的分配系数不同，所以，物质的移动速度也就不同。与展开剂的移动速度相比，分配系数较大（即在固定相中溶解度大）的组分移动得慢一些，而分配系数较小的组分移动得快一些，这样，不同的物质便得到了分离。

一般，色谱用滤纸要求质地细密、厚薄均匀、平整，对光检测时透光度均匀，不得有污点，应有一定的强度，滤纸对溶剂的渗透速度适当，滤纸中应不含有水或有机溶剂中可溶的杂质。对普通实验来说，一般实验室中的滤纸都可以使用，但在某些定量测定或某些深入研究的工作中，对滤纸要作适当的选择（见图 2.19）。

纸色谱中，多用极性的混合溶剂作为展开剂，且其中之一是水。在选择展开剂时，一般按照"相似相溶"原理进行。如果被分离物质是易溶于水，但难溶于乙醇的强亲水性的组分，如氨基酸、糖类等，可选用含水量在 10%～40% 的高含水量系统作为展开剂。若物质是可溶于乙醇和水，且较易溶于乙醇的中等亲水性的组分，则宜采用中等含水量的溶剂系统作展开剂。对于难溶于水，但易溶于亲脂性溶剂的物质，则展开剂主要组分是苯、环己烷、四氯化碳、甲苯等。对于完全亲脂性物质如甾醇等，最好采用反相系统，即用甲酰胺、二甲基甲酰胺等浸渍滤纸作固定相，可用含水的醇或与此相近的溶剂作为流动相。

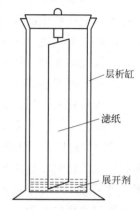

图 2.19 纸色谱装置

对于酸性或碱性物质，由于其电离平衡的存在，展开时将产生拖尾现象。通常可在溶剂中加入较强的酸（如甲酸）或碱（如氨）来抑制弱酸或弱碱的电离，或在滤纸上喷上缓冲盐类，以保持一定的 pH 值，干后再展开。但必须注意，展开剂也必须事先用缓冲液平衡后再使用。

纸色谱法的优点是操作简单，价格便宜。缺点是展开时间较长，因为在展开过程中，溶剂的上升速度随着高度的增加而减慢。

2.6.2 薄层色谱法

薄层色谱（thin layer chromatography，TLC）又叫薄层层析，是快速分离和定性分析少量物质的一种很重要的色谱实验技术。薄层色谱属固-液吸附色谱，它兼备了柱色谱和纸色谱的优点。一方面适用于少量样品（几到几微克，甚至 0.01 μg）的分离，另一方面在制作薄层板时，把吸附层加厚加大，又可用来精制样品。此法特别适用于挥发性较小或较高温度易发生变化而不能用气相色谱分析的物质。

薄层色谱的原理是利用薄层板上的吸附剂在展开剂中所具有的毛细作用，使样品混合物随展开剂向上爬升。由于各组分在吸附剂上受吸附的程度不同，以及在展开剂中溶解度的差异，就产生了速度的差异，从而使混合物中的各组分得到分离。

薄层色谱常用的吸附剂有硅胶和氧化铝。硅胶分为硅胶 H（不含黏合剂的硅胶）、硅胶 G（掺有煅石膏作黏合剂）、硅胶 HF_{254}（含有荧光物质），可在波长为 254 nm 的紫外光下观察荧光，而附着在光亮的荧光薄板上的有机化合物却呈暗色斑点，从而可以观察到那些无色组分；硅胶 GF_{254}（既含煅石膏又含荧光物质）。氧化铝也类似地分为氧化铝 G、氧化铝 HF_{254} 及氧化铝 GF_{254}。除了煅石膏外，羧甲基纤维素钠也是常用的黏合剂。由于氧化铝的极性较强，对极性物质具有较强的吸附作用，适合于分离极性较弱的化合物（如烃、醚、卤代烃等)。而硅胶的极性相对较小,适合于分离极性较大的化合物(如羧酸、醇、胺等)。

在一定条件下,一种化合物的上升高度与展开剂上升高度之比是一个定值,称为该化合物的比移值,记为 R_f 值。比移值是用来比较和鉴别不同化合物的重要依据。

$$R_f = \frac{溶质最高浓度中心至原点中心的距离}{溶剂前沿至原点中心的距离}$$

薄层色谱法可用来鉴定化合物的纯度,或确定两种性质相似的化合物是否为同一物质。但由于影响比移值的因素很多,如薄层厚度、吸附剂颗粒的大小、酸碱性、活性等级、外界温度和展开剂纯度、组成、挥发性等, R_f 值的重现性较差。为此,在测定某一试样时,最好用已知样品在同一块薄层板上进行对照。

此外,薄层色谱法还可以用于寻找柱色谱分离条件。在有机合成中,也可用来跟踪反应进程,通过观察原料色点的逐步消失,来证明反应是否完成。

2.6.2.1 实验操作

将 2 g 硅胶 G 在搅拌下,慢慢加入 6 mL 1% 羧甲基纤维素钠(CMC)水溶液中,调成糊状。然后将糊状浆液倒在洁净的载玻片上,用手轻轻振动,使涂层均匀平整。室温下晾干,然后在 110 ℃ 烘箱内活化 0.5 h。

用溶剂将样品配成 1% 左右的溶液。点样前,先用铅笔在薄层板上距末端 0.6~1 cm 处轻轻画一横线,然后用毛细管吸取样液在横线上轻轻点样。如果在同一块薄层板上点两个样,两斑点间距应保持 1~1.2 cm 为宜。干燥后可进行色谱展开。

以广口瓶作展开器,加入展开剂,其量以液面高度 0.5 cm 为宜。将点过样的薄层板斜置于其中,使点样一端朝下,保持点样斑点在展开剂液面之上,盖上盖子(见图 2.20)。当展开剂上升至离薄层板上端约 1 cm 处时,将薄层板取出,并用铅笔标出展开剂的前沿位置。

待薄层板干燥后,便可观察斑点的位置。如果斑点无颜色,可将薄层板放在装有几粒碘晶的广口瓶内盖上瓶盖。当薄层板上出现明显的暗棕色斑点后,即可将其取出,并马上用铅笔描出斑点的轮廓,确定出斑点的重心位置(见图 2.21)。然后计算斑点的 R_f 值,比较各斑点的 R_f 值,确定混合样点上的每个斑点各是什么物质。

图 2.20 薄层色谱装置

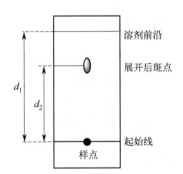

图 2.21 薄层色谱图

2.6.2.2 注意事项

① 玻璃板应洗涤干净,依次用洗液净泡,蒸馏水洗,并用丙酮淋洗,干燥晾干。

② 点样时要用内径小于 1 mm 的毛细管,管口要平整。点样动作要轻快敏捷,如果要重新点样,一定要等前一次点样残余的溶剂挥发后再点样,以免斑点过大,产生拖尾、扩散现象,影响分离效果。

③ 一根点样管只能点一种样品，否则有交叉污染。

④ 薄层板取出后要及时标记展开剂前沿，否则展开剂挥发后难以确定。

⑤ 展开剂的极性差异对混合物的分离有显著影响。当被分离物各组分极性较强，经过层析后，如果混合物中各组分的斑点全部随溶剂爬升至最前沿，那么该溶剂的极性太强；相反，如果混合物中各组分的斑点完全不随溶剂的展开而移动，则表明该溶剂的极性太弱。有时用单一溶剂不易使混合物分离，这就需要采用混合溶剂作展开剂，这种混合展开剂的极性常介于几种纯溶剂的极性之间。

⑥ 碘熏显色法是观察无色物质斑点的一种有效方法。因为碘可以与除烷烃和卤代烃以外的大多数有机物形成有色配合物。不过，由于碘会升华，当薄层板在空气中放置一段时间后，显色斑点就会消失。因此，薄层板经碘熏显色后，应马上用铅笔将显色斑点圈出。如果薄层板上掺有荧光物质，则可直接在紫外灯下观察，化合物会因吸收紫外光而呈黑色斑点。

2.6.3 柱色谱法

柱色谱（column chromatography）也叫柱层析，常用的有吸附色谱和分配色谱两种。吸附色谱常用氧化铝和硅胶为吸附剂；分配色谱以硅藻、硅藻土和纤维素为支持剂，以吸收较大量液体作为固定相。实验室中最常用的是吸附色谱。吸附色谱通常在玻璃管中填入表面积很大、经过活化的多孔性或粉状固体吸附剂。当待分离的混合物溶液流过吸附柱时，各种成分同时被吸附在柱的上端。当洗脱剂流下时，由于不同化合物吸附能力不同，往下洗脱的速度也不同，于是溶质在柱中自上而下按对吸附剂的亲和力大小分别形成了不同层次，再用溶剂洗脱时，已经分开的溶质可以从柱上分别洗出收集。也可将柱吸干，挤出后按色带分割开，再用溶剂将各色带中的溶质萃取出。

以柱色谱法分离混合物应考虑到吸附剂的性质、溶剂的极性、柱子的大小、吸附剂的用量以及洗脱的速度等因素。

吸附剂的选择一般根据待分离化合物的类型而定。常用的有氧化铝和硅胶。氧化铝分为酸性、碱性和中性三种。酸性氧化铝适合于分离羧酸或氨基酸等酸性化合物；碱性氧化铝适合于分离胺；中性氧化铝则可用于分离中性化合物。硅胶的性能比较温和，属无定形多孔物质，略具酸性，适合于分离极性较大的物质，例如醇、羧酸、酯、酮、胺等。

洗脱剂的选择一般根据待分离化合物的极性、溶解度等因素而定。选择洗脱剂的一个原则是洗脱剂的极性不能大于样品中各组分的极性。不同的洗脱剂使给定的样品沿着固定相的相对移动的能力称为洗脱能力。在氧化铝和硅胶柱上，常用溶剂的洗脱能力（极性）顺序为：乙酸＞吡啶＞水＞甲醇＞乙醇＞正丙醇＞丙酮＞乙酸乙酯＞乙醚＞氯仿＞二氯甲烷＞甲苯＞环己烷＞正己烷＞石油醚。

有时只需使用一种单纯溶剂，有时则需要采用混合溶剂，或使用不同的溶剂交替洗脱才能使混合物中各组分分离开来。如先采用一种非极性溶剂将待分离混合物中的非极性组分从柱中洗脱出来，然后再选用极性溶剂以洗脱具有极性的组分。

2.6.3.1 实验操作

选一合适色谱柱（或用酸式滴定管），洗净干燥后垂直固定在铁架台上，色谱柱下端置一吸滤瓶或锥形瓶作接收瓶。如果色谱柱下端没有砂芯横隔，用玻璃棒将少许脱脂棉或玻璃棉推至其柱底部，然后再铺上一层约 1 cm 厚的砂（见图 2.22）。

关闭柱底端活塞，向柱内倒入溶剂至柱高约 3/4 处。然后将一定量的吸附剂用溶剂调成

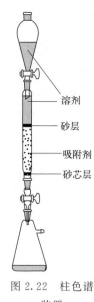

图 2.22 柱色谱装置

糊状，并将其从色谱柱上端向柱内一匙一匙地添加，打开色谱柱下端活塞，使溶剂慢慢流入锥形瓶。同时，用木棒轻轻敲振柱身下部，促使吸附剂均匀沉降，填装紧密。整个添加过程中，应保持溶剂液面始终高出吸附剂层面。添加完毕，在吸附剂上面覆盖约 1 cm 厚的砂层。

当柱内的溶剂液面降至吸附剂表层时，关闭色谱柱下端的活塞。用滴管将样品溶液滴加到柱内吸附剂表层，再用滴管取少量溶剂洗涤色谱柱内壁上沾有的样品溶液。然后打开活塞，使溶剂慢慢流出。当溶液液面降至吸附剂层面时，便可加入洗脱剂进行洗脱。保持流出速度约 1 滴/s，随着洗脱剂的洗脱，可以明显看到色谱柱上出现两个色带。待第一个色带快流出时，换一干净接收瓶接收这一组分的样品，可根据色谱柱中出现的色层分别收集洗脱液。如果各组分无色，先依等分收集法收集，然后用薄层色谱法逐一鉴定，再将相同组分的收集液合并在一起。蒸除溶剂，即得各组分。

样品：偶氮苯和对羟基偶氮苯的混合物。
吸附剂（固定相）：中性柱色谱用氧化铝（200～300目）。
洗脱剂（流动相）：石油醚：丙酮＝8：2（体积比）。

2.6.3.2 注意事项

① 色谱柱的尺寸以及吸附剂的用量要视待分离样品的量和分离难易程度而定。一般来说，吸附剂的用量约为待分离样品质量的 30 倍。吸附剂装入柱中以后，色谱柱应留有约 1/4 的容量以容纳溶剂。如果样品分离较困难，可以选用更长一些的色谱柱，吸附剂的用量也可适当多一些。

② 装柱时要轻轻不断地敲击柱子，以除尽气泡，不留裂缝，否则会影响分离效果。

③ 装柱完毕后，在向柱中添加溶剂时，应沿柱壁缓缓加入，以免将表层吸附剂和样品冲溅泛起，覆盖在吸附剂表层的砂子也是起这个作用。

④ 溶剂的流速对柱色谱分离效果具有显著影响。如果溶剂流速较慢，则样品在色谱柱中保留的时间就长，那么各组分在固定相和流动相之间就能得到充分的吸附或分配，从而使混合物，尤其是结构、性质相似的组分得以分离。但是，如果混合物在柱中保留的时间太长，则可能由于各组分在溶剂中的扩散速度大于其流出的速度，从而导致色谱带变宽，且相互重叠影响分离效果。因此，展开时洗脱速度要适中。

2.6.4 气相色谱法

气相色谱法（gas chromatography，GC）是以气体作为流动相（即载气）的一种色谱法。根据固定相状态，又分为气-固色谱法和气-液色谱法。气-液色谱法是以多孔惰性固体物质作载体（也称担体），在其表面涂渍一层很薄的高沸点液体有机化合物作为固定相（又称固定液），并将其填充在色谱柱中。当载气将混合物带入色谱柱，混合物中各组分将在载气和固定液之间反复进行分配。那些在固定液中溶解度小的组分很快就会被载气带出，而在固定液中溶解度大的组分移动得缓慢，因而，各组分被分离开来。气-固色谱法与气-液色谱法原理相似，区别在于气-固色谱法中是以一些多孔固体吸附剂如硅胶、活性氧化铝等直接作固定相。气相色谱仪主要包括载气供应系统、进样系统、色谱柱、检测系统以及记录系统等（见图 2.23）。

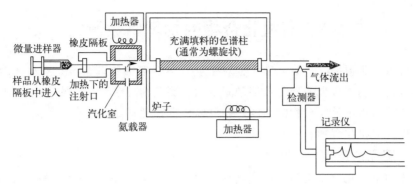

图 2.23 气相色谱仪示意图

气相色谱仪的操作条件要根据所用机型而定。一般来说，当色谱仪开启稳定后，可用微量注射器进样，汽化后的样品经过色谱柱分离成一个个单组分，并依次进入检测器，检测器将这些浓度不同的各组分相应地转换为电信号，并以谱峰的形式记录在记录仪上。

通常，将从进样开始到柱后出现某组分的浓度最大值所需的时间称为保留时间。一般来说，有机化合物在相同的分析条件下，其保留时间是不变的，因此，可以借助气相色谱作定性分析。另外，各组分的含量与其谱峰面积成正比，依峰面积大小还可进行定量分析。

2.6.5 高效液相色谱法

高效液相色谱法（high performance liquid chromatography，HPLC）又称为高压液相色谱，是一种高效、快速的分离分析有机化合物的仪器。它适用于那些高沸点、难挥发、热稳定性差、离子型的有机化合物的分离分析。作为分离分析手段，气相色谱和高效液相色谱可以互补。与柱色谱相比，高效液相色谱具有方便、快速、分离效果好、使用溶剂少等优点。高效液相色谱使用的吸附剂颗粒比柱色谱要小得多（一般为 5~50 μL），因此，需要采用高的进柱口压（大于 100 kgf/cm²），以加速色谱分离过程。这也是由柱色谱发展到高效液相色谱所采用的主要手段之一。

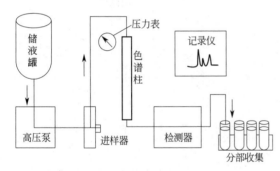

图 2.24 高效液相色谱仪示意图

高效液相色谱流程和气相色谱流程的主要差别在于，气相色谱是气流系统，高效液相色谱仪则是由储液罐、高压泵等系统组成，具体流程见图 2.24。

高效液相色谱常用的流动相有正己烷、异辛烷、二氯甲烷、水、乙腈、甲醇等。在使用前一般要过滤、脱气，必要时需要进一步纯化。常用固定相类型有全多孔型、薄壳型、化学改性型等。常用固定相有 β,β'-氧二丙腈、聚乙二醇、三亚甲基异丙醇、角鲨烷等。高效液相色谱用的色谱柱大多数为内径 2~5 mm、长 25 cm 以内的不锈钢管。常用的检测器有紫外检测器、示差折光检测器、氢火焰离子化检测器、荧光检测器、电导检测器等。一般采用往复高压泵。

2.7 有机化合物的物理常数测定

熔点、沸点、折射率、比旋光度、相对密度、溶解度等物理常数是有机化合物的属性，一个纯的有机化合物的各项物理常数都是固定的。测定物理常数可以鉴定化合物，比较测定值与标准值的差可以估计化合物的纯度。还可以依据物理常数如熔点、沸点、溶解度等的差异，分离和提纯有机化合物。

2.7.1 熔点的测定

在大气压力下，化合物受热由固态转化为液态时的温度称为该化合物的熔点（melting point，mp）。熔点是固体有机化合物的物理常数之一。

严格地说，熔点是指固体化合物在大气压力下固-液两相达到平衡时的温度。图 2.25 是物质的蒸气压与温度曲线。曲线 SM 表示物质固相的蒸气压与温度的关系，曲线 ML 表示液相的蒸气压与温度的关系，两条曲线相交于 M。在 M 处固、液两相蒸气压一致，固、液两相平衡共存，这时的温度（T）是该物质的熔点。一旦温度超过 T（甚至只有几分之一度）时，只要有足够的时间，固体就可以全部转变为液体。当最后一点固体熔化后，继续供应热量就使温度线性上升，这就是纯晶体物质具有固定和敏锐熔点的原因。但实际测定固体的熔点时，通常是一个温度范围，即从开始熔化（初熔）至完全熔化（全熔）时的温度变动，该范围称为熔点范围，简称熔程或熔距。

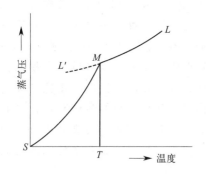

图 2.25 物质的蒸气压与温度曲线

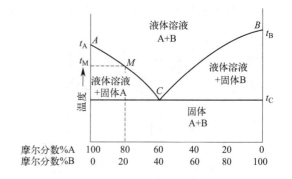

图 2.26 二组分体系中的熔融相图

图 2.26 是二组分 A、B 体系中的熔融相图。t_A 代表化合物 A 的熔点，t_B 代表化合物 B 的熔点。随着混入 B 含量的增加，A 化合物的熔点逐渐下降，一直达到最低的熔点 C（称为低共熔点）。当混合物中化合物 B 的含量继续增大，则熔点又升高，一直达到纯 B 的数值，这种现象就叫做混合熔点下降。如肉桂酸、尿素的熔点都是 133 ℃，但它们混合后，其熔点要比 133 ℃低很多。

纯净的固体有机化合物一般有固定的熔点，且熔点范围（熔程或熔距）很窄（0.5~1 ℃）；当化合物含有杂质或干燥不充分时，会导致熔点下降，熔程变宽。因此，通过测定熔点，观察熔距，可以鉴别未知物，并判断其纯度。

混合熔点试验法可用来鉴别两种具有相近或相同熔点的化合物究竟是否为同一化合物。将这两种化合物混合在一起，观测其熔点。如果熔点下降，且熔距变宽，则必定是两种性质不同的化合物。需要指出，有少数化合物受热时易发生分解。因此，即使其纯度很高，也不具有确定的熔点,而且熔距较宽。

测定熔点的方法有多种:毛细管法、显微熔点仪测定法、数字熔点仪测定法。

2.7.1.1 实验操作

实验室常用毛细管(提勒熔点管)法测定熔点(见图2.27)。

将干燥的样品0.1~0.2 g置于干燥洁净的表面皿上,并研细。用测熔点毛细管开口的一端垂直插入粉末状的样品中,让些许样品进入毛细管。再将毛细管开口端朝上,让它在一长约50 cm直立的玻璃管中自由落下,样品便落入毛细管底部。如此操作反复几次,使毛细管中的样品装得致密均匀,样品高约2~3 mm。然后将装有样品的毛细管用细橡皮圈固定在温度计上,并使毛细管装样部位位于水银球处。

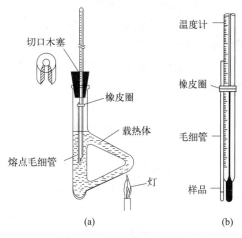

图2.27 提勒熔点测定管

将提勒(Thiele)熔点测定管(又叫b形管)固定在铁架台上,注入导热液,使导热液液面位于提勒熔点测定管交叉口处。管口配置开有小槽的软木塞,将带有测熔毛细管的温度计插入其中,使温度计的水银球位于提勒熔点测定管两支管的中间。

粗测时,用小火在提勒熔点测定管底部加热,升温速度以5 ℃/min为宜。记录样品熔化时的温度,即得试样的粗测熔点。移去火焰,让导热液温度降至粗测熔点以下约30 ℃,即可参考粗测熔点进行精测。

精测时,将温度计从提勒熔点测定管中取出,换上第二根熔点管后便可加热测定。初始升温可以快一些,约5 ℃/min;当温度升至离粗测熔点约10 ℃时,要控制升温速度在1 ℃/min左右。仔细观察温度的变化及样品是否熔化。当熔点管中的样品出现塌落、湿润,甚至显现出小液滴时,即表明开始熔化,记录此时的温度(即初熔温度)。继续缓缓的升温,直至样品全熔(即管中绝大部分固体已熔化,只剩少许即将消失的细小晶体),记录全熔温度。所得数据即为该化合物的熔程。

每个样品至少测定两次,取其平均值。两次测定值相差不得大于0.5 ℃。

样品:乙酰苯胺、尿素、肉桂酸、尿素和肉桂酸(1∶1)的混合物。

2.7.1.2 注意事项

(1)装填样品

① 熔点管通常采用内径1 mm、长度60~70 mm、一端封闭的毛细管。

② 待测样品一定要经充分干燥,装样时操作要迅速,以免样品受潮。含有水分的样品会导致其熔点下降、熔距变宽。另外,样品还应充分研磨成细粉状,装样要致密均匀,否则,样品颗粒间传热不匀,也会使熔距变宽。样品量太少不便观察,熔点偏低;太多会造成熔程变大,熔点偏高。

③ 沾在样品管外的试样应拭去,以免沾污浴液。

(2)装置仪器

① 导热介质的选择可根据待测物质的熔点而定。若熔点在95 ℃以下,可以用水作导热液;若熔点在95~220 ℃,可选用液体石蜡油;若熔点温度再高些,可用浓硫酸(250~270 ℃),但需注意安全。

② 装入的导热介质要适量，不能太满，要考虑到导热液受热后，其体积会膨胀的因素。
③ 样品管应紧附在温度计旁，用橡皮圈固定好，注意橡皮圈不要接触导热介质，装有样品的一段应靠在温度计水银球中部。
④ 温度计和样品管都不能碰到测定管壁，而温度计水银球应位于熔点测定管两侧管间的中部。

（3）加热测定
① 介质温度必须至少低于预定熔点 10 ℃时才可将样品装入，按熔点由低至高次序测定。
② 控制加热速度。熔点下 10 ℃时，升温速度为 1~2 ℃/min，接近熔点时 0.2~0.3 ℃/min。这样，才能使整个熔化过程尽可能接近于两相平衡条件，测得的熔点也越精确。
③ 样品经测定熔点冷却后又会转变为固态，由于结晶条件不同，会产生不同的晶型。同一化合物的不同晶型，它们的熔点常常不一样。因此，每次测熔点都应使用新装样品的熔点管。

（4）后处理
① 实验完毕，应将温度计吊放，不能平放在桌面上，也不能立即冲洗。
② 热浴介质如变色，应采用褪色方法。如浓硫酸变色，则加入少量硝酸钾或硝酸钠并继续加热。

2.7.2 沸点的测定

沸点（boiling point，bp）是液体化合物的蒸气压与外界大气压力相等时的温度。液体化合物的蒸气压随温度的升高而增大，当蒸气压增大到与外界压力相等时，液体内部会有大量气泡逸出，即沸腾。如大气压力变化，那么令液体化合物的蒸气压达到一定大气压力时的温度也发生变化。所以，同一种化合物在不同压力下，其沸点不同。描述一种化合物的沸点常要注明其压力条件。如二苯甲酮在 13.3 kPa（100 mmHg）时，沸腾温度为 224.4 ℃，记为 224.4 ℃/13.3 kPa。通常所说的沸点是指外界压力为一个大气压时的液体沸腾温度。

沸点是有机化合物的物理常数之一。在一定压力下，纯的液体化合物具有固定的沸点，沸程（沸点变动范围）较窄（约 0.5~1 ℃），不纯的化合物沸点上升，沸程变宽。所以，通过测定沸点能定性地鉴别有机化合物，并判断其纯度。需要指出的是，具有恒定沸点的液体并不一定都是纯化合物，共沸混合物也具有恒定的沸点。

测定沸点有常量法和微量法。常量法测沸点时，样品用量一般要 10 mL 以上，如果样品不多时，可采用微量法测沸点。

2.7.2.1 实验操作

（1）常量法测定沸点　采用的是蒸馏装置，其方法与简单蒸馏操作相同。
（2）微量法测定沸点　可用图 2.28 所示的装置。以内径 3~4 mm、长 8~10 cm、一端封口的玻璃管作沸点管，向管内滴加 2~3 滴待测液体。另用一根内径约 1 mm、长约 9 cm、一端封闭的玻璃毛细管作内管。将内管开口端向下插入沸点管中，用小橡皮圈将沸点管固定在温度计旁，使沸点管底端位于温度计水银球部位。一齐放入提勒熔点测定管中，用带有缺口的橡皮塞加以固定。

缓缓加热升温，观察到有气泡从沸点管内的液体中逸出，这是由于内管中的气体受热膨胀所致。当升温至比液体沸点稍高时，沸点管中将有一连串的气泡快速逸出。此时，立即停止加热，让浴液自行冷却，管内气体逸出的速度渐渐减慢。当最后一个气泡因液体的涌入而缩回内管中时，内管内的蒸气压与外界压力正好相等，此时的温度即为该液体在常压下的沸点。

2.7.2.2 注意事项

① 测定沸点时，加热不应过猛，尤其是在接近样品的沸点时，升温更要慢一些，否则沸点管内的液体会迅速挥发而来不及测定。

② 如果在加热过程中，没能观察到一连串小气泡快速逸出，可能是沸点内管封口处没封好。此时，应停止加热，换一根内管，待导热液温度降低 20 ℃后，再重新测定。

2.7.3 折射率的测定

折射率（refractive index）是液体有机化合物的物理常数之一。通过测定折射率可以判断有机化合物的纯度，也可以用来鉴定未知物。

光在不同介质中的传播速度是不相同的。光从一种介质射入另一种介质，当它的传播方向与两种介质的界面不垂直时，则在界面处的传播方向会发生改变，这种现象称为光的折射（见图 2.29）。

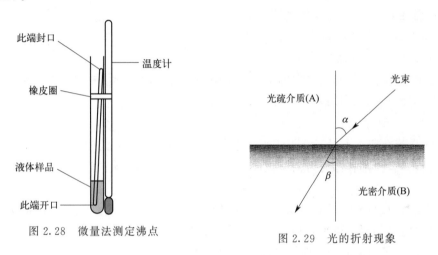

图 2.28　微量法测定沸点　　　图 2.29　光的折射现象

根据折射定律，光线自介质 A 射入介质 B，其入射角 α 与折射角 β 的正弦之比和两种介质的折射率成反比。

$$\frac{\sin\alpha}{\sin\beta}=\frac{n_B}{n_A}$$

折射角 β 必小于入射角 α。若设定介质 A 为光疏介质，介质 B 为光密介质，则 $n_A<n_B$。如果入射角=90°，即 $\sin\alpha=1$，则折射角为最大值（称为临界角，以 β_0 表示）。折射率的测定都是在空气中进行的，但仍可近似地视作在真空状态中，即 $n_A=1$。因此，通过测定临界角 β_0 即可得到介质的折射率 n。

$$n=\frac{1}{\sin\beta_0}$$

折射率与物质结构、光线的波长、温度及压力等因素有关。通常大气压的变化影响不明显，只是在精密工作时才考虑。使用单色光要比白光更为精确，常用钠光（D）作光源，测定温度可用仪器使之维持恒定值。由于入射光的波长、测定温度等因素对物质的折射率有显著影响，测定值要标注操作条件。如在 20 ℃下，以钠光 D 线波长（589.3 nm）的光线作入射光，所测得的四氯化碳的折射率为 1.4600，记为 n_D^{20} 1.4600。温度对折射率的影响呈反比关系，一般温度每升高 1 ℃，折射率将下降 $(3.5\sim5.5)\times10^{-4}$。为简化起见，常以 4.5×10^{-4} 近似地作为温度变化常数。近似公式为：$n_D^{20}=n_D^t+4.5\times10^{-4}\times(t-20\ ℃)$，即把 t ℃时测得的折射率校正到 20 ℃时的折射率。例如，甲基叔丁基醚在 25 ℃时的实测值为 1.3670，其校正值应为：

$$n_D^{20}=1.3670+5\times4.5\times10^{-4}=1.3693$$

折射率是用阿贝（Abbe）折光仪（见图 2.30）来测定，其工作原理就是基于光的折射现象。

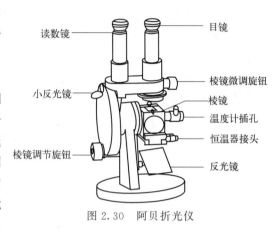

图 2.30　阿贝折光仪

2.7.3.1　实验操作

打开折光仪的棱镜，先用镜头纸蘸丙酮擦净棱镜的镜面，然后加 1~2 滴待测样品于棱镜面上，合上棱镜。旋转反光镜，让光线入射至使两个镜筒视场明亮。再转动棱镜调节旋钮，直至在目镜中可观察到半明半暗的图案。若出现彩色带，可调节消色散棱镜（棱镜微调旋钮），使明暗界线清晰。接着，再将明暗分界线调至正好与目镜中的十字交叉中心重合。记录读数及温度，重复 2 次，取其平均值。测定完毕，打开棱镜，用丙酮擦净镜面。

2.7.3.2　注意事项

① 将样品滴在棱镜上时，滴管不得接触镜面。棱镜间样品应铺满、分布均匀，如果测定易挥发性液体，滴加样品时可由棱镜侧面的小孔加入。不可测定强酸或强碱等具有腐蚀性的液体。

② 使用前后及测定完每个样品后、重测或者测另一样品之前，一定要用镜头纸蘸少许丙酮或乙醚将棱镜擦净，以免其他残留液的存在而影响测定结果。

③ 反射镜及其他镜面均不能被样品或其他液体沾湿。

④ 由于阿贝折光仪设置有消色散棱镜，可使复色光转变为单色光。因此，可直接利用日光测定折射率，所得数据与用钠光时所测得的数据一样。

⑤ 如果读数镜筒内视场不明，应检查小反光镜是否开启。

⑥ 在测定折射率时常见情况如图 2.31 所示。其中图 2.31(d) 是读取数据时的图案，当遇到图 2.31(a) 即出现色散光带，则需调节棱镜微调旋钮，直至彩色光带消失呈图 2.31(b) 图案，然后再调节棱镜调节旋钮直至呈图 2.31(d) 图案；若遇到图 2.31(c)，则是由于样品量不足所致，需再添加样品，重新测定。

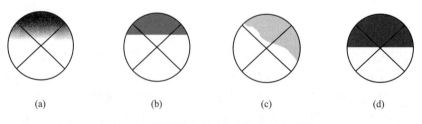

图 2.31　测定折射率时目镜中常见的图案

2.7.4 比旋光度的测定

只在一个平面上振动的光叫做平面偏振光，简称偏振光。物质能使偏振光的振动平面旋转的性质，称为旋光性或光学活性。具有旋光性的物质，叫做旋光性物质或光学活性物质。旋光性物质使偏振光的振动平面旋转的角度叫做旋光度（optical rotation）。许多有机化合物，尤其是来自生物体内的大部分天然产物，如氨基酸、生物碱和碳水化合物等都具有旋光性。这是由于它们的分子结构具有手性所造成的。因此，旋光度的测定对于研究这些有机化合物的分子结构具有重要的作用。此外，旋光度的测定对于确定某些有机反应的反应机理也很有意义。测定溶液或液体的旋光度的仪器称为旋光仪，其工作原理见图 2.32。

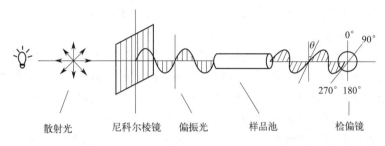

图 2.32 旋光仪示意图

常用的旋光仪主要由光源、起偏镜、样品管和检偏镜几部分组成。光源为炽热的钠光灯，其发出波长为 589.3 nm 的单色光（钠光）。起偏镜是由两块光学透明的方解石黏合而成的，也叫尼科尔（Nicol）棱镜，其作用是使自然光通过后产生所需要的平面偏振光。样品管充装待测定的旋光性液体或溶液，其长度有 1 dm 和 2 dm 几种。当偏振光通过盛有旋光性物质的样品管后，因物质的旋光性使偏振光不能通过第二个棱镜（检偏镜），必须将检偏镜扭转一定角度后才能通过，因此要调节检偏镜进行配光。由装在检偏镜上的标尺盘上移动的角度，可指示出检偏镜转动的角度，该角度即为待测物质的旋光度。使偏振光平面顺时针方向旋转（记做"+"）的旋光性物质叫做右旋体，反时针方向旋转（记做"-"）的叫左旋体。

旋光度大小除了取决于被测分子的立体结构外，还与测定时所用溶液的浓度、样品管长度、温度、所用光源的波长及溶剂的性质等因素有关。因此，常用比旋光度 $[\alpha]$ 来表示物质的旋光性。当光源、温度和溶剂固定时，比旋光度等于溶液浓度为 1 g/mL、样品管长度为 1 dm 时的物质的旋光度。比旋光度是一个只与分子结构有关的表征旋光性物质特征的物理常数，它对鉴定旋光性化合物有重要意义。溶液的比旋光度与旋光度的关系为：

$$[\alpha]_D^t = \frac{\alpha}{cL} \quad (\text{溶剂})$$

式中，$[\alpha]_D^t$ 为比旋光度；t 为测定时的温度，℃；D 为表示钠光（波长 $\lambda = 589.3$ nm）；α 为观测的旋光度；c 为溶液浓度，g/mL；L 为样品管的长度，dm。

如果被测定的旋光性物质为纯液体，可直接装入样品管中进行测定，这时，比旋光度可由下式求出：

$$[\alpha]_D^t = \frac{\alpha}{dL}$$

式中，d 为纯液体的密度，g/mL。利用旋光仪可测定光学产率——光学纯度（P）或对映体过量（$e.e.$）。

光学纯度（P）：旋光性物质的比旋光度除以该光学纯试样在相同条件下的比旋光度：

$$P = \frac{[\alpha]_{D观察值}^{t}}{[\alpha]_{D最大值}^{t}} \times 100\%$$

对映体过量 $e.e.$：

$$e.e. = \frac{[R]-[S]}{[R]+[S]} \times 100\%$$

设 R 为主要的异构体。

实验操作步骤如下：

(1) 样品溶液的配制　准确称取 2.5 g 样品（如葡萄糖），放入 10 mL 容量瓶中，加入蒸馏水至刻度即配成溶液。

(2) 样品管的充填　将样品管一端的螺帽旋下，取下玻璃盖片，然后将管竖直，管口朝上。用滴管注入待测溶液或蒸馏水至管口，并使溶液的液面凸出管口。小心将玻璃盖片沿管口方向盖上，把多余的溶液挤压溢出，使管内不留气泡，盖上螺帽。管内如有气泡存在，需重新装填。装好后，将样品管外部拭净，以免沾污仪器的样品室。

(3) 仪器零点的校正　接通电源并打开光源开关，5～10 min 后，钠光灯发光正常（黄光）才能开始测定。通常在正式测定前，均需校正仪器的零点，即将充满蒸馏水或待测样品溶剂的样品管放入样品室，旋转粗调钮和微调钮至目镜视野中三分视场的明暗程度完全一致（较暗），记下读数，如此重复测定五次，取其平均值即为仪器的零点值。

为了准确判断旋光度的大小，测定时，通常在视野中分出三分视场（见图 2.33）。当检偏镜的偏振面与通过棱镜的光的偏振面平行时，通过目镜可观察到图 2.33(b) 所示（当中明亮，两旁较暗）；若检偏镜的偏振面与起偏镜偏振面平行时，可观察到图 2.33(a) 所示（当中较暗，两旁明亮）；只有当检偏镜的偏振面处于 $1/2\varphi$（半暗角）的角度时，视场内明暗相等如图 2.33(c)。这一位置作为零度使游标尺上 0°对准刻度盘 00。测定时，调节视场内明暗相等，以使观察结果准确。一般在测定时选取较小的半暗角，由于人的眼睛对弱照度的变化比较敏感，视野的照度随半暗角 φ 的减小而变弱，所以，在测定中通常选几度到十几度的结果。

　　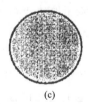

(a)　　　　　　　　　(b)　　　　　　　　　(c)

图 2.33　三分视场式旋光仪中旋光的观察

上述校正零点过程中，三分视场的明暗程度（较暗）完全一致的位置，即是仪器的半暗位置。通过零点的校正，学会正确识别和判断仪器的半暗位置，并以此为准，进行样品旋光度的测定。

(4) 样品旋光度的测定　将充满待测样品溶液的样品管放入旋光仪内，旋转粗调和微调旋钮，使达到半暗位置，记下读数。重复五次，取平均值，即为旋光度的观测值，由观测值减去零点值，即为该样品真正的旋光度。例如，仪器的零点值为 $-0.05°$，样品旋光度的观测值为$+9.85°$，则样品真正的旋光度为$α=+9.85°-(-0.05°)=+9.90°$。

2.8 结构表征的波谱技术

2.8.1 红外光谱

红外光谱（infrared spectroscopy，IR）是分子吸收了红外光的能量，引起分子内振动能级的跃迁，从而产生相应信号的吸收光谱。通过红外光谱可以判定各种有机化合物的官能团，结合对照标准红外光谱还可用于鉴定有机化合物的结构。

在一定频率的红外光辐射下，有机分子会发生各种形式的振动，如伸缩振动（以v表示）、弯曲振动（以$δ$表示）等，伸缩振动又分为对称伸缩振动（以v_s表示）和不对称伸缩振动（以v_{as}表示）。不同类型的化学键，由于它们的振动能级不同，所吸收的红外射线的频率也不同，因而通过分析射线吸收频率谱图（即红外光谱图）就可以鉴别各种化学键。

红外光谱可由红外光谱仪测得，红外光谱仪的工作原理如图 2.34 所示。红外

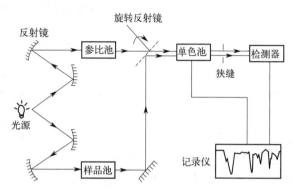

图 2.34 双照射式红外光谱仪示意图

辐射源是由硅碳棒发出，硅碳棒在电流作用下发热并辐射出$2\sim15~\mu m$范围的连续红外辐射光。这束光被反射镜折成可变波长的红外光，并分为两束。一束穿过参考池的参比光；另一束则通过样品池的吸收光。

如果样品对频率连续变化的红外光不时地发生强度不一的吸收，那么穿过样品池而到达红外辐射检测器的光束的强度就会相应地减弱。红外光谱仪就会将吸收光束与参比光束作比较，并通过记录仪记录在图纸上形成红外光谱图。

由于玻璃和石英几乎能吸收全部的红外光，因此，不能用来作样品池。制作样品池的材料应该是对红外光无吸收，以避免产生干扰。常用的材料有卤盐如氯化钠和溴化钾等。

2.8.1.1 实验操作

通常，测定液体样品的红外光谱都采用液膜法。先将干燥后的液体样品滴一滴在盐片上，再用另一块盐片盖上，并轻轻旋转滑动，使样液涂布均匀。然后将涂有液体样品的盐片放置在盐片支架上，并安放在红外光谱仪中，记录红外光谱。

固体样品的测试一般可采用石蜡油（Nujol，精制的矿物油）研糊法和卤盐压片法。

石蜡油研糊法：将$3\sim5~mg$干燥固体样品和$2\sim3$滴石蜡油在研钵中研磨成糊状，然后将糊状物涂抹在盐片上并另用一块盐片覆盖在上面。再将该盐片置放在盐片支架上，并安放在红外光谱仪中，记录红外光谱。

卤盐压片法：取$2\sim3~mg$干燥固体样品在研钵中研细，再加入$100\sim200~mg$充分干燥的溴化钾，混合研磨成极细粉末，并将其装入金属模具中。轻轻振动模具，使混合物在模具中分布均匀。然后在真空条件下加压，使其压成片状。打开模具，小心地取下盐片，放置在盐片支架上，并安放在红外光谱仪中，记录红外光谱。

2.8.1.2 注意事项

① 由于水在 3710 cm^{-1} 和 1630 cm^{-1} 有强吸收峰，因此在作红外光谱分析时，待测样品及盐片均需充分干燥处理。

② 在 5000～660 cm^{-1} 范围内记录红外光谱时，宜采用氯化钠盐片；需在 830～400 cm^{-1} 范围内记录红外光谱时，宜采用溴化钾盐片。

③ 为了防潮，在盐片上涂抹待测样品时，宜在红外干燥灯下操作。测试完毕，应及时用二氯甲烷或氯仿擦洗。干燥后，置入干燥器中备用。

④ 石蜡油为碳氢化合物，在 3030～2830 cm^{-1} 有 C—H 伸缩振动，1460～1375 cm^{-1} 有 C—H 弯曲振动，故在解析红外光谱时应注意先将这些峰划去，以免对图谱解析产生干扰。

2.8.2 核磁共振谱

核磁共振谱（nuclear magnetic resonance，NMR）在有机化合物分子结构研究中是一种重要的剖析工具。核磁共振源于能产生磁场的核自旋，其中，氢是最重要的。氢的核磁共振谱可以反映出有机分子结构中处于不同位置的氢原子、相对数目以及相互之间的毗邻关系等信息，由此可推测出其分子结构。

氢核，也即质子，如同小磁体，若将其放置在磁场中，它们将按磁场方向取向。而核磁共振谱正是以测定改变这种取向所需要的射频能为基础。核磁共振波谱仪原理见图 2.35。

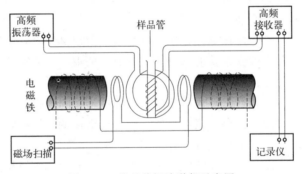

图 2.35　核磁共振波谱仪示意图

测试时，将样品管插入两块电磁铁之间，样品管的轴向上缠绕着接收线圈，在电磁铁轴向缠着扫描线圈，与这两个线圈相垂直的方向上，绕有振荡线圈。联通电流，射频振荡器通过振荡线圈对样品进行照射。

如果样品对射频振荡器发出的射频能产生吸收，并为射频检测器所检测，所形成的信号记录在图纸上，即得核磁共振谱图。谱图上的谱峰位置是以四甲基硅烷（TMS）的信号作基准点，其相对距离称为化学位移，常以 δ 作标度。质子的化学位移取决于其周围的电子环境。当绕原子核旋转的电子在外磁场作用下产生的感应磁场能对抗外加磁场时，质子会因屏蔽作用而使其实受磁场降低，因而导致共振谱峰向高场移动（δ 值变得较小）；若产生的感应磁场能增强外加磁场，质子会因去屏蔽作用，而使其实受磁场增强，从而导致共振谱峰向低场移动（δ 值变得较大）。通过比较与质子直接或间接相连的原子的电负性，在一定程度上就可以大致预测质子所受屏蔽作用的大小。如 TMS 分子中的硅原子电负性比碳原子的小，因而在 TMS 质子周围的电子密度就高，屏蔽作用大，其共振谱峰就出现在更高场。事实上，在一般有机化合物中，比 TMS 屏蔽效应更强的质子几乎没有，这正是为什么选择

TMS作基准物的原因。多数质子的化学位移δ值在 0~10 之间。

2.8.2.1 实验操作

① 选用适当溶剂将样品溶解并配制成 20% 左右的溶液约 1 mL。

② 向样品溶液中加入 1~2 滴四甲基硅烷作内标。

③ 将配制好的样品溶液注入直径为 5 mm、长约 18 cm 的测试管中，溶液注入量至少有 5 cm 管深。

④ 装样完毕，即可在教师的指导下进行测试。

2.8.2.2 注意事项

① 如果样品呈液态，可以直接测试；如果样品为固态，或是黏性较大的液态，就需配制成溶液进行测试。

② 配制溶液时，应选用不含质子、不与样品发生反应的溶剂。例如 CCl_4、CS_2、$DCCl_3$，它们不会对谱图产生干扰。如果样品在上述溶剂中都不溶解，可以选用 D_2O。不过，如果选用氘代溶剂 $DCCl_3$ 或 D_2O，样品中的活泼氢会与重氢发生交换，因而这些质子的信号会消失。这一性质有时也被利用来用于简化光谱。应该注意，在不同的溶剂中测试，核磁共振谱的δ值会有些变化。

第 3 篇　基础合成实验

有机合成是指从原料（单质、无机物或简单的有机物）经过一系列化学反应，制备结构较复杂的有机化合物的过程，应用于制备有机化合物的反应称为有机合成反应。

一个理想的有机合成反应标准为：① 高的反应效率和温和的反应条件；② 优异的反应选择性，包括化学选择性、区域选择性和立体选择性；③ 易于获得的反应起始原料；④ 尽可能使化学计量反应向催化循环反应发展；⑤ 对环境污染尽量少。

要实现一个有机合成反应，即在一定的反应条件和反应装置下完成实验，必须对该化学反应有深刻理解，同时掌握一定的实验技术和方法。要综合考虑多方面的因素，如反应的机理、反应时间、反应温度、催化剂、溶剂效应和空间立体效应，以及产物的提纯方法、反应的经济效应等。通过有目的地进行实验，选择合适的反应条件，才能最终得到预期的产物，并达到满意的产率。

3.1　分子模型设计

有机化合物的异构体分为构造异构体和立体异构体两大类。构造异构体包括碳架异构体、位置异构体和官能团异构体，而立体异构体包括构象异构体和构型异构体。

例如分子式为 C_4H_{10}，存在正丁烷和异丁烷两个碳架异构体，两者的构造不同。又如分子式为 C_2H_6O，存在两种不同的化合物乙醇和甲醚，它们属于官能团异构体。

立体异构体具有相同的组成及构造，但是它们的原子在空间的方位不同。一种情况是 C—C 单键旋转而造成原子在空间位置不同。例如乙烷分子由于 C—C 键的旋转有可能存在无数构象式，下面用透视式和 Newman 式来说明其中的两种。

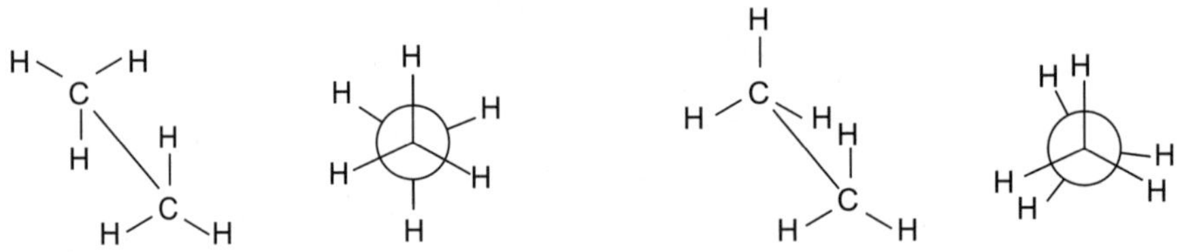

各个构象异构体之间的能量差一般很小，不能分离。各种化合物可以看作为它的两个或更多的不同的构象异构体的平衡混合物。

构型异构体是不同的空间排列形式，它们不能通过单键自由转动产生，而必须将键断裂后重新组合。sp^3 杂化的碳原子上连接四个不同原子（或原子团），在空间有两种不同的排列形式，这种碳原子叫做不对称碳原子。两种排列形式产生两种构型异构体称为对映体（对映体相当于物体与镜像之间的关系），例如 2-氯丁烷（2-chlorobutane）的一对对映异构体。

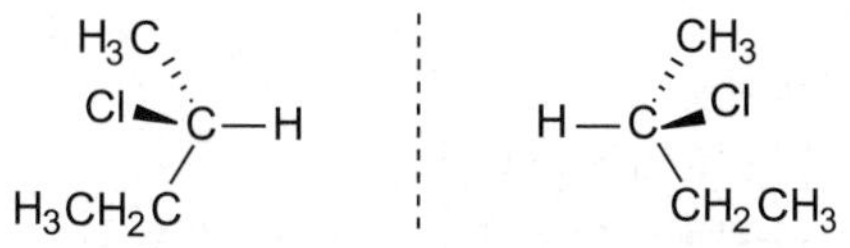

(R)-2-氯丁烷　　　　　(S)-2-氯丁烷

还有一类有机化合物分子虽然不含有不对称碳原子，也会产生两种不同的空间排列形式，并且彼此不能重叠，这样的立体异构体也具有旋光活性，也存在有一对对映体。所以镜像不能完全重叠的分子为不对称分子，也称为手性分子。

对称分子也可有不同构型。与手性分子不同，这些对称分子的构型是用二维空间描述，例如 2-丁烯产生的顺反异构体。

顺-2-丁烯　　　　　反-2-丁烯

某些对称环状化合物也可以产生顺反异构体，例如 1,3-二甲基环丁烷。

顺-1,3-二甲基环丁烷　　　　　反-1,3-二甲基环丁烷

环状分子除了可产生顺反异构体外，也可以产生旋光异构体。例如，顺-1,2-二甲基环丁烷是一种对称分子，有一对称面，然而反-1,2-二甲基环丁烷是不对称的，存在两种镜像即一对对映异构体。

含有两个以上手性碳原子的分子，由于分子中有对称面，也没有旋光活性。这种化合物叫内消旋体，例如酒石酸有三个立体异构体，即一对旋光对映体和一个无手性的内消旋体。

不是对映体的立体异构体称为非对映异构体，例如顺-1,2-二甲基环丁烷与旋光活性的反式异构体之间称为非对映异构体（或酒石酸的内消旋体与对映体之间的关系）。

学习建造有机化合物的分子模型，不仅对理解与掌握有机化合物的结构有很大帮助，而且可以进一步明确有机化合物分子中各原子的空间配置的概念，这对了解有机化合物结构与性质之间的关系具有重要的意义。

通常采用的分子模型（molecule models）是凯库勒模型，又称球棍模型，构成这种分子模型时，常利用各种颜色的球代表各种原子，例如黑球代表碳原子，白球代表氢原子，红球代表氧原子等；各种球（原子）之间用木棒相连。

3.1.1　构建构造异构体模型

【实验目的】

1. 通过有机分子的球棒模型加深对有机分子结构异构的理解。
2. 了解球棒模型建造的技巧。

【实验步骤】

完成下述题目的有关内容：
1. 用球棒模型搭建所有己烷异构体（C_6H_{14}）。
2. 用球棒模型将一个氯原子导入 2-氯丁烷所生成的全部二氯丁烷（$C_4H_8Cl_2$）异构体。
3. 用球棒模型搭建所有 C_5H_{10} 的异构体。
4. 用球棒模型搭建所有 $C_4H_{10}O$ 的异构体。

画出每一题目可能的构造异构体，再对每一异构体画一个三维空间的分子模型图，具体可参考下图。

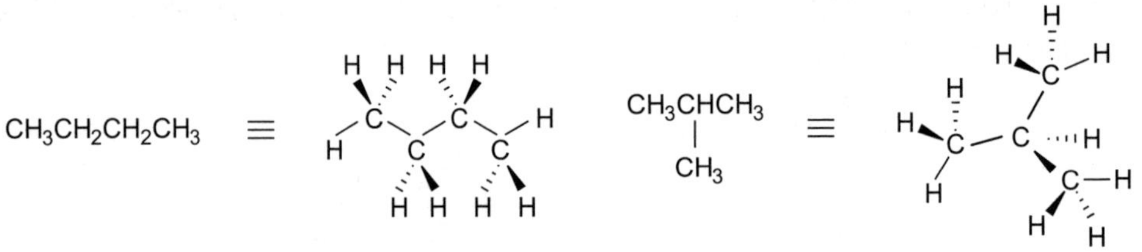

对每一题目还要指出其中哪对是骨架异构体，哪对是位置异构体，哪对是官能团异构体。

3.1.2 构建立体异构体模型

【实验目的】
1. 通过有机分子的球棒模型加深对有机分子立体异构的理解。
2. 了解球棒模型建造的技巧。

【实验步骤】
1. 用球棒模型搭建构象异构体。
（1）$ClCH_2$—CH_2Cl
（2）$CHBr_2$—$CHBr_2$
（3）$(CH_3)_2CH$—CH_2CH_3
（4）环己烷及顺-1,2-二甲基环己烷
（5）环己烷及反-1,3-二甲基环己烷

对（1）、（2）、（3）各搭一个模型，研究随着式中以直线表示的单键的旋转而引起的非键合原子之间的相互作用，在实验记录本上对每一分子进行（1）至（3）的练习。若指定为（4）或（5），则利用分子模型在记录本上做（4）、（5）的练习。

① 画出位能与转动角之间的曲线。该曲线显示各构象的相对能量情况，而这些构象是由分子按指定键旋转而假定的，从曲线上定性地估计出峰的相对高度和谷的深度。

② 根据分子模型画出与（1）的转动曲线的峰和谷相当的每个分子构象的 Newman 式。

③ 根据以上结果，从许多可能构象中挑出最稳定（能量最低）的构象，解释其理由。用同样方式选择最不稳定（能量最高）的构象，说明其理由。

④ 观察顺-1,2-二甲基环己烷以及反-1,3-二甲基环己烷的两种可能椅式构象的每一结构模型。画出两者的椅式构象的 Newman 投影式，以示两者分子内重要的立体作用。指出哪一椅式构象更为稳定，并从投影式中说明是什么作用造成稳定性之间的差别。同时，研究该分子每种可能的船式构象，将最稳定和最不稳定的构象用 Newman 投影式画出。从投影式

中说明是什么作用造成稳定性之间的差别。

2. 用球棒模型搭建构型异构体。

（1）2-氯丙烷与 2-氯丁烷

（2）2-甲基戊烷与 3-甲基戊烷

（3）1,3-二氯环戊烷与 1,3-二氯环丁烷

（4）2,3,4-三氯戊烷

根据指定的题目装配分子模型。观察此结构，寻找除了简单的轴对称之外的对称因素。假如找不到对称因素，将模型变换成别的构象。请问除了简单的轴对称之外，你能从任何一个可转变到的构象中找到别的对称因素吗？

① 如果不能在模型中找出对称因素，则装配一个与原来模型相对映的模型。试观察两个模型的任何构象有否重叠的可能。根据上述试验的结果，在记录本上画出这一化合物 1～2 个构型异构体的三维空间结构式。

② 将分子模型的键拆开重新排列，以得到尽量多的构型异构体。必须仔细观察所有排出的结构其组成应保持不变，也就是说相互间不是构造异构体。对每一新的构型异构体，用上述的对称或非对称性来进行检查。把所有新的构型异构体都以三维空间结构式画在记录本上。

③ 注明哪些结构为内消旋、哪些结构配对为对映体或非对映异构体，其中哪些具有旋光活性。

④ 根据绝对构型确定规则，将已画出结构中的每个不对称中心用 R 或 S 标明其构型。

3.2 自由基取代反应

烷烃通常是不活泼的，即使在强酸、强碱存在下也是如此。然而，烷烃也有一些特殊的化学性质，例如烷烃与四氧化二氮或分子氧反应，可分别转变为硝基烷类（RNO_2）或者过氧化合物（$ROOH$），也可以从烷烃制备氯代烷。

氯气和烷烃在室温和黑暗中混合是不发生反应的，但将混合物用紫外光照射或者加热（200～400 ℃）就能产生氯代烷和氯化氢。为了将分子氢转变成氯原子，需要将混合物进行光化学活化或热活化，氯原子（自由基）的产生对引发烷烃与氯原子间的反应是必不可少的。

$$RH + Cl_2 \xrightarrow{\triangle 或 h\nu} RCl + HCl$$

从实验角度考虑用引发剂产生氯原子相对更容易。引发剂是一种在比较温和条件下就能分解成自由基的物质。从引发剂（initiating agent）分解产生的 In·（自由基）与分子氯反应生成 InCl 和氯自由基·Cl。

$$InIn \xrightarrow{\triangle 或 h\nu} In· + In· \tag{1}$$

$$In· + Cl—Cl \longrightarrow InCl + Cl· \tag{2}$$

生成的氯自由基将进一步和碳氢化合物反应生成氯代烷。在实验室中烷烃氯化的常用方法是用硫酰氯代替氯气，以使实验更安全和方便。反应机理可分为三个不同阶段：引发、传

递和终止。

引发:

$$(CH_3)_2C(CN)-N=N-C(CN)(CH_3)_2 \xrightarrow[-N_2]{80\sim100\ ^\circ C} 2NC-\overset{CH_3}{\underset{CH_3}{C}}\cdot = In\cdot \qquad (3)$$

$$NC-\overset{CH_3}{\underset{CH_3}{C}}\cdot + Cl-\overset{O}{\underset{O}{S}}-Cl \longrightarrow NC-\overset{CH_3}{\underset{CH_3}{C}}-Cl + \cdot\overset{O}{\underset{O}{S}}-Cl \qquad (4)$$

$$\cdot\overset{O}{\underset{O}{S}}-Cl \longrightarrow SO_2 + Cl\cdot \qquad (5)$$

传递:

$$Cl\cdot + RH \longrightarrow R\cdot + HCl \qquad (6)$$

$$R\cdot + ClSO_2Cl \longrightarrow RCl + \cdot SO_2Cl \qquad (7)$$

$$\cdot SO_2Cl \longrightarrow SO_2 + Cl\cdot \qquad (8)$$

终止:

$$Cl\cdot + Cl\cdot \longrightarrow Cl_2 \qquad (9)$$

$$R\cdot + Cl\cdot \longrightarrow RCl \qquad (10)$$

$$R\cdot + R\cdot \longrightarrow R-R \qquad (11)$$

引发阶段的第一步是偶氮二异丁腈均裂为 N_2 和引发自由基 $(CH_3)_2\dot{C}(CN)$,这一步需加热到 80~100 ℃,然后引发自由基进攻硫酰氯分子产生 SO_2 及氯自由基。

链传递阶段包括氯自由基从烷烃中夺去一个氢原子从而产生一个新自由基 R·。R·再进攻硫酰氯产生氯代烷烃并且又产生氯自由基的前体·SO_2Cl,连锁反应就这样发生了。

一旦引发,原则上连锁反应能继续进行,直至硫酰氯或烷烃两种主要试剂之一耗尽。而事实上,终止反应的干预会使自由基连锁过程中断,为此整个反应中必须不断引发。

自由基取代(radical substitution)反应机理的特点是引发阶段包括从分子生成低浓度的自由基及至在整个体系中自由基浓度增加。传递阶段所存在的自由基浓度基本不变,而终止阶段则浓度减少。

烷烃的自由基卤代反应通常产生许多异构体和多卤代物的混合物,要从这样的混合物中分离出单一组分是困难的。然而烷烃的氯化对不需要单一烷基氯化物的情况是一种有用的工业方法。例如,正十二烷的氯化可得一氯十二烷的混合物。这些烷基氯化物与苯进行 Friedel-Crafts 反应,生成十二烷基苯的混合物,再进行磺化和中和反应,最后生成十二烷基苯磺酸盐(LAS),LAS 是现代洗涤剂中广泛使用的活性组分。

为了制备纯的单一卤代烷,通常不是用烷烃卤化反应,而是用卤化氢和醇或烯反应制取相应的烷基卤化物。

3.2.1 环己烷的氯代反应

【实验目的】

1. 学习烷烃自由基氯代反应的原理和方法。
2. 学习带有吸收有害气体装置的回流加热操作和蒸馏操作技术。

【实验原理】

主反应:

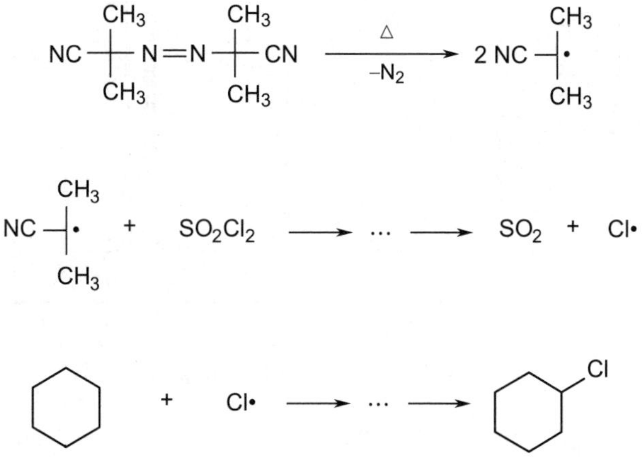

$$NC-C(CH_3)_2-N=N-C(CH_3)_2-CN \xrightarrow[-N_2]{\Delta} 2\ NC-\overset{\cdot}{C}(CH_3)_2$$

$$NC-\overset{\cdot}{C}(CH_3)_2 + SO_2Cl_2 \longrightarrow \cdots \longrightarrow SO_2 + Cl\cdot$$

$$C_6H_{12} + Cl\cdot \longrightarrow \cdots \longrightarrow C_6H_{11}Cl$$

为了减少二氯和多氯取代产物,必须严格控制 SO_2Cl_2 的用量,但也不可能避免二氯和多氯取代产物的生成。

【安全提示】

硫酰氯为催泪性毒气,必须在通风橱内称重。

【实验步骤】

在 50 mL 圆底烧瓶中接回流冷凝管,冷凝管上端装有真空尾接管作为反应中产生的 SO_2 和 HCl 的分离器,如图所示。

在反应烧瓶内放入 3.4 g(4.3 mL,0.04 mol)环己烷、2.7 g(1.62 mL,0.02 mol)硫酰氯以及 0.1 g 偶氮二异丁腈,称瓶及物料的总质量。接上分离器和冷凝管,打开循环水泵使少量空气流经分离器。小火加热混合物,缓缓回流 20 min。将反应混合物冷却,拆下冷凝管,瓶及物料称重。若失重比理论

[1] 根据每消耗 1 mol SO_2Cl_2 要放出 1 mol HCl 和 1 mol SO_2,计算理论失重量。在进行实验前应先计算好。

量少[1],可再加少量偶氮二异丁腈,并将混合物加热回流 10 min。

待失重达理论量后,将反应混合物冷却,并将其倾至 15 mL 冰水中,所得两相溶液移至分液漏斗,分层。若不马上分层,加少许氯化钠至分液漏斗并振摇之。将有机层在分液漏斗中用 5% 碳酸钠溶液洗涤,直至洗液对石蕊试纸呈碱性。再用水洗涤一次,然后用约 3 g 无水氯化钙干燥。过滤,蒸馏收集各馏分。

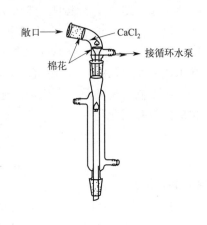

按如下沸程收集:馏分 1,室温~85 ℃(环己烷沸点为 80.7 ℃);馏分 2,85~145 ℃(一氯环己烷沸点为 143 ℃)。

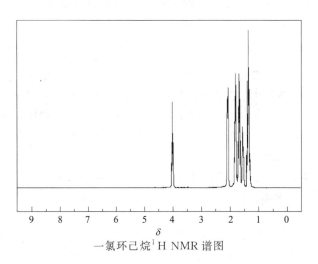

一氯环己烷 ^{1}H NMR 谱图

【思考题】

1. 为什么硫酰氯的用量少于使全部原料转为一氯化合物的理论需要量?

2. 为什么仅用催化量的引发剂?

3. 写出 SO_2Cl_2 与 1-甲基环己烷发生自由基反应可能生成的产物。估计哪种氯代异构体得率最高。

3.2.2 各级氢原子在溴代反应中的相对活性

【实验目的】

1. 学习烷烃自由基卤代反应的原理和方法。
2. 熟悉饱和烃中各级氢原子的相对活性。

【实验原理】

由于溴的活性小于氯,在烷烃的卤代反应中,溴是一种比氯选择性更好的试剂,所以各种碳氢化合物溴化速率的不同能够十分方便地反映它们的活性次序。

本实验是测定含有伯、仲、叔氢的不同有机物与溴反应的相对速率。被测定的氢可以是脂肪的、芳香的或苄基的,即伯、仲、叔脂肪氢或苄基氢,还有苯环上的氢。通过对实验结果研究,将能推断出七种不同类型氢的活性次序。

3.2 自由基取代反应

实验中，各种碳氢化合物溴化的相对速率是根据反应中溴的颜色消失所需时间的长短来测定的，反应的实验条件应该一致。

反应都使用四氯化碳做溶剂，按照三种不同的条件进行反应：①室温，无特殊光照条件；②室温，强光照；③50 ℃左右、强光照。在所有这些条件中，溴均以相同的自由基反应机理进行取代反应。

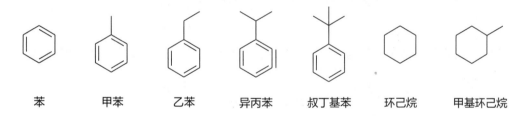

【安全提示】

溴有强腐蚀性，蒸气对黏膜有刺激作用，打开瓶子挥发出棕红色烟雾，必须在通风橱内取样。

【实验步骤】

1. 在记录本上画一表格，写上标题：有机物化学名称、结构式、氢的类型（伯氢、仲氢等）、反应条件（副标题为：25 ℃；25 ℃，光；50 ℃，光）。

2. 取七支试管，每支放入一种有机物 1 mL 和 CCl_4 5 mL。实验室提供的有机物为：

苯　　甲苯　　乙苯　　异丙苯　　叔丁基苯　　环己烷　　甲基环己烷

另取七支试管，每支装 1 mol/L 溴的四氯化碳溶液 1 mL。迅速地将溴溶液加到装有有机物的试管中，加毕后振摇[1]。观察并记录每一反应混合物中溴的红色褪去所需的时间。

3. 操作按实验步骤 2 所述进行，但反应物混合后，立即把试管放到距不磨砂的 100~150 W 的灯泡 10~12 cm 的地方。记录颜色消失的时间。

4. 操作如实验步骤 2 所述进行，但在有机物和溴溶液混合之前先用大烧杯做水浴，加热到 50 ℃左右。同样将灯泡直接放在盛有试管的烧杯上，使所有反应混合物与灯泡的距离都为 10~12 cm。混合后仍将盛有反应混合物的试管放在盛有温水的烧杯内，并尽可能保持水温恒定。记录颜色消失的时间。

【注释】

[1] 因为有些溴化速率很快，一次可先做 3~4 根试管的反应，余下的试管第二次再做。

【思考题】

1. 将上述七个化合物按溴化反应活性递增的次序排列。
2. 根据上述碳氢化合物的活性次序，推断下列七种不同类型氢的活性次序并解释原因：(1) 伯脂肪氢；(2) 仲脂肪氢；(3) 叔脂肪氢；(4) 伯苄基氢；(5) 仲苄基氢；(6) 叔苄基氢；(7) 芳香氢。

3.3 亲电加成反应

在有机合成中烯烃是极为有用的反应底物。烯烃的双键可进行大量的反应，而大多数的反应可以看作为试剂 X—Y 加成到 π 键的两边得到一饱和分子。

$$R_2C=CR_2 + X-Y \longrightarrow R_2C-CR_2$$
$$\ \ \ |\ \ \ |$$
$$\ \ X\ \ Y$$

加成进行的机制取决于 X—Y 的化学性质以及进行反应的条件。机理之一是进攻试剂（E—Nu）加成到 C=C 双键上的亲电加成（electrophilic addition）反应，即缺电子的 E^+ 加到双键上，先得到中间体鎓离子，鎓离子再与负离子 Nu^- 反应得到产物。

$$R_2C=CR_2 + E^+Nu^- \rightleftharpoons \left[\begin{array}{c}R_2C-CR_2\\ \diagdown\ \diagup\\ E^+\end{array}\right] \xrightarrow{Nu^-} R_2C-CR_2$$
$$|\ \ \ \ \ |$$
$$E\ \ \ Nu$$

E-Nu 对不对称烯烃的加成方向是亲电基团 E^+（如 H^+）加到含氢较多的碳原子上，遵守马氏规则（Markovnikov rule）。如：

$$R_2C=CH_2 + HBr \xrightarrow{CCl_4} R_2C-CH_2$$
$$\phantom{R_2C=CH_2 + HBr \xrightarrow{CCl_4} }\ \ |\ \ \ \ |$$
$$\phantom{R_2C=CH_2 + HBr \xrightarrow{CCl_4} }\ \ Br\ \ H$$

亲电加成的立体化学是 E 与 Nu 互为反式。如环己烯溴化得到反式-1,2-二溴环己烷：

环己烯 + Br_2 ⟶ 反式-1,2-二溴环己烷

在卤代反应中，选择合适的溶剂、增加溶液中卤素的浓度、提高反应温度或使用催化剂都可以提高反应产率。

气态烯烃与卤素（Cl_2 或 Br_2）的加成反应，通常选择其相应的卤代产物作为反应溶剂；液体或固体烯烃与卤素的加成反应可选择二硫化碳、氯仿、醚或冰醋酸作为溶剂。

3.3.1 1,2-二溴乙烷的制备

【实验目的】
1. 学习以醇为原料通过烯烃制备邻二卤代烃的原理和方法。
2. 学习分液漏斗的使用和蒸馏操作技术。

【实验原理】
本实验是用乙醇为原料，在脱水剂 H_2SO_4 作用下，加热发生分子内脱水反应生成乙烯，再直接与溴发生亲电加成反应，生成 1,2-二溴乙烷（1,2-dibromoethane）。

主反应：

$$CH_3CH_2OH \xrightarrow[160\sim180\ ℃]{H_2SO_4} CH_2{=}CH_2 + H_2O$$

$$H_2C{=}CH_2 + Br_2 \longrightarrow \underset{\underset{Br}{|}}{CH_2}{-}\underset{\underset{Br}{|}}{CH_2}$$

副反应：

$$H_2C{=}CH_2 + Br_2 + H_2O \xrightarrow{H^+} \underset{\underset{OH}{|}}{CH_2}{-}\underset{\underset{Br}{|}}{CH_2} + CH_3CH_2OH + HBr$$

由于 H_2O 在酸性条件下可电离出 H^+，如果反应体系中水残留过多，既会产生过多的副产物，又会降低硫酸的浓度，所以反应装置应预先干燥。生成的乙烯在常温就可以迅速定量地与溴反应，使溴的颜色消失。

【安全提示】

溴有强腐蚀性，蒸气对黏膜有刺激作用，打开瓶盖会挥发出棕红色烟雾，必须在通风橱内量取。

【实验步骤】

在 250 mL 三口烧瓶 A（乙烯发生器）上，一侧口插上温度计，中间装上恒压滴液漏斗，另一侧口通过乙烯出口管与安全瓶 B（250 mL 抽滤瓶）相连，瓶内装有少量水，插入安全管[1]。安全瓶 B 与洗瓶 C（150 mL 锥形瓶或抽滤瓶）相连，洗瓶 C 内盛有 10% 氢氧化钠溶液以便吸收反应中产生的二氧化硫[2]。洗瓶 C 与盛有 3 mL 液溴的反应管 D（具支试管）连接（管内盛有 2～3 mL 水以减少溴的挥发）[3]，试管置于盛有冷水的烧杯中[4]。反应管 D 同时连接盛有稀碱液的小锥形瓶 E，以吸收溴的蒸气（如图所示）。装置要严密，各瓶塞必须用橡皮塞，切不可漏气[5]。为了避免反应物发生泡沫而影响反应进行，向三口烧瓶内加入 7 g 粗砂[6]。

冰浴冷却下，将 30 mL 浓硫酸慢慢加入 15 mL 95%乙醇中，摇匀。然后取出 10 mL 混合液加入三口烧瓶 A 中，剩余部分倒入恒压滴液漏斗，关好活塞。加热前，先将 C 与 D 连接处断开，电热套加热，待温度升到约 120 ℃时，体系内大部分空气已排除，然后连接 C 与 D。当 A 内反应温度升至 160～180 ℃，即有乙烯产生，调节温度，保持在 180 ℃左右，使气泡迅速通过安全瓶 B 的液层，但并不汇集成连续的气泡流。然后从滴液漏斗中慢慢滴加乙

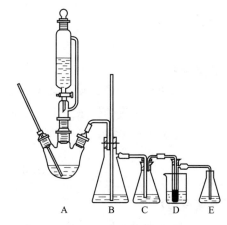

[1] 安全管不要贴底部。若安全管水柱突然上升，表示体系发生了堵塞，必须立即排除故障。

[2] 反应中，硫酸既是脱水剂，又是氧化剂。反应过程中，伴有乙醇被硫酸氧化副产物二氧化碳和二氧化硫产生，二氧化硫与溴发生反应：

$Br_2 + 2H_2O + SO_2 \longrightarrow 2HBr + H_2SO_4$

故生成的乙烯先要经氢氧化钠溶液洗涤，以除去这些酸性气体杂质。

[3] 液溴相对密度为 3.119，通常用水覆盖。

醇-硫酸的混合液，保持乙烯气体均匀地通入反应管 D 中，产生的乙烯与溴作用，当反应管中溴液褪色或接近无色，反应即可结束，反应时间约 0.5 h。先拆下反应管 D，然后停止加热（为什么？）。

将粗品移入分液漏斗，分别用水、10%氢氧化钠溶液各 10 mL 洗涤至完全褪色[7]，再用水洗涤二次，每次 10 mL，产品用无水氯化钙干燥。然后蒸馏收集 129～133 ℃馏分，产量 7～8 g。

纯的 1,2-二溴乙烷为无色液体，沸点为 131.3 ℃。

[4] 溴和乙烯发生反应时放热，如不冷却，会导致溴大量逸出，影响产量。

[5] 仪器装置不得漏气！这是本实验成败的重要因素。

[6] 粗砂需经水洗、酸洗（用 HCl），然后烘干备用。

[7] 若不褪色，可加数毫升饱和亚硫酸氢钠溶液洗涤。

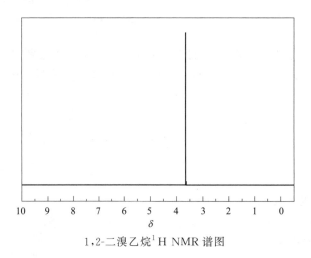

1,2-二溴乙烷 ^{1}H NMR 谱图

【思考题】

1. 影响 1,2-二溴乙烷产率的因素有哪些？试从装置和操作两方面加以说明。
2. 本实验装置的恒压漏斗、安全管、洗气瓶和吸收瓶各有什么用处？
3. 若无恒压漏斗，可用平衡管。如何安装？

3.3.2　1,2,3-三溴丙烷的制备

【实验目的】

1. 学习烯烃与卤素加成反应的原理和方法。
2. 学习减压蒸馏操作技术，巩固蒸馏操作。

【实验原理】

烯烃与溴的亲电加成反应通常是在低温、极性溶剂（如醇或氯仿等）中进行，也可以加入某些离子性盐（如溴化钠或钾盐）促使溴的解离，提高反应速率。

制备 1,2,3-三溴丙烷(1,2,3-tribromopropane) 的主反应：

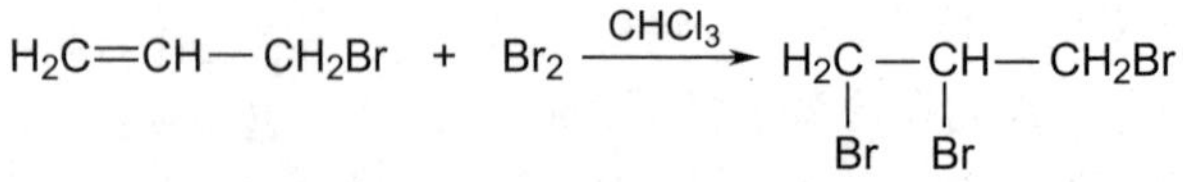

$$H_2C=CH-CH_2Br + Br_2 \xrightarrow{CHCl_3} H_2C-CH-CH_2Br$$
$$\underset{Br\ \ \ Br}{|\ \ \ \ |}$$

亲电加成反应须避免光的直接射入或过氧化物的存在，防止自由基取代反应的发生；也由于水可以电离出 OH^-，参与亲电加成反应，所以需对反应试剂进行干燥处理。

副反应：

$$H_2C=CH-CH_2Br + Br_2 + H_2O \longrightarrow H_2C-CH-CH_2Br + HBr$$
$$\qquad\qquad\qquad\qquad\qquad\qquad\qquad\quad |\ \ \ |$$
$$\qquad\qquad\qquad\qquad\qquad\qquad\qquad\quad Br\ OH$$

【实验步骤】

在 50 mL 三口烧瓶中配置有滴液漏斗，漏斗颈塞装有 $CaCl_2$ 干燥管[1]、磁力搅拌和插入液面的温度计。外用冰盐浴冷却，将 1.8 g (1.3 mL，0.015 mol) 溴丙烯[2] 和 25 mL 干燥 CCl_4 放入烧瓶中，再在漏斗中加入 2.6 g (0.8 mL，0.016 mol) 干燥的液溴。开启搅拌，瓶内温度降至 0～−5 ℃，缓慢滴加液溴以维持反应温度不超过 5 ℃（大约 10 min）。继续搅拌 30～50 min，使橘黄色反应混合物上升至室温。

先蒸馏除去 CCl_4，再减压蒸馏收集产品[3]。产品重约 4 g（产率 95%）。

产品为无色液体，熔点为 16.5 ℃，相对密度 2.436。

[1] 干燥管中的 $CaCl_2$ 用作吸收挥发的 HBr。

[2] 溴丙烯在使用前须经无水 $CaCl_2$ 干燥，蒸馏收集 69～72 ℃ 的馏分。

[3] 1,2,3-三溴丙烷在不同压力下的沸点：93 ℃/10 mmHg，100～103 ℃/18 mmHg，220 ℃/760 mmHg。

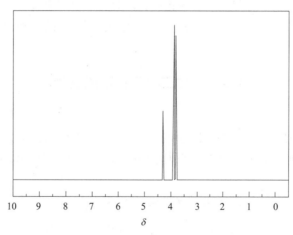

1,2,3-三溴丙烷 ^{1}H NMR 谱图

3.4 亲电取代反应

芳烃的亲电取代（electrophilic substitution）反应是芳环的 π 电子接受亲电试剂的进攻，亲电试剂与苯环上的某一碳原子形成 σ 络合物后，环上另一亲电试剂（通常是 H^+）离去，从而发生的一类化学反应。一般包括硝化反应、卤代反应、磺化反应和傅-克反应（Friedel-Crafts reaction）。其中傅-克反应又分为傅-克烷基化反应（Friedel-Crafts alkylation）和傅-克酰基化反应 (Friedel-Crafts acylation)，被广泛用来合成烷基芳烃和芳酮。

在傅-克烷基化反应中，能产生碳正离子的化合物如卤代烃、烯烃、醇类都可以作为烷基化试剂，使用多卤代烷，可得到二芳基和多芳基烷烃。由于烷基对芳烃具有活化作用，容易生成多烷基芳烃。因此，欲制取单烷基芳烃，必须加入过量的芳烃和控制反应温度，这时，芳烃既作反应试剂，又作稀释剂。如果芳烃是固体，可以另外加入溶剂，如二硫化碳、石油醚或硝基苯等惰性介质。此外，由于芳烃的烷基化反应经历了烷基碳正离子的形成，会产生重排产物，这就使烷基化反应在应用于合成三个碳以上的直链烷基芳烃时，受到一定的限制。

傅-克酰基化反应与烷基化反应不同。由于酰基对芳环具有钝化作用，因而可以停留在一取代阶段，有利于选择性地制备单取代芳烃。又由于在酰基化反应中不会发生重排，在合成直链烷基芳烃或带支链结构的烷基芳烃时具有特殊应用价值。常用的酰基化试剂有酰氯和酸酐，与酰氯相比，酸酐原料易得，纯度高，操作方便，无明显的副反应或有害气体放出，反应平稳且产率高，产生的芳酮容易提纯。一些二元酸酐如马来酸酐及邻苯二甲酸酐通过酰基化反应制得的酮酸是重要的有机合成中间体。

在以卤代烃作烷基化试剂的傅-克反应中，常用的催化剂有无水氯化铝、氯化锌、三氟化硼等路易斯酸，其中以无水氯化铝催化效能最好。由于氯化铝反应后又重新产生，故投入量仅需催化剂量（0.1 mol）。

在酰基化反应中，以酰氯作酰基化试剂时，由于酰氯及产物芳酮都会与氯化铝形成配合物，因此，1 mol 酰氯需配以 1.1 mol 无水氯化铝的投入量。若以酸酐作酰基化试剂，则需要更多的无水氯化铝。因为酸酐在傅-克反应中会生成乙酸，乙酸和酰基化产物芳酮一样，都要消耗等摩尔量的氯化铝以形成络合物。因此，1 mol 酸酐至少需要 2.2 mol 氯化铝。在酰基化反应中，时常以过量的芳烃或二硫化碳、二氯甲烷、硝基苯或石油醚等作溶剂。

工业上通常用烯烃作烷基化试剂，使用氯化铝-氯化氢-烃的液态络合物、磷酸、氟化氢及硫酸等质子酸作催化剂。

3.4.1 对二叔丁基苯的制备

【实验目的】

1. 学习利用 Friedel-Crafts 烷基化反应制备烷基苯的原理和方法。
2. 巩固液体的萃取、洗涤、干燥及气体的吸收操作，掌握无水操作。

【实验原理】

苯与叔丁基氯在无水氯化铝催化下发生傅-克烷基化反应，生成对二叔丁基苯（1,4-di-*tert*-butylbenzene）。

主反应：

$$\text{C}_6\text{H}_6 + (\text{CH}_3)_3\text{CCl} \xrightarrow{\text{AlCl}_3} \text{C}_6\text{H}_5\text{C}(\text{CH}_3)_3 \xrightarrow[\text{(CH}_3)_3\text{CCl}]{\text{AlCl}_3} \text{1,4-}(\text{CH}_3)_3\text{C-C}_6\text{H}_4\text{-C}(\text{CH}_3)_3 + \text{HCl}$$

反应为芳环上亲电取代反应机理。Lewis 酸首先与叔丁基氯作用，生成较稳定的叔丁基碳正离子，使反应较易进行。由于叔丁基的致活及位阻作用，对二取代产物较单纯。为了提高产率，叔丁基氯必须过量，以使苯充分作用。

烷基化反应是放热反应，如果温度过高，会发生重排、碳碳键断裂等副反应，且出现冲料等危险事故，故应在冰水浴下进行。由于 $AlCl_3$ 极易潮解，甚至在潮湿空气中都极易形成结晶水化物，使催化失效，故实验需严格控制无水条件。

【实验步骤】

在三口烧瓶上装上回流冷凝管（上端通过氯化钙干燥管[1] 与氯化氢气体吸收装置相连）、滴液漏斗、温度计，外用冰水浴。加入 3 mL（0.034 mol）无水无噻吩苯[2]、10 mL（0.09 mol）叔丁基氯，冷却至 5 ℃ 以下。迅速加入 0.8 g（0.006 mol）无水氯化铝[3]，保持反应液 5~10 ℃，不断振荡[4]。待反应缓和至无明显的氯化氢气体（用湿 pH 试纸检验）放出后，去掉冰水浴，升至室温。

滴加 8 mL 冰水分解生成物，冷却后用乙醚（10 mL×2）萃取反应物，合并醚萃取液。用饱和食盐水洗涤，并用无水硫酸镁干燥。过滤，蒸去大部分乙醚后，将残液倾到表面皿中，置于通风橱中让溶剂挥发[5]，直至析出白色结晶。抽滤、干燥、称重，并测熔点[6]。

纯的对二叔丁基苯为白色结晶，熔点 78 ℃。

[1] 所用仪器、试剂均须充分干燥。

[2] 噻吩具有芳香性，易与叔丁基氯发生烷基化，故要除去噻吩：用等体积 15% H_2SO_4 洗涤数次，直至酸层为无色或浅黄色。再分别用水、10% Na_2CO_3、水洗涤，用无水氯化钙干燥过夜，过滤，蒸馏。

[3] 无水氯化铝应呈小颗粒或粗粉状，暴露在湿空气中立即冒烟；块状的 $AlCl_3$ 在称取前应在研钵中迅速研碎；称量和投加要快，也可不称量估量，直接加入反应瓶内。

[4] 烷基化反应是放热反应，但有一个诱导期。判断反应是否发生的方法：a. 由盐酸吸收装置检查有无盐酸放出，是否可以使湿润 pH 试纸变红；b. 反应中生成一种红棕色液体（σ 络合物），也可说明反应发生；c. 如果反应不进行，可使用温热。

[5] 也可"稍冷，加入 7 mL 乙醇"。

[6] 若产品熔点过低，用甲醇或乙醇重结晶。

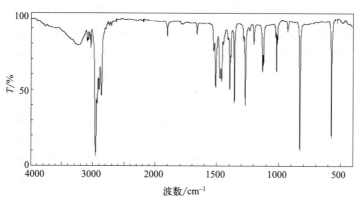

对二叔丁基苯 IR 谱图

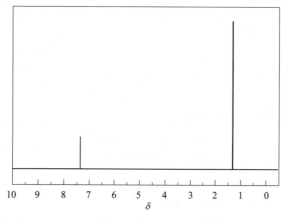

对二叔丁基苯 ^1H NMR 谱图

【思考题】

1. 本实验的烃基化反应为什么要控制在 5～10 ℃进行？温度过高有什么不好？
2. 叔丁基是邻对位定位基，可实验为何只得到对二叔丁基苯一种产物？如果苯过量较多，则产物为叔丁基苯，请解释。
3. 洗涤粗产品时，若碳酸氢钠溶液浓度过高，洗涤时间过长，对产物有何影响？为什么？

3.4.2 苯乙酮的制备

【实验目的】

1. 学习利用 Fridel-Crafts 酰基化反应制备芳香酮的原理和方法。
2. 掌握气体吸收装置及无水操作。

【实验原理】

在无水氯化铝催化下，苯与酰基化试剂乙酐作用生成苯乙酮（acetophenone）。

主反应：

$$\text{C}_6\text{H}_6 + (\text{CH}_3\text{CO})_2\text{O} \longrightarrow \text{C}_6\text{H}_5\text{COCH}_3 + \text{CH}_3\text{CO}_2\text{H}$$

与 Friedel-Craffs 烷基化反应比较，酰基化反应所用的催化剂氯化铝量要大。因为反应物乙酐、产物苯乙酮都可与氯化铝络合，副产物乙酸能与氯化铝成盐，所以，酰基化反应中，一分子的酸酐需消耗两分子以上的氯化铝。反应中所形成的苯乙酮-氯化铝络合物在无水介质中稳定，不再参与反应，水解后络合物被破坏析出苯乙酮。

另外，氯化铝用量多时，可以使乙酸盐转变为乙酰氯，充当酰基化试剂参与反应：

$$\text{CH}_3\text{COOAlCl}_2 \longrightarrow \text{CH}_3\text{COCl} + \text{AlOCl}$$

反应体系中，苯是大大过量的，苯不但作为反应试剂，而且也作为溶剂，所以乙酐才是产率的基准试剂。

【实验步骤】

在装有恒压滴液漏斗、磁力搅拌装置和回流冷凝管（上端装一氯化钙干燥管，并连接氯化氢气体吸收装置）的 100 mL 三口烧瓶中，迅速加入 13 g（0.097 mol）粉状无水氯化铝和 16 mL（约 14 g，0.18 mol）无水苯[1]。搅拌下将 4 mL（约 4.3 g，0.04 mol）乙酐[2]自滴液漏斗慢慢滴加到三口烧瓶中（先加几滴，待反应发生后再继续滴加，控制乙酐的滴加速度以使三口烧瓶稍热为宜[3]。滴加完毕（约 10 min），待反应稍缓和后，继续搅拌回流，直到不再有氯化氢气体逸出为止。

将反应物冷却到室温，搅拌下倒入装有 18 mL 浓盐酸和 35 g 碎冰[4] 的烧杯中（在通风橱内进行），若依然有固体不溶物，可补加适量的盐酸使之完全溶解。

[1] 本实验所用的仪器和试剂均需充分干燥。无水 $AlCl_3$ 研细、称量、投料都要迅速；可用带塞锥形瓶称量 $AlCl_3$，投料时将纸卷成筒状插入瓶颈。普通苯应除去噻吩。

[2] 乙酐用前应重新蒸馏，收集 137～140 ℃馏分备用。

[3] 滴加乙酐时反应放热，注意不要过快，防止造成反应物冲出爆炸等危险。如果反应过急，可停止加料，并用冰水浴冷却，使反应平稳后再滴加。温度高对反应不利，一般应

然后，分出有机层，水层用苯（8 mL×2）萃取。合并有机层，依次用 15 mL 10% 氢氧化钠、15 mL 水洗涤，再用无水硫酸镁干燥。先蒸馏回收苯，稍冷后改用空气冷凝管，蒸馏收集 195～202 ℃ 馏分[5]。

纯的苯乙酮为无色透明液体，沸点为 202 ℃。

控制在 60 ℃ 以下为宜。

[4] 不可用过量的碎冰，因苯乙酮在水中有一定溶解度。

[5] 也可用减压蒸馏。苯乙酮在不同压力下的沸点列表如下：

压力/kPa	0.67	1.33	3.33	6.66	13.33	20.00
沸点/℃	64	78	98	115.5	134	146

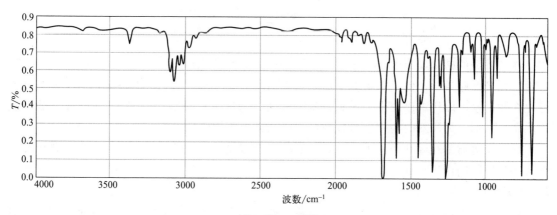

苯乙酮 IR 谱图

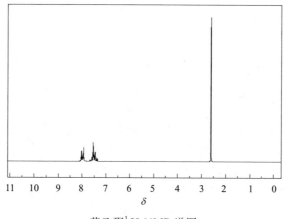

苯乙酮 ^{1}H NMR 谱图

【思考题】

1. 反应完成后为什么要加入浓 HCl 和冰水的混合物来分解产物？

2. Friedel-Crafts 酰基化反应和烷基化反应各有何特点？在两反应中，$AlCl_3$ 和芳烃的用量有何不同？为什么？

3. 为什么硝基苯可作为 Friedel-Crafts 反应的溶剂？芳环上有—OH、—OR、—NH_2 等基团存在时，对 Friedel-Crafts 反应不利甚至不发生反应，为什么？

3.4.3 硝基苯的制备

【实验目的】

1. 硝基苯是制备磺胺的中间体。
2. 硝化反应是芳香烃重要的亲电取代反应，掌握实验室制备硝基苯的常规方法。

【实验原理】

芳香族化合物的硝化反应是重要的亲电取代反应，在合成上也具有重要意义。

硝基苯（nitrobenzene）的制备反应式：

$$\text{C}_6\text{H}_6 + \text{HNO}_3 \xrightarrow[50\sim55\ ℃]{\text{H}_2\text{SO}_4} \text{C}_6\text{H}_5\text{NO}_2 + \text{H}_2\text{O}$$

在芳香烃的硝化反应中，硝化试剂通常使用浓硝酸和浓硫酸的混合物（混酸）。依据芳烃的活性及反应条件，也可以单独使用硝酸或硝酸溶于冰乙酸及乙酐的溶液，对于某些芳香烃化合物，亲电取代难以发生（如硝基苯制备间二硝基苯），可以采用发烟硫酸或发烟硝酸作为硝化试剂。另外酚的硝化也可以使用稀硝酸作为硝化试剂。

硝化反应通常在温和条件下进行，一般的反应温度为 30～70 ℃。温度过高，硝酸的氧化会导致原料的损失。

【安全提示】

硝基苯对人体有毒，吸入过多蒸气或被皮肤接触吸收均会引起中毒，所以本实验应在通风橱中进行。处理硝基苯时须小心，如不慎触及皮肤，应立即用少量乙醇擦洗，再用肥皂水及温水洗涤。

【实验步骤】

在 100 mL 锥形瓶中置入 18 mL（0.25 mol）浓硝酸，在冷却和摇荡下，缓缓加入 20 mL（37 g）浓硫酸，配制成混酸备用。

在 250 mL 三口烧瓶上配置磁力搅拌器、温度计、滴液漏斗和回流冷凝管，冷凝管上口配玻璃套管并用橡皮管连接通入水槽[1]。在瓶内放入 15 mL（13 g，0.17 mol）苯，搅拌下，自滴液漏斗缓缓滴入上述冷的混酸。控制滴加速度使反应温度维持在 50～55 ℃[2]，必要时可用冷水冷却反应烧瓶。滴加完毕，加热至 60 ℃，搅拌 30 min。

待反应混合物冷至室温后，倒入盛有 80 mL 水的烧杯中，搅拌片刻。再转入分液漏斗中分去酸液，有机层依次用等体积的水、5%氢氧化钠溶液及水洗涤[3]，用无水氯化钙干燥。将粗产物滤入蒸馏瓶，接空气冷凝管，加热蒸馏，收集 205～210 ℃馏分[4]，产量约 18 g。

纯的硝基苯为淡黄色透明液体，bp 210.8 ℃。

[1] 硝化反应中，由于硝酸的氧化作用，产生一些有毒的氮氧化物气体，引入下水道排放。

[2] 硝化反应是放热反应，温度若超过 55～60 ℃，有较多二硝基苯副产物生成，低于 40 ℃ 反应速率减慢。

[3] 硝基苯中夹带的硝酸若不洗净，最后蒸馏产品时硝酸将会分解，生成红棕色的二氧化氮。洗涤时，特别是用氢氧化钠溶液洗涤时，不可用力振荡，否则使产品乳化，难以分层。此时可加入固体氯化钙或氯化钠饱和，稍加温热，或加数滴酒精，静置片刻，即可分层。

[4] 因残留在烧瓶中的二硝基苯在高温时易发生爆炸性分解，故不可蒸干。

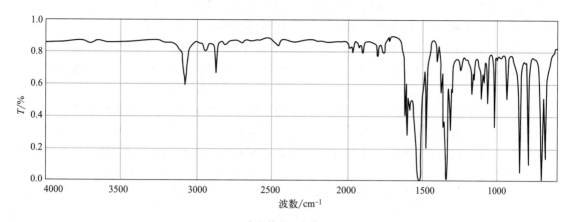

硝基苯的 IR 谱图

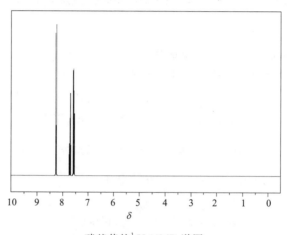

硝基苯的 ^{1}H NMR 谱图

【思考题】
1. 本实验为什么要严格控制反应温度在 50~55 ℃？温度过高有什么不好？
2. 粗产物硝基苯依次用水、碱液、水洗涤的目的何在？
3. 甲苯和苯甲酸硝化的产物是什么？反应条件有何不同，为什么？

3.5 亲核取代反应

亲核取代（nucleophilic substitution）反应一般是指卤代烃或醇与亲核试剂作用，分子中极性较强的基团（如卤原子或羟基）被亲核试剂极性基团取代生成另一类有机化合物的反应。典型反应有醇的卤代、卤代烃的水解和醇的分子间脱水生成醚等反应。

醇的卤代可以制备卤代烃。叔醇可以直接与浓盐酸在室温下作用，但伯醇或仲醇则需在无水氯化锌存在下与浓盐酸作用，也可用三氯化磷或氯化亚砜与伯醇作用来制取氯代烷。醇与干燥的溴化氢气体在溶剂条件下加热可制备分子量较大的溴化物，通过三溴化磷与醇作用也是有效的方法。

醇与氢碘酸反应容易得到碘代烷。更经济的方法是用赤磷和碘（在反应时相当于三碘化磷）与醇作用，也可以用相应的氯化物或溴化物与碘化钠在丙酮溶液中发生卤素交换反应。但由于有更便宜和易得的氯化物和溴化物，一般在合成中很少用到碘化物。

卤代烃发生亲核取代反应，随卤代烃类型的不同分为 S_N1 和 S_N2 两种反应历程。水解反应就是其中典型的一类反应，其反应速率与反应物的浓度、溶剂的性质和反应温度有密切关系。

在实验室中常用醇的脱水反应来制备低级醚。常用的脱水剂是浓硫酸和浓磷酸，用浓硫酸作脱水剂时，由于它有氧化作用，往往还会生成少量氧化产物和二氧化硫。为了避免氧化反应发生，有时用芳香族磺酸（如对甲苯磺酸）作脱水剂。另外，醇脱水制醚的反应是可逆的，为了促使反应完成，对沸点较低的产物（如乙醚），采取边反应边将生成物从反应混合物中蒸出的方法；而对于制备沸点较高的物质（如丁醚），可利用水分离器将生成的水不断地从反应体系中除去，而使平衡移动，提高产率。

3.5.1　2-甲基-2-氯丙烷水解反应速率的测定

【实验目的】

1. 学习卤代烃水解反应速率的实验原理。
2. 学习叔卤丁基烷水解反应速率的测定方法。

【实验原理】

2-甲基-2-氯丙烷，又称叔丁基氯在室温下很容易发生水解反应：

$$(CH_3)_3CCl + H_2O \longrightarrow (CH_3)_3COH + HCl$$

反应属于单分子亲核取代反应（S_N1），机理如下：

$$(CH_3)_3C-Cl \xrightarrow{\text{慢}} (CH_3)_3C^+ + Cl^-$$

$$(CH_3)_3C^+ + OH^- \xrightarrow{\text{快}} (CH_3)_3C-OH$$

其速率只取决于叔丁基氯的浓度，而与碱的浓度无关。如果测得叔丁基氯反应到某一阶段（如叔丁基氯物质的量的 10% 或 20%）的时间 t，那么根据一级反应速率方程的积分式（1）能算出速率常数 k。

$$k = \frac{2.303}{t} \lg \frac{1}{1-\text{反应进行的百分数}/100} \tag{1}$$

如改变水解反应的温度，测得不同温度下速率常数 k，则可根据阿仑尼乌斯方程的积分式

$$\lg k = \lg A - \frac{E}{2.303RT} \tag{2}$$

以 $-\lg k$ 对 $1/T$ 作图，得一直线，其斜率为 $\frac{E}{2.303R}$，由此可粗略地算出反应的活化能 E。

本实验以定量的叔丁基氯的丙酮溶液与物质的量为前者的 10% 或 20% 的氢氧化钠溶液反应，借助于溴酚蓝指示剂的变色来确定反应完全的时间。溴酚蓝在叔丁基氯、氢氧化钠、丙酮和水的初始碱性混合液中呈蓝色，当所有的碱消耗完时，由叔丁基氯继续水解而生成的盐酸会使溴酚蓝转变为黄色。指示剂变色的时间就是反应进行 10% 或 20% 所需的时间，借有色指

示剂简化了分析步骤。

【实验步骤】

1. 反应完成 10%

取两个 25 mL 锥形瓶标为（A）和（B），在锥形瓶（A）中加入 3 mL 0.1 mol/L 叔丁基氯的丙酮溶液，在锥形瓶（B）中加 0.3 mL 0.1 mol/L 氢氧化钠溶液[1]、6.7 mL 蒸馏水和 3 滴溴酚蓝溶液[2]。以白纸做底衬，把（A）瓶中溶液倒入（B）瓶中，再立即将全部混合物倒回（A）瓶中，保证充分混合。溶液一混合，反应很快进行，当溶液变黄[3]时，反应即告完成，用秒表记录反应时间。

重复这步骤多次至读数相差不超过 2~3 s。

2. 反应完成 20%

将氢氧化钠的量改为 0.6 mL，重复实验步骤 1，记录反应时间。反应速率是否取决于氢氧化钠的浓度？

3. 反应物浓度的变化

重复实验步骤 1，在混合溶液前，加 10 mL 70% 的水和 30% 的丙酮溶液到含碱的烧瓶中。记录反应时间。

4. 改变反应温度

在两种不同的温度下重复实验步骤 1，可以利用冰水浴和热水浴选择在室温以下 10 ℃ 左右和室温以上 10 ℃ 左右的温度[4]进行实验。需将两锥形瓶放在冰水浴、热水浴中，达到设定温度时（要量碱液温度），按实验步骤 1 的方法混合两种反应溶液，并将混合物保留在水浴中直到反应完全。记录反应时间。

将反应完成 10% 和 20% 测得的反应完成时间 t，按式（1）计算出 k，并以反应时间 t、速率常数 k、和 $-\lg k$ 以及由温度 T（热力学温度）算得的 $1/T$ 整理成表。

以 $-\lg k$ 为纵坐标，$1/T$ 为横坐标作图，应得一直线，求得斜率。根据式（2）可知：其斜率为 $\dfrac{E}{2.303R}$。

R 取值 8.31 J/(K·mol)，计算活化能 E[5]。从而得出反应速率与反应物浓度、碱的浓度、反应时间及反应温度的关系。

[1] 叔丁基氯丙酮溶液与氢氧化钠需用移液管准确量取。

[2] 溴酚蓝指示剂，pH 3.0~4.6，黄→蓝紫。使用时配成 0.1% 水溶液。每 10 mL 样品加入 1 滴。

[3] 溴酚蓝的颜色转变并不敏锐，一般经过蓝紫→绿→黄的过程，所以在各次测定时，操作者应选定同样的色泽作为反应终点。

[4] 最好用恒温水浴来维持所需要的温度，否则只能得到定性的结果。选择较高温度时，需注意避免叔丁基氯的挥发损失。

[5] 据 Landgrebe [J Chem Edue, 1964（41）：567]，此反应的活化能 $E=8.079\times10^4$ J/mol。

【思考题】

1. 叔丁基氯水解的反应速率是否与碱的浓度有关？
2. 反应完成一定阶段所需要的时间是否与叔丁基氯的浓度有关？
3. 反应速率是否取决于叔丁基氯的浓度？

3.5.2　2-甲基-2-氯丙烷的制备

【实验目的】

1. 学习以浓盐酸、叔丁醇为原料制备 2-甲基-2-氯丙烷的原理和实验方法。

2. 巩固萃取、干燥、分液及蒸馏等基本操作。

【实验原理】

室温下将叔丁醇和浓盐酸混合反应，生成 2-甲基-2-氯丙烷（2-chloro-2-methylpropane）。

反应式：

$$\text{(CH}_3\text{)}_3\text{C-OH} + \text{HCl} \longrightarrow \text{(CH}_3\text{)}_3\text{C-Cl} + \text{H}_2\text{O}$$

反应属于 S_N1 亲核取代反应，由于形成的叔丁基碳正离子稳定，使反应极易进行。

副反应为分子间脱水成醚和分子内脱水成烯。由于叔丁醇分子空间障碍大，通常要在高温条件下才能发生脱水反应，生成醚或烯烃，所以，室温下，反应中只有少量醚和烯生成。

【实验步骤】

在 100 mL 圆底烧瓶中，加入 6.2 g（0.083 mol）叔丁醇[1] 和 21 mL 浓盐酸，室温，充分搅拌 15～20 min。转入分液漏斗，静置分层，分去水层。有机层分别用水、5％碳酸氢钠溶液[2]、水各 5 mL 洗涤。用无水氯化钙干燥后，蒸馏，接收瓶置于冰水浴中，收集 50～52 ℃馏分[3]，称重。

纯 2-甲基-2-氯丙烷为无色液体，沸点 50.7 ℃，n_D^{20} 1.3877。

[1] 叔丁醇凝固点为 25 ℃，温度较低时呈固态，需要在温热水中熔化后取用。

[2] 用 5％碳酸氢钠溶液洗涤时，只需轻轻振荡几下，并注意及时放气。

[3] 在 50 ℃前的是前馏分，当温度达到 50 ℃才可以用事先干燥称重的锥形瓶收集产品，至 52 ℃停止。高于 52 ℃的馏分是高沸点物质，不能收集以免污染产物。

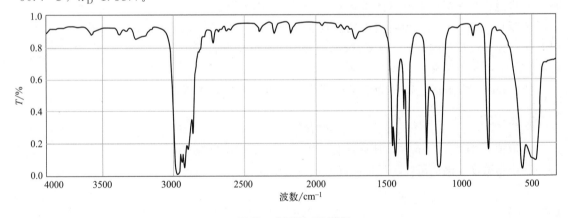

2-甲基-2-氯丙烷 IR 谱图

【思考题】

1. 为什么盐酸的用量很大？

2. 在洗涤粗产物时，若碳酸氢钠溶液浓度过量，洗涤时间过长，将对产物有何影响？是否可以用稀氢氧化钠代替？为什么？

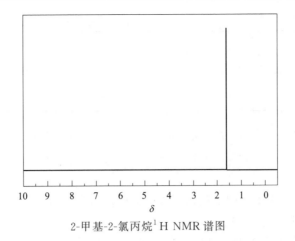

2-甲基-2-氯丙烷 ^{1}H NMR 谱图

3.5.3 正丁醚的制备

【实验目的】
1. 掌握醇分子间脱水制醚的反应原理和实验方法。
2. 学习使用分水器的原理和实验操作。

【实验原理】
实验室和工业上一般采用正丁醇与浓硫酸共热法制备正丁醚（di-*n*-butyl ether）。
主反应：

$$2\ \text{Me}\diagdown\diagdown\text{OH} \underset{135\ ℃}{\overset{H_2SO_4}{\rightleftharpoons}} \text{Me}\diagdown\diagdown\text{O}\diagdown\diagdown\text{Me} + H_2O$$

副反应：

$$\text{Me}\diagdown\diagdown\text{OH} + H_2SO_4 \underset{}{\overset{160\sim180\ ℃}{\rightleftharpoons}} \text{Me}\diagdown= + \text{Me}\diagup=\diagdown\text{Me} + H_2O$$

浓硫酸环境中，正丁醇在不同温度下生成不同的产物。升高温度虽然有利于生成醚，但也有利于副产物烯的生成；在更高温度下，浓硫酸的氧化作用，也会导致少量氧化物和二氧化硫生成。因此，必须严格控制反应温度，正丁醚的制备通常是130~135 ℃为宜。

醚化反应属于可逆反应，在强酸存在下，醚也可断裂生成原料醇，实验中可利用反应过程不断除去生成的水这一操作，以提高醚的产率。由于原料正丁醇和产物正丁醚都能与水生成恒沸混合物（见下表），除水过程也带走了未反应的醇及产物醚。本实验采用水分离器以分离这些水恒沸物，在分水器中，含水的恒沸混合物冷凝后分层，上层的正丁醇和正丁醚随反应的不断进行被送回反应器中参与反应。

水与正丁醇、正丁醚形成恒沸物的沸点和组成

恒沸混合物	沸点/ ℃	组成(质量分数)/%		
		正丁醚	正丁醇	水
正丁醇-水	93		55.5	45.5
正丁醚-水	94.1	66.6		33.4

续表

恒沸混合物	沸点/℃	组成(质量分数)/%		
		正丁醚	正丁醇	水
正丁醇-正丁醚	117.6	17.5	82.5	
正丁醇-正丁醚-水	90.6	35.5	34.6	29.9

如果从醇转变为醚的反应是定量进行的，那么反应中应被除去水的体积可从下式估算：

$$2C_4H_9OH \Longrightarrow (C_4H_9)_2O + H_2O$$
$$2\times 74g \qquad 130g \qquad 18g$$

本实验是用 12.5 g 正丁醇脱水制正丁醚，应脱去的水量为：

$$12.5\ g \times 18\ g\cdot mol^{-1}/(2\times 74)\ g\cdot mol^{-1} = 1.52\ g$$

但实际分出的水层的量要略大于计算量，通常是 2~3 mL 水。

【实验步骤】

在干燥的 50 mL 三口烧瓶中，加入 12.5 g（15.5 mL，0.17 mol）正丁醇和 4 g（2.2 mL）浓硫酸，摇动使混合[1]，加入沸石。按第一章中图 1.11 装置仪器，温度计的水银球浸入液面以下，分水器中先加入 (V−2) mL 水[2]。小火加热，保持微沸，回流约 1 h。随反应的进行，分水器中液面不断升高，上层有机层不断流回反应器中，若分水器中的水层接近支管时，打开旋塞放出适量水。当烧瓶中反应液温度达 135 ℃ 左右时，停止加热[3]。

冷却后，把反应混合物连同分水器的水一起倒入盛有 25 mL 水的分液漏斗中，充分振摇，静置后，分出粗正丁醚。用 15 mL 25% 的硫酸分两次洗涤[4]，再用水洗涤两次，然后用无水氯化钙干燥[5]。蒸馏，收集 140~144 ℃ 馏分。

纯的正丁醚沸点为 142 ℃。

[1] 投料时须充分摇动，混合均匀，否则硫酸局部过浓，加热后易使反应溶液变黑。

[2] 反应前可预先在分水器内注满水至支管口，然后从活塞处放掉约 2 mL 水，即等于反应完全时可以生成的水量。要避免分水器的水流回反应瓶内。

[3] 制备正丁醚最合适的温度是 130~140 ℃，但开始回流时，因形成了各种低共沸物，反应是在 100~115 ℃，后渐升至 130 ℃ 以上，全部约需 1 h。如继续加热，则溶液变黑，并有大量副产物丁烯生成。

[4] 用 25% 硫酸处理是基于丁醇能溶解在其中，而产物正丁醚则很少溶解的原因。也可以用此法来精制粗丁醚：将混合物转入分液漏斗，仔细用 20 mL 2 mol/L 氢氧化钠洗至碱性，然后用 10 mL 水及 10 mL 饱和氯化钙洗去未反应的正丁醇，以后如前法一样干燥，蒸馏。

[5] 干燥要彻底，否则形成正丁醚-水共沸物，蒸馏时会有较多的低沸点馏分。

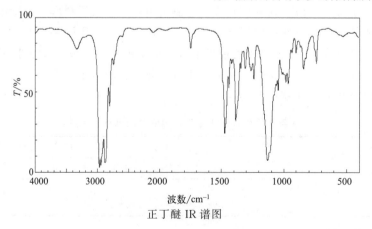

正丁醚 IR 谱图

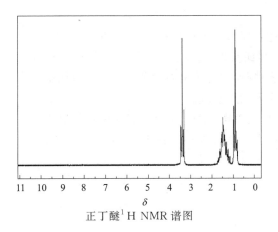

正丁醚 ^{1}H NMR 谱图

【思考题】

1. 使用分水器的目的是什么？

2. 反应结束为什么要将混合物倒入 25 mL 水中？后处理时，先后两次酸洗，再水洗的目的何在？

3.5.4 β-萘乙醚的制备

【实验目的】

1. 学习威廉逊反应制取醚的原理及实验方法。

2. 巩固重结晶操作技术。

【实验原理】

β-萘乙醚（ethyl β-naphthyl ether）又称橙花醚，是一种合成香料，其稀溶液具有类似橙花和洋槐花的香味，并伴有甜味和草莓、菠萝的芳香。若将其加到一些易挥发的香料中，便会减慢这些香料的挥发速度，因而，β-萘乙醚常用作定香剂。

β-萘乙醚属芳基烷基混合醚，若以硫酸脱水法制 β-萘乙醚，会有乙醚、乙烯副产物生成，但由于这些副产物都属低沸点化合物，易于分离。

本实验采用威廉逊醚合成法制备 β-萘乙醚。β-萘酚呈弱酸性，可以与氢氧化钾或氢氧化钠作用成盐，然后与卤代烷反应生成 β-萘乙醚。

反应式：

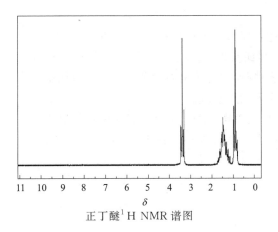

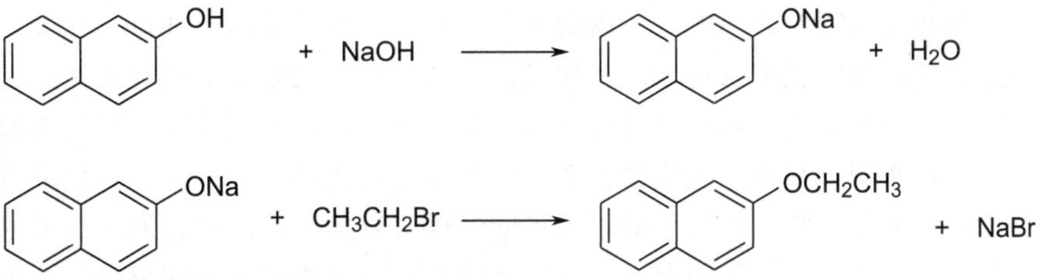

【安全提示】

1. β-萘酚有毒，对皮肤、黏膜有强烈刺激作用，量取时要当心。若触及皮肤，应立即用肥皂清洗。

2. 溴乙烷蒸气具有麻醉性，能刺激眼睛和呼吸系统，使用时应小心。

【实验步骤】

在 50 mL 圆底烧瓶中,加入 20 mL 无水乙醇和 0.9 g 氢氧化钠,振摇,使氢氧化钠溶解。再加入 2.9 g (0.02 mol) β-萘酚和 1.5 mL (0.02 mol) 溴乙烷,投入沸石,配置回流冷凝管,加热回流 2 h[1]。当溶液不呈碱性时,表明反应已经完成[2]。

反应完毕,蒸馏回收大部分乙醇。将蒸馏瓶内残余物倒入 30 mL 冰水中,充分搅拌,倾去水层。粗产物用水洗涤两次,可用 95% 乙醇重结晶。

纯的 β-萘乙醚为无色片状结晶,熔点 37～38 ℃,沸点 281～282 ℃。

[1] 在加热回流过程中,如果有固体析出,或发生分层现象,可补加 3～5 mL 无水乙醇。

[2] 如果氢氧化钠用量过多,则可能经过长时间回流溶液仍呈碱性,无法判明反应是否完成。

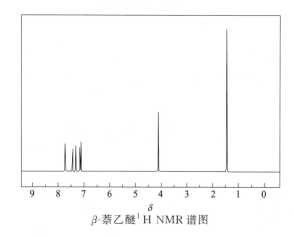

β-萘乙醚 ^{1}H NMR 谱图

【思考题】

1. 以威廉逊制醚法制取 β-萘乙醚时,为什么要用 β-萘酚和溴乙烷作原料,而不是以 2-溴萘和乙醇作原料?

2. 制取 β-萘酚盐时,用的是氢氧化钠的乙醇溶液,可以用氢氧化钠水溶液替代吗?

3. 在反应后处理中,如果不先蒸除乙醇而直接将反应混合物倒入水中,对实验结果会有什么影响?

3.6 消除反应

卤代烃的脱卤化氢反应和醇的分子内脱水反应都属于消除反应 (elimination reaction)。

在实验室中常用醇的脱水反应来制备烯烃。常用的脱水剂是浓硫酸和浓磷酸,酸使醇羟基质子化,以水的形式解离,再从中间体失去一个质子即进行消除反应。用浓硫酸作脱水剂时,由于它有氧化作用,往往还生成少量氧化产物和二氧化硫。为了避免氧化反应,有时用芳香族磺酸(如对甲苯磺酸)作脱水剂。在不同的反应温度下,醇通过发生分子内或分子间脱水,而分别得到烯或醚。一般情况下,温度高时发生分子内脱水生成烯烃。

脱水反应按照扎伊采夫规则 (Saytzeff rule) 进行,伯、仲、叔醇脱水反应的难易程度明显不同,其速率是叔醇>仲醇>伯醇。

由于醇脱水制烯的反应是可逆的,为了促使反应向有利于产物方面移动,必须边反应边将生成物从反应混合液中蒸出,而使平衡移动,提高产率。

3.6.1 环己烯的制备

【实验目的】
1. 学习以浓磷酸催化环己醇脱水制取环己烯的原理和方法。
2. 掌握蒸馏和分馏的基本原理和操作技能。

【实验原理】
环己烯（cyelohexene）通常可用环己醇在浓磷酸或浓硫酸催化下脱水而制备。
主反应：

$$\text{环己醇} \xrightarrow[\Delta]{H_3PO_4} \text{环己烯} + H_2O$$

副反应是分子间脱水成醚、重排及氧化反应。

主反应为可逆反应。为促使正反应的进行，反应体系中应尽量减少水的存在，要求原料及反应仪器都必须干燥。另外，反应中形成了共沸物：环己烯-水（mp70.8 ℃，含水10%），环己醇-环己烯（mp64.9 ℃，含环己醇30.5%），环己醇-水（mp97.8 ℃，含水80%）。实验中采用了分馏装置，通过边反应边将生成物转移的方法，从而提高产率。

磷酸的用量必须是硫酸的一倍以上，但它却比硫酸有明显的优点：一是不生成炭渣，二是不产生难闻气体。用硫酸则易生成 SO_2 副产物。

【实验步骤】

在 50 mL 干燥的圆底烧瓶中，加入 10 g（10.4 mL，约 0.1 mol）环己醇[1]、4 mL 浓磷酸（或 2 mL 浓硫酸）和两粒沸石，充分振摇使之混合均匀[2]。烧瓶上装一短的分馏柱，接上冷凝管，接收瓶外用冰水浴冷却[3]。

缓慢加热至沸腾，控制分馏柱上端的温度不超过 90 ℃[4]。若无液体蒸出时，可适当提高加热温度，当烧瓶中只剩下很少量的残渣并出现阵阵白雾时，即可停止蒸馏。全部蒸馏时间约需 1 h。

将馏出液用约 1 g 精盐饱和，再加入 3～4 mL 5%碳酸钠溶液中和微量的酸。用分液漏斗分出下层水溶液，上层的粗产物倒入干燥的锥形瓶中，用无水氯化钙干燥[5]。然后，滤入干燥的蒸馏烧瓶中，加入两粒沸石，加热蒸馏，用一已称重、干燥的小锥形瓶作接收瓶，收集 80～85 ℃馏分。

纯的环己烯为无色液体，沸点 83 ℃。

[1] 环己醇常温下是黏稠液体（mp24 ℃）若用量筒量取（约 12 mL），应注意转移中的损失，可用称量法。

[2] 若用硫酸时，更应充分振摇混合，否则，加热过程中可能会局部炭化。

[3] 分馏装置要求无水，不漏气。环己烯挥发性较大，接收瓶应用冰水浴冷却。

[4] 采用电热套或油浴加热，使蒸馏烧瓶受热均匀。温度不可过高，蒸馏速度不宜过快，以 1 滴/2～3 s 为宜，减少未作用的环己醇蒸出。

[5] 水层应尽可能分离完全，否则会增大无水氯化钙的用量，更多产物被干燥剂吸附而造成损失。若蒸馏时在 80 ℃ 以下已有多量液体馏出，可能是干燥不够完全所致，应将这部分产物重新干燥并蒸馏。用无水氯化钙干燥粗产物，还可除去少量未反应的环己醇。

【思考题】
1. 制备过程中为什么要控制分馏柱顶部的温度？
2. 在蒸馏终止前，出现的阵阵白雾是什么？

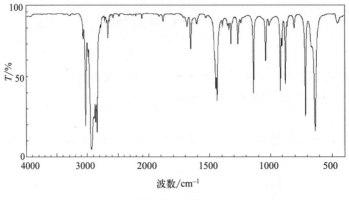

环己烯 IR 谱图

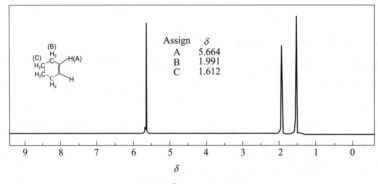

环己烯 ^{1}H NMR 谱图

3. 在粗制的环己烯中,加入精盐使水层饱和的目的是什么?

3.6.2　2-甲基-2-丁烯和 2-甲基-1-丁烯的制备

【实验目的】

1. 学习利用叔戊醇和浓硫酸制备 2-甲基-2-丁烯和 2-甲基-1-丁烯的原理和方法。
2. 掌握蒸馏和分馏的基本原理和操作技能。

【实验原理】

叔戊醇经硫酸脱水后,生成 2-甲基-2-丁烯(2-methylbut-2-ene),也有少量的 2-甲基-1-丁烯(2-methylbut-1-ene)。

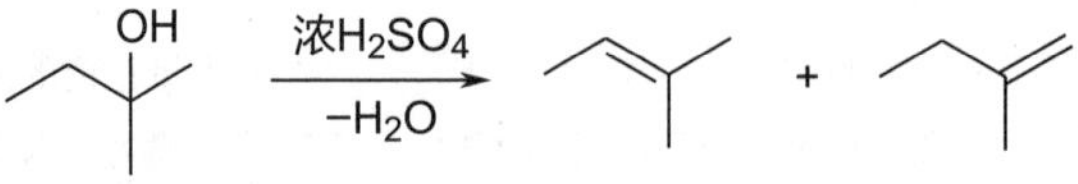

此类脱水反应按照扎伊采夫规则进行,副反应是分子间脱水生成醚、重排及氧化反应。

【实验步骤】

在 50 mL 干燥的圆底烧瓶中,加入 4.5 mL 浓硫酸[1],边冷却边加入 9 mL(0.096 mol)叔戊醇,投入沸石,充分振摇使之混合均匀。利用蒸馏装置安装好仪器。

小火加热混合物至沸腾,继续小火加热,直至烃类完全蒸出为

[1] 此反应中 85% 的磷酸没有硫酸好,反应慢、产率低,如果指导老师同意,可用磷酸试试。

止。将馏出液移至分液漏斗中，加入 5 mL 10%氢氧化钠溶液洗涤一次，再用等体积水洗涤。放出水层，烃层用无水硫酸镁干燥。

干燥后的 2-甲基-2-丁烯和 2-甲基-1-丁烯用分馏装置进行分馏，收集 40 ℃以前馏分[2]。

[2] 注意馏出液和蒸气均易燃，所以蒸馏装置中各接口须紧密，接受瓶外用冰浴。

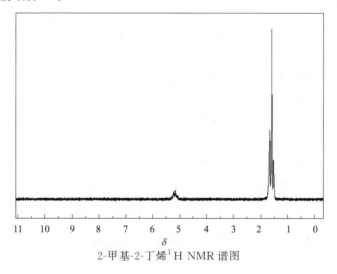

2-甲基-2-丁烯 ^{1}H NMR 谱图

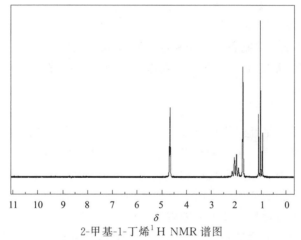

2-甲基-1-丁烯 ^{1}H NMR 谱图

【思考题】

最后收集产品时将分馏装置改为蒸馏装置可以吗？

3.7 格 氏 反 应

卤代烃在无水乙醚或四氢呋喃中和金属镁作用，生成烷基卤化镁 RMgX，这种有机镁化合物称作格氏试剂（Grignard reagent）。格氏试剂是有机合成中应用最为广泛的试剂之一，它可以与醛、酮、羧酸酯等化合物发生加成反应，经水解后生成伯、仲、叔醇，这类反应称为格氏反应（Grignad reaction）。

不同的卤代烃与镁反应活性有差异。当卤原子不变时，反应活性为 $CH_2=CHCH_2X$、$ArCH_2X > 3°RX > 2°RX > 1°RX > CH_2=CHX$；当烷基相同时，则为 $RI > RBr > RCl$。即碘代烃最易反应，但也最易生成烃类副产物，其产率通常比用相应的溴代烃或氯代烃还要低。故最常用的是溴代烃，且其价格不像碘代烃昂贵。

格氏反应的产率一般为80%～95%。格氏试剂与羰基加成时，如果羰基上有两个较大的基团，可因空间阻碍而使反应不能进行。

格氏试剂对水十分敏感，凡是具有活泼氢的化合物（如醇、末端炔烃、伯胺及羧酸等）都可以和格氏试剂反应。因此，格氏反应必须在无水无氧条件下进行。

充分干燥的乙醚是格氏反应中常用的溶剂。由于醚中氧原子上的未共用电子对与缺电子的格氏试剂相互作用，形成可溶性的分子复合物，使反应成为均相体系，有利于反应的进行。若使用其他溶剂（如烷烃），反应生成物会因不溶于溶剂而覆盖在金属镁表面，从而使反应终止。另外，由于格氏试剂与空气中的氧也会发生反应，以乙醚作溶剂，由于乙醚较大的蒸气压，反应液被乙醚气氛所包围，因而空气中的氧对反应影响不明显。此外，四氢呋喃也是进行格氏反应的一种良好溶剂，尤其是当某些卤代烃如氯乙烯、氯苯等在乙醚中难以与镁反应时，在四氢呋喃中即可顺利进行。由于四氢呋喃的沸点比乙醚高，对于某些需在较高温度下进行的反应有利，在工业上，四氢呋喃的使用也比乙醚更安全一些。

3.7.1 三苯甲醇的制备

【实验目的】

1. 学习叔醇的制备原理和方法。
2. 掌握 Grignard 试剂的制备、应用和进行 Grignard 反应的条件。
3. 学习水蒸气蒸馏原理和实验方法，巩固无水反应、搅拌、回流、萃取、蒸馏、重结晶等操作。

【实验原理】

醇的实验室制法主要是经过格氏反应。通用方法是卤代烷在无水乙醚中和金属镁作用生成烷基卤代镁，再与醛、酮、羧酸酯等发生加成反应，经水解后生成醇。

一般来说，对于容易反应的溴代烷和碘代烷，可用较粗糙的镁刨屑，而对于较难反应的氯化物或溴苯都须用细小的镁屑，有时甚至要使用镁粉。也可加入一小粒碘来引发反应，由于有少量卤化物转化为碘化物，使反应变得更易进行。

格氏反应必须使用无水试剂和干燥的仪器。最常用的溶剂是充分干燥的乙醚。另外，反应开始时，卤化物滴加到镁-乙醚溶液中的速度要慢，要避免一次性加入大量的试剂，使反应过分剧烈而不易控制，并增加副产物的生成。

三苯甲醇（triphenylmethanol）可以由溴苯和镁制得苯基溴化镁格氏试剂后，再选用以下任一方法来制备。

方法一：由苯甲酸乙酯与苯基溴化镁的反应制备。

$$C_6H_5CO_2C_2H_5 \xrightarrow[\text{无水乙醚}]{C_6H_5MgBr} (C_6H_5)_2C=O + C_2H_5OMgBr$$

$$\downarrow C_6H_5MgBr$$

$$(C_6H_5)_3COMgBr \xrightarrow{NH_4Cl, H_2O} (C_6H_5)_3C-OH$$

方法二：由二苯甲酮与苯基溴化镁的反应制备。

$$(C_6H_5)_2C=O \xrightarrow[\text{无水乙醚}]{C_6H_5MgBr} (C_6H_5)_3COMgBr \xrightarrow{NH_4Cl, H_2O} (C_6H_5)_3C-OH$$

【实验步骤】

1. 由苯甲酸乙酯与苯基溴化镁的反应制备

在 100 mL 干燥[1] 的三口烧瓶上分别装配搅拌器、回流冷凝管和恒压滴液漏斗，冷凝管上口装置氯化钙干燥管。在烧瓶内放入 0.4 g（0.016 mol）镁屑[2] 和一小粒碘，滴液漏斗中加入 2 mL（0.019 mol）溴苯和 7 mL 无水乙醚，混匀。从滴液漏斗中滴入 2~3 mL 溴苯-乙醚溶液，观察反应现象，若不发生反应，可搅拌几分钟或温热[3]。反应开始后，搅拌下，继续慢慢滴加余下的溴苯-乙醚溶液，维持反应液呈微沸状态[4]，若发现反应物呈黏稠状，则补加适量的无水乙醚。滴加完毕，搅拌回流 30 min，使镁屑几乎作用完全。

将制备好的苯基溴化镁乙醚溶液置于冷水浴中，搅拌下，滴入 0.9 mL（0.0064 mol）苯甲酸乙酯和 2 mL 无水乙醚的混合液，控制滴加速度以保持反应平稳进行。滴加完毕，继续回流搅拌 20 min，使反应进行完全。将烧瓶改用冰水浴冷却，搅拌下，慢慢滴加氯化铵饱和溶液（由 5 g NH$_4$Cl 和 15 mL 水配成），分解加成产物[5]。

分出醚层，水层用乙醚（20 mL×2）萃取，合并醚层。蒸去乙醚，剩余物加入 5 mL 石油醚（90~120 ℃）[6]，搅拌，过滤，收集产品。粗产品可用乙醇-水混合溶剂进行重结晶[7,8]。

2. 由二苯甲酮与苯基溴化镁的反应制备

用 0.75 g（0.030 mol）镁屑和 3.2 mL（4.8 g，0.030 mol）溴苯（溶于 15 mL 无水乙醚），操作同方法 1. 制备苯基溴化镁乙醚溶液。

将制备好的苯基溴化镁乙醚溶液置于冷水浴中，在搅拌下，滴加 5.5 g（0.030 mol）二苯甲酮和 15 mL 无水乙醚的混合液。滴加完毕，继续搅拌回流 30 min，使反应进行完全。在冰水浴中，于搅拌下慢慢滴加氯化铵饱和溶液（由 8 g NH$_4$Cl 和 22 mL 水配成），分解加成产物。

分出醚层，水层用乙醚（20 mL×2）萃取，合并醚层。蒸去乙醚，再将残余物进行水蒸气蒸馏以除去未反应的溴苯和副产物联苯。瓶中的剩余物冷却后凝为固体，抽滤，收集产品。粗产品可用乙醇-水混合溶剂进行重结晶。

[1] 所用的仪器和药品都必须经过严格干燥处理。溴苯用无水氯化钙干燥过夜，使用绝对无水乙醚为溶剂。

[2] 采用表面光亮的镁屑。若镁屑放置较久，则采用下法处理：用 5% 盐酸与镁屑作用数分钟，过滤出酸液，然后用水、醇、乙醚洗涤，抽干后置于干燥器中备用。也可用镁条代替镁屑，使用前用细砂布将其表面氧化膜除去，剪成约 0.5 cm 小碎条。

[3] 当观察到镁屑上有气泡放出、乙醚微沸，碘颜色变浅时，说明反应已开始。

[4] 通常调节卤化物的滴加速度和乙醚的回流速度两者基本一致。如滴加速度太快，反应过于剧烈不易控制，并会增加副产物的生成。此时，可用冷水浴冷却烧瓶。格氏试剂的醚溶液通常是灰色或褐色的浑浊溶液。

[5] 滴加饱和氯化铵溶液是使加成物水解成三苯甲醇，与此同时生成的 Mg(OH)$_2$ 可转变为可溶性 MgCl$_2$，若仍见有絮状 Mg(OH)$_2$ 未完全溶解及未反应的金属镁，则可加入少许稀盐酸使之溶解。

[6] 副产物易溶于石油醚而被除去。也可进行水蒸气蒸馏以除去未反应的溴苯及联苯等副产物。

[7] 可先将粗产品加热溶于少量的乙醇中，然后逐滴加入预热的水，直至溶液刚好出现浑浊为止，再滴加一滴乙醇使浑浊消失，冷却，结晶析出。也可用 80% 乙醇或 2:1 的石油醚-95% 乙醇重结晶。

[8] 本实验可用薄层色谱鉴定反应的产物和副产物。用滴管吸取少许水解后的醚溶液于干燥锥形瓶中，在硅胶 G 薄层板上点样，用 1:1 苯-石油醚作展开剂，在紫外灯下观察，用铅笔在荧光点的位置做出记号。从上到下四个点分别代表联苯、苯甲酸乙酯、二苯甲酮和三苯甲醇，计算它们的 R_f 值。可能的话，用标准样品进行比较。

纯的三苯甲醇为无色棱状晶体，熔点 164.2 ℃。

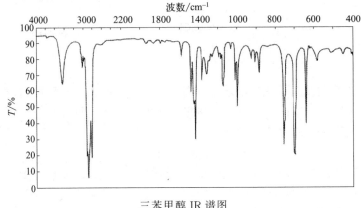

三苯甲醇 IR 谱图

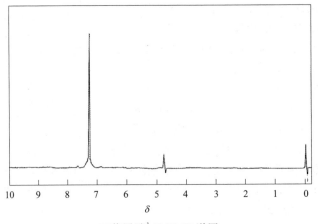

三苯甲醇 ^{1}H NMR 谱图

【思考题】
1. 本实验的成败关键何在？为此采取了什么措施？
2. 本实验溴苯加入太快或一次性加入，会对实验有何影响？
3. 在制取格氏试剂时，为何要加入一小粒碘？
4. 在该反应中所用的乙醚若含有乙醇，对本反应有什么主要的影响？
5. 本实验中除了用饱和氯化铵溶液分解加成产物外，还可用什么试剂来分解？

3.7.2　2-甲基-2-丁醇的制备

【实验目的】
1. 了解 Grignard 试剂的制备、应用和进行 Grignard 反应的条件。
2. 巩固无水反应、回流、搅拌、萃取、蒸馏等操作。

【实验原理】
制备 2-甲基-2-丁醇（2-methyl-2-butanol）的反应式：

$$CH_3CH_2Br + Mg \xrightarrow{\text{无水乙醚}} CH_3CH_2MgBr$$

$$CH_3CH_2MgBr + CH_3\overset{O}{\underset{\|}{C}}CH_3 \xrightarrow{无水乙醚} H_3C-\underset{\underset{CH_3}{|}}{\overset{\overset{CH_2CH_3}{|}}{C}}-OMgBr$$

$$H_3C-\underset{\underset{CH_3}{|}}{\overset{\overset{CH_2CH_3}{|}}{C}}-OMgBr + H_2O \longrightarrow H_3C-\underset{\underset{CH_3}{|}}{\overset{\overset{CH_2CH_3}{|}}{C}}-OH$$

【实验步骤】

在 150 mL 三口烧瓶上分别装配搅拌器、回流冷凝管和恒压滴液漏斗[1]，冷凝管上口装置氯化钙干燥管。在瓶内放入 1.7 g（0.07 mol）镁屑及一小粒碘，滴液漏斗中加入 6.5 mL 溴乙烷（9.5 g，0.085 mol）和 20 mL 无水乙醚，混匀。从滴液漏斗中滴入 2～3 mL 混合液于三口烧瓶中，数分钟后即可见溶液呈微沸，碘的颜色渐渐消失（若不消失，可温热）。然后搅拌下，继续滴加其余的混合液，控制滴加速度，维持反应液呈微沸状态[2]，若发现反应物呈黏稠状，则补加适量的无水乙醚。滴加完毕，回流搅拌 30 min，使镁屑几乎作用完全。

将反应瓶置于冰水浴中，搅拌下从滴液漏斗中缓慢加入 10 mL 无水丙酮（7.9 g，0.14 mol）和 10 mL 无水乙醚的混合液，滴加完毕，室温下搅拌 15 min，瓶中有灰白色黏稠状固体析出[3]。

反应瓶置于冰水浴中冷却，搅拌下，自滴液漏斗滴入 30 mL 20%硫酸分解产物。然后分出醚层，水层用乙醚（15 mL×2）萃取。合并醚层，用 10 mL 5%碳酸钠溶液洗涤，用无水碳酸钾干燥。蒸去乙醚，然后，继续蒸馏，收集 95～105 ℃馏分[4]。

纯的 2-甲基-2-丁醇沸点 102 ℃。

[1] 所用的仪器和药品都必须经过严格干燥处理。

[2] 滴加速度太快，反应过于剧烈不易控制，并会增加副产物的生成，此时，可用冷水浴冷却烧瓶。

[3] 加入丙酮时，反应液可能呈现各类颜色，这是由于反应混合物含无机盐等杂质，加成物较多时，颜色会渐渐退去，最后得到浅黄色加成物。若反应物中含杂质较多，白色的固体加成物就不易生成，混合物就只变成有色的黏稠物。

[4] 2-甲基-2-丁醇与水能形成共沸物（共沸点 87.4 ℃，含水 27.5%），所以若干燥不彻底，前馏分将大大增加，影响产量。

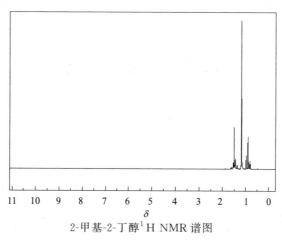

2-甲基-2-丁醇 ^{1}H NMR 谱图

【思考题】
1. 本实验的成败关键何在？为此采取了什么措施？
2. 制得的粗产品为什么不能用氯化钙干燥？

3.8 酯化反应

羧酸与醇或酚在无机酸或有机强酸催化下生成酯和水的反应称为酯化（esterification）反应。常用的催化剂有浓硫酸、干燥氯化氢、有机强酸或阳离子交换树脂，如果参与反应的羧酸本身具有强的酸性，如甲酸、草酸等，可以不另加催化剂。

酯化反应是一个可逆反应，达到平衡时，通常只有约 65% 的酸和醇生成酯。为了使反应有利于酯的生成，可以选用过量的羧酸或醇，或者从反应体系中不断移去产物酯或水。至于是用过量的酸还是过量的醇，则取决于原料的性质及价格等因素。而除去反应中生成的水，通常可采用共沸蒸馏法，即在反应混合物中加入能与水共沸的有机溶剂，如苯、甲苯或氯仿等，通过蒸馏共沸物而带出生成的水。如果酯的沸点比酸、醇及水的沸点要低，还可以采取不断蒸除酯的方法使平衡正向移动，例如甲酸甲酯、乙酸乙酯的合成。

酯化反应的速率明显地受羧酸和醇结构的影响，特别是空间位阻。随着羧酸 α- 及 β- 位取代基数目的增多，反应速率变得很慢甚至完全不起反应。对位阻大的羧酸可先转化为酰氯，然后再与醇反应，或在叔胺催化下，利用羧酸盐与卤代烷反应而制得酯。

酰氯和酸酐能迅速地与伯及仲醇反应生成相应的酯。叔醇在碱存在下，与酰氯反应生成卤代烷，但在叔胺（吡啶、三乙胺）存在下，可顺利地与酰氯发生酰化反应。酸酐的活性低于酰氯，但在加热下，可与大多数醇反应，酸（硫酸、二氯化锌）和碱（叔胺、醋酸钠等）的催化可促进酸酐的酰基化。

酯以混合物的形式广泛存在于自然界中，具有广泛的用途。在工业和商业上被大量用作溶剂，在日常生活中，有些酯可作为食用油、脂肪、塑料以及油漆的溶剂。许多酯具有令人愉快的香味，自然界许多水果和花草的芳香气味就是由于酯存在的缘故，人工合成的一些香料就是模拟天然水果和植物提取液的香味经配制而成的。食品和饮料制造商往往把它们用作添加剂以点缀甜品、点心或饮料的香味。更为奇特的是，有的酯是某些昆虫的性引诱剂，有的酯则起着昆虫间传递信息的作用。如乙酸异戊酯是蜜蜂响应信息素的成分之一，蜜蜂在叮刺侵犯者时就会分泌出乙酸异戊酯，使其他蜜蜂"闻信"前来群起而攻之。

3.8.1 乙酸乙酯的制备

【实验目的】
1. 学习从有机酸合成酯的一般原理及方法。
2. 掌握回流、蒸馏、分液等操作。

【实验原理】
乙酸乙酯（ethyl acetate）具有令人愉快的香味，是天然香料和合成香料中主要的组成部分。乙酸乙酯还是一种工业上重要溶剂，广泛用于乙基纤维素、硝化纤维素、清漆、涂料、人造纤维、印刷油墨等，是一种低毒无公害型溶剂，正逐步取代含苯溶剂。

乙酸乙酯最常用的制备方法是乙酸与乙醇的反应：

$$CH_3COOH + C_2H_5OH \xrightleftharpoons{H^+} CH_3COOC_2H_5 + H_2O$$

反应为可逆。为了提高酯化的产率，可采取如下措施。

① 以乙酸作为基准试剂，加入过量的乙醇，使平衡向右移动。

② 用过量的硫酸，一部分起催化作用，另一部分用于除去部分反应生成的水。但硫酸用量增加，也可引起一系列副反应及出现炭化。

③ 采用边反应边除去生成的酯和水的方法。

【实验步骤】

在 50 mL 圆底烧瓶中加入 9.5 mL（0.16 mol）无水乙醇和 6 mL（0.10 mol）冰醋酸，再小心加入 2.5 mL 浓硫酸，充分混匀后，加入沸石，装上冷凝管。加热，缓慢回流 30 min[1]。然后，冷却后，改成蒸馏装置，接收瓶用冷水浴冷却，加热蒸出生成的乙酸乙酯，直到馏出液体积约为反应物总体积的 1/2 为止。

在馏出液中慢慢加入饱和碳酸钠溶液[2]，并不断振荡，直至不再有二氧化碳气体产生。混合液用分液漏斗分出水层，有机层分别用饱和食盐水[3]、饱和氯化钙各 5 mL 洗涤，最后用水洗涤，分去下层液体。有机层倒入干燥的锥形瓶中，用无水硫酸镁干燥，静置约 20 min[4]。将干燥后的有机层进行蒸馏，收集 73～78 ℃ 的馏分，产品称重。

纯的乙酸乙酯为无色有香味的液体，沸点 77.06 ℃。

沸点/℃	质量分数/%		
	酯	乙醇	水
70.2	82.6	8.4	9.0
70.4	91.9		8.1
71.8	69.0	31.0	

[1] 反应温度不宜太高，否则会增加副产物乙醚的生成。

[2] 馏出液中除了酯和水外，还含有少量未反应的乙醇和乙酸、副产物乙醚。故必须用碱除去其中的酸，用饱和氯化钙除去乙醇。

[3] 当有机层用碳酸钠洗过后，若紧接着就用氯化钙溶液洗涤，有可能产生絮状碳酸钙沉淀，使进一步分离变得困难，故在两步操作间必须先用水洗。由于乙酸乙酯在水中有一定的溶解度，实际上用饱和食盐水来进行水洗，以尽可能减少由此而造成的损失。

[4] 乙酸乙酯和水或乙醇形成二元或三元共沸物（见下表），故在未干燥前已是清亮透明溶液。因此，不能以产品是否透明作为是否干燥好的标准，应以干燥剂加入后吸水情况而定。要放置 20～30 min，其间不时摇动。若乙醇不除净或干燥不够，由于形成低沸点共沸物，会使沸点降低。

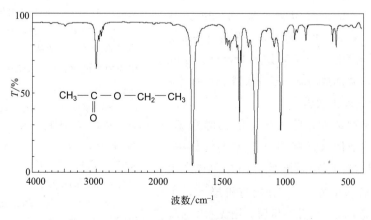

乙酸乙酯 IR 谱图

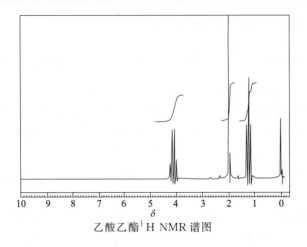

乙酸乙酯 ^{1}H NMR 谱图

【思考题】

1. 酯化反应的特点是什么？本实验中采取了哪些措施提高产品收率？
2. 蒸出的粗乙酸乙酯中主要有哪些杂质？如何一一除去？
3. 能否用浓氢氧化钠溶液代替饱和碳酸钠溶液来洗涤馏出液？

3.8.2 苯甲酸乙酯的制备

【实验目的】

1. 了解从有机酸合成酯的一般原理及方法。
2. 学习使用分水器的原理和操作。

【实验原理】

苯甲酸和乙醇在酸催化下发生酯化反应生成苯甲酸乙酯（ethyl benzoate）：

$$\text{C}_6\text{H}_5\text{COOH} + \text{C}_2\text{H}_5\text{OH} \xrightarrow{\text{H}^+} \text{C}_6\text{H}_5\text{COOC}_2\text{H}_5 + \text{H}_2\text{O}$$

反应可逆。本实验加入能与水共沸的苯，通过共沸蒸馏法而带出反应中生成的水。

【实验步骤】

在 100 mL 圆底烧瓶中，加入 8.0 g（0.065 mol）苯甲酸、20 mL（0.34 mol）无水乙醇、15 mL 苯和 3 mL 浓 H_2SO_4，摇匀，加入沸石，安装带有分水器的回流装置。分水器预先装水至支管口后再放出约 6 mL 水[1]。将反应物加热回流，至分水器中的中层液体达 5~6 mL[2]，停止加热。

将反应混合物蒸馏，除去多余的乙醇和苯。再将蒸馏后的残液倒入盛有 60 mL 水的烧杯中，搅拌下分批加入 Na_2CO_3 粉末至无 CO_2 气体产生（用 pH 试纸检验呈中性）[3]。分出有机层[4]，水层用 20 mL 乙醚萃取。合并有机层，用无水 $CaCl_2$

[1] 反应生成的水量理论计算约为 2 mL。根据计算，含水共沸物的总体积约为 6 mL。

[2] 随着回流的进行，分水器中出现上、中、下三层液体，且中层越来越多。下层为原来的水；由反应瓶中蒸出的为三元共沸物（共沸点 64.6 ℃，含苯 74.1%，乙醇 18.5%，水 7.4%）。它从冷凝管流入分水器后分为两层，上层占 84%（含苯 86%，乙醇 12.7%，水 1.3%），下层 16%（含苯 4.8%，乙醇 52.1%，水 43.1%），此下层即为分水器的中层。

[3] 加 Na_2CO_3 除去硫酸及未作用的苯甲酸。应分批加入，以免产生大量泡沫。

干燥。粗产品先蒸出乙醚,再蒸馏收集 210～213 ℃的馏分[5],称量。

纯的苯甲酸乙酯沸点 212 ℃。

[4] 若粗产品中含有絮状物难以分层,可直接用乙醚萃取。

[5] 用减压蒸馏效果更好。

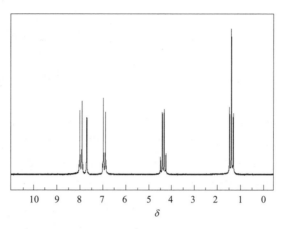

苯甲酸乙酯 ^{1}H NMR 谱图

3.9 缩 合 反 应

缩合反应(condensation reaction)包括羟醛缩合(Aldol condensation)、珀金反应(Perkin reaction)、克莱森缩合(Claisen condensation)和安息香缩合(Benzoin condensation)等反应。

(1) 珀金反应 芳香醛与酸酐在碱性催化剂下发生类似羟醛缩合的反应,生成 α,β-不饱和芳香酸,称为珀金反应。在珀金反应中,碳负离子产生于酸酐,因而所用的碱性催化剂必须不与酸酐发生反应,常用的是与酸酐结构相应的羧酸钠盐或钾盐、或者采用叔胺、K_2CO_3。由于催化剂碱性较弱,故而反应时间较长,反应温度也比较高。而缩合产物在高温下易发生脱羧反应,从而导致收率不高。尽管珀金反应有些不足,但所用原料价廉易得,在工业上仍具应用价值。

(2) 克莱森酯缩合 含 α-活泼氢的酯在强碱性试剂(如 Na、$NaNH_2$、苯甲基钠)存在下,能与另一分子酯发生缩合反应,生成 β-羰基酸酯,称为克莱森酯缩合反应。

乙酰乙酸乙酯就是通过克莱森酯缩合反应来制备的。当用金属钠作缩合试剂时,真正的催化剂是钠与乙酸乙酯中残留的少量乙醇作用产生的乙醇钠。反应一旦开始,乙醇就可以不断生成并和金属钠继续作用,如使用高纯度的乙酸乙酯和金属钠,反而不能发生缩合反应。反应经历了如下一系列平衡过程:

$$C_2H_5OH + Na \longrightarrow C_2H_5ONa + 1/2 H_2\uparrow$$

$$CH_3CO_2C_2H_5 \xrightarrow{C_2H_5O^-} {}^-CH_2CO_2C_2H_5 + C_2H_5OH$$

$$CH_3-\overset{O}{\underset{\|}{C}}-CH_2CO_2C_2H_5 + C_2H_5O^- \rightleftharpoons CH_3-\overset{O}{\underset{\|}{C}}-\overset{-}{C}HCO_2C_2H_5 + C_2H_5OH$$

$$\downarrow H^+$$

$$CH_3-\overset{O}{\underset{\|}{C}}-CH_2CO_2C_2H_5$$

由于乙酰乙酸乙酯分子中亚甲基上的氢比乙醇的酸性强得多,最后一步实际上是不可逆的,反应生成乙酰乙酸乙酯的钠化物。因此,必须用醋酸酸化,才能使乙酰乙酸乙酯游离出来。

(3) 安息香缩合反应 芳香醛在 NaCN 或 KCN 作用下,分子间发生缩合生成二苯羟乙酮(安息香)的反应,称为安息香缩合反应。由醛、酮中已知,羰基化合物主要发生亲核加成反应。但是,能否考虑将羰基的亲电性改变为亲核性,也就是使羰基碳原子带有一对电子?这是合成化学家最期望的工作,被有机化学家称为极性的转换过程。已有研究得出,在醛羰基上加入一个基团(Y),可在某些条件下形成碳负离子:

$$R-\overset{O}{\underset{H}{C}} \xrightleftharpoons{CN^-} R-\overset{O^-}{\underset{CN}{\overset{|}{C}}}-H \xrightleftharpoons{\text{质子转移}} R-\overset{OH}{\underset{CN}{\overset{|}{C}^-}}$$

显然,由醛所形成的碳负离子具有亲核性,可与亲电试剂作用,并最终转化成 α-羟基酮。

$$R-\overset{OH}{\underset{CN}{\overset{|}{C}^-}} + \overset{O}{\underset{H}{\overset{\|}{C}}}-R \longrightarrow R-\overset{OH}{\underset{CN}{\overset{|}{C}}}-\overset{O^-}{\underset{H}{\overset{|}{C}}}-R \xrightarrow{-CN^-} R-\overset{O}{\underset{\|}{C}}-\overset{OH}{\underset{H}{\overset{|}{C}}}-R$$

实际上,游离的碳负离子仍未得到,而酰基负碳离子的等价物却得到了利用。首先就是在苯甲醛中获得了很好的应用,即安息香缩合:

$$2 \text{ PhCHO} \xrightarrow{CN^-} \text{Ph-CH(OH)-C(O)-Ph}$$

反应机理为:

$$Ar-\overset{O}{\underset{H}{\overset{\|}{C}}} \xrightleftharpoons{CN^-} Ar-\overset{CN}{\underset{O^-}{\overset{|}{C}}}-H \xrightleftharpoons{\text{质子转移}} \left[Ar-\overset{CN}{\underset{OH}{\overset{|}{C}^-}} \quad \overset{H}{\underset{Ar}{\overset{|}{C}}}=O \right] \rightleftharpoons$$

$$\underset{Ar}{\overset{NC}{\overset{|}{C}}}\overset{Ar}{\underset{O^-}{\overset{|}{C}}}\overset{H}{\underset{H}{}} \rightleftharpoons \underset{Ar}{\overset{NC}{\overset{|}{C}}}\overset{Ar}{\underset{O^-}{\overset{|}{C}}}\overset{H}{\underset{OH}{}} \rightleftharpoons Ar-\overset{O}{\underset{\|}{C}}-\overset{OH}{\underset{Ar}{\overset{|}{C}}}-H + CN^-$$

在反应中,首先经历了酰基负碳离子等价物的中间过程,这是一个碳负离子对羰基的亲核加成反应。当苯环上带有强的供电子(如对二甲氨基苯甲醛)或强的吸电子基(如对硝基苯甲醛)时,均很难发生安息香缩合反应。因为供电子基降低了羰基的正电性,不利于亲核加成,而吸电子基则降低了碳负离子的亲核性,同样不利于与羰基发生亲核加成。但分别带有供电子基和吸电子基两种不同的芳醛之间,则可以顺利地发生混合的安息香缩合,并得到一种主要产物,即羟基连在含有活泼羰基芳香醛一端。例如:

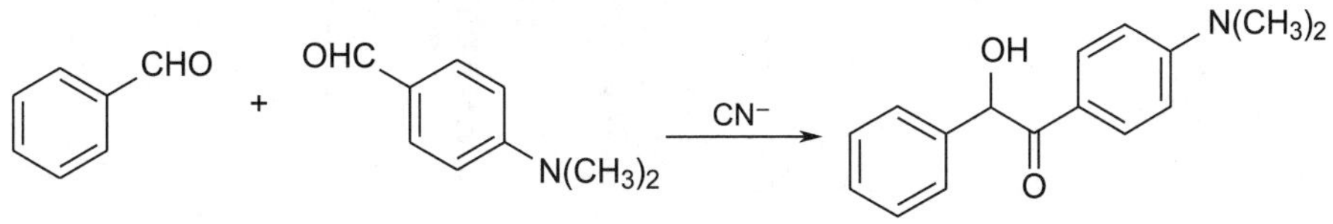

3.9.1 肉桂酸的制备

【实验目的】

1. 学习肉桂酸的制备原理及实验方法。
2. 掌握回流、水蒸气蒸馏及重结晶操作技术。

【实验原理】

肉桂酸(cinnamic acid)是生产冠心病药物"心可安"的重要中间体。其酯类衍生物是配制香精和食品香料的重要原料,它在农药、塑料和感光树脂等精细化工产品的生产中也有着广泛的应用。

肉桂酸可由苯甲醛与醋酸酐在无水醋酸钾或碳酸钾催化下,经珀金反应而制得。用碳酸钾代替醋酸钾,反应周期可明显缩短,且产率高。

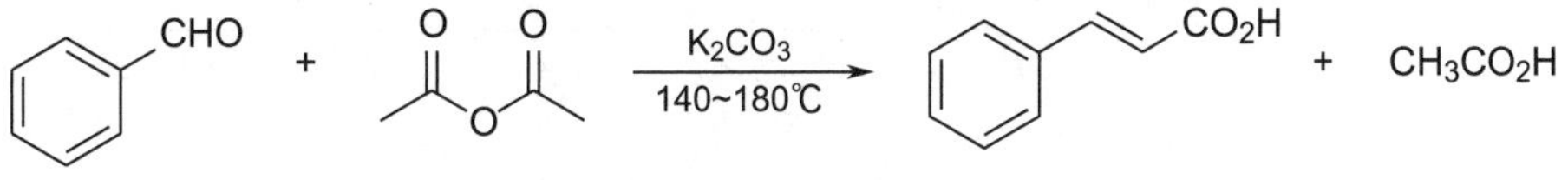

【安全提示】

乙酸酐强烈地腐蚀皮肤和刺激眼睛,应避免与热乙酸酐蒸气接触,量取时应当小心。

【实验步骤】

在 100 mL 三口烧瓶中加入 1.5 mL (0.015 mol) 新蒸馏的苯甲醛[1]、4 mL (0.036 mol) 新蒸馏的乙酸酐[2] 以及研细的 2.2g (0.016 mol) 无水碳酸钾。加热,搅拌回流 30 min[3]。

反应物冷却后,加入 5 mL 水,改为水蒸气蒸馏装置,蒸出未反应的苯甲醛。冷却烧瓶,加入 10 mL10% 氢氧化钠溶液,以保证所有的肉桂酸转化为钠盐而溶解。抽滤,再将滤液倾入烧杯中,冷却至室温,搅拌下用浓盐酸酸化至刚果红试纸变蓝。冷却,抽滤,沉淀用水洗涤,抽干。

粗产品可用 5∶1 水-乙醇重结晶。产品干燥,称重。纯的肉桂酸熔点为 135~136 ℃[4]。

[1] 苯甲醛放久了,由于自动氧化而生成较多量的苯甲酸。这不但影响反应的进行,而且苯甲酸混在产品中不易除干净,将影响产品的质量。故苯甲醛要事先蒸馏。

[2] 酸酐放久了,由于吸潮和水解将转变为乙酸,故酸酐必须在实验前进行重新蒸馏。

[3] 由于有二氧化碳放出,初期有泡沫产生。可以用薄层色谱技术进行反应进程跟踪。

[4] 肉桂酸有顺反异构体,通常制得的是其反式异构体,熔点为 135.6 ℃。

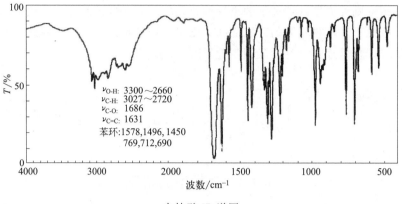

肉桂酸 IR 谱图

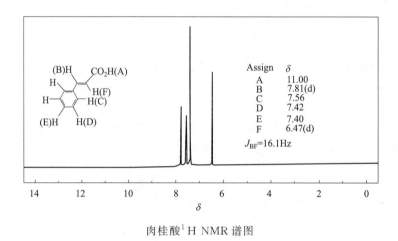

肉桂酸 ^{1}H NMR 谱图

【思考题】
1. 具有何种结构的醛能进行 Perkin 反应？
2. 用水蒸气蒸馏除去什么？为什么能用水蒸气蒸馏法纯化产品？
3. 用酸酸化时，能否用浓硫酸？为什么？

3.9.2 乙酰乙酸乙酯的制备

【实验目的】
1. 掌握克莱森酯缩合制备乙酰乙酸乙酯的原理和方法。
2. 掌握无水操作和减压蒸馏等操作。

【实验原理】
乙酰乙酸乙酯（ethyl acetoacetate）可以通过 Claisen 酯缩合反应来制备：

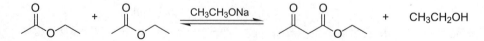

通常以酯及金属钠为原料，利用酯中含有的微量醇与金属钠反应来生成乙醇钠。随着反

应的进行，不断生成醇，反应就能不断地进行，直至金属钠消耗掉。但如果原料酯中乙醇的含量过高，又会影响到产品的得率，因为 Claisen 反应是可逆的，β-酮酯在醇和醇钠的作用下可分解为两分子酯，使产率降低，故一般要求酯中含醇量在 3% 以下。

反应体系中如有水存在，对反应也不利。反应是以钠作为基准计算产率的，钠的损失降低了产率，也抑制了反应的进行。所以，要求反应体系无水，并要防止水汽浸入。

乙酸乙酯通常是过量的，其中一部分反应，一部分充当溶剂，过量的乙酸乙酯还可阻止副产物的生成。

反应中使用钠珠或钠丝可使其与酯的接触面增大，故反应过程中首先用二甲苯作溶剂制成细小的钠珠，以利于反应的进行。

【实验步骤】

在一装有回流冷凝管的 50 mL 圆底烧瓶中，放入 0.9g（约 0.04 mol）去掉表面氧化膜的金属钠，立即加入 5 mL 干燥的二甲苯。加热至金属钠全部熔融，停止加热，拆下烧瓶，立即用塞子塞紧后，用毛巾包着，趁热用力振荡，即得细粒状钠珠，冷却至室温[1]。

将二甲苯倾去，立即加入 10 mL（约 0.1 mol）精制过的乙酸乙酯[2]，迅速装上带有氯化钙干燥管的回流冷凝管，反应立即开始。若反应不立即开始，可用小火加热，促使反应开始后即撤走热源，若反应过于剧烈则用冷水冷却。保持反应体系一直处于微沸状态，至金属钠全部作用完毕[3]（约 1.5h）。反应结束时，整个体系为一红棕色的透明溶液（有时也可能夹带有少量黄白色沉淀[4]）。

稍冷后，振荡下，不断加入 50% 醋酸，直至整个体系呈弱酸性（pH 5～6）[5]。将反应液移入分液漏斗中，加入等体积饱和食盐水，用力振荡后静置，分出有机层。水层用 8 mL 苯萃取，合并萃取液和有机层，用无水硫酸钠干燥。

将干燥好的有机层移入蒸馏烧瓶，先蒸去苯和未作用的乙酸乙酯，当馏出液的温度升至 95 ℃ 时停止蒸馏。将瓶内剩余液体进行减压蒸馏[6]，收集 54～55 ℃/931 Pa（7 mmHg）的馏分即为产品[7]。

纯的乙酰乙酸乙酯沸点为 180 ℃（同时分解）。

[1] 由于二甲苯温度逐渐下降，蒸气压随之下降，因此，要不时开启瓶盖或在瓶口夹一纸条，否则塞子难以打开。

[2] 乙酸乙酯的精制：在分液漏斗中将普通乙酸乙酯与等体积饱和氯化钙溶液混合并剧烈振荡，洗去其中所含的部分乙醇。经 2～3 次洗涤后，酯层用无水碳酸钾干燥，蒸馏，截取 76～78 ℃ 馏分（含醇量 1%～3%）。如果用分析纯的乙酸乙酯则可直接使用。

[3] 一般要求金属钠全部消耗掉，但极少量未反应的金属钠并不妨碍进一步操作。

[4] 黄白色固体为部分析出的乙酰乙酸乙酯钠盐。

[5] 由于乙酰乙酸乙酯中亚甲基上的氢活性很强，在醇钠存在时，乙酰乙酸乙酯将转化成钠盐，这也是反应结束时实际得到的产物。用 50% 醋酸处理此钠盐时，就能使其转化为乙酰乙酸乙酯。加酸并不断振摇，开始有固体析出，逐渐消失，最后得到澄清液体。当液体已呈弱酸性（pH 5～6），而尚有少量固体未完全溶解时，可加入少量水使其溶解。要注意避免加入过量的醋酸，否则会增加酯在水中溶解度而降低产率。另外，当酸度过高时，会促进副产物"去水乙酸"生成。

[6] 乙酰乙酸乙酯在常压蒸馏下很易分解为"去水乙酸"。"去水乙酸"通常溶解于酯内，随着过量的乙酸乙酯蒸出，特别是最后减压蒸馏时部分乙酰乙酸乙酯的蒸出，"去水乙酸"就呈棕黄色固体析出。

[7] 本实验最好连续进行，如间隔时间太久，会因去水乙酸的生成而降低产量。

乙酰乙酸乙酯沸点与压力的关系

压力	/kPa	1.6	1.87	2.4	2.67	4	5.33	8	10.67	101.33
	/mmHg	12	14	18	20	30	40	60	80	760
沸点/℃		71	74	78	82	88	92	97	100	181

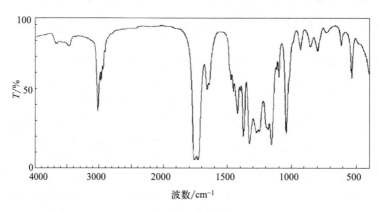

乙酰乙酸乙酯 IR 谱图

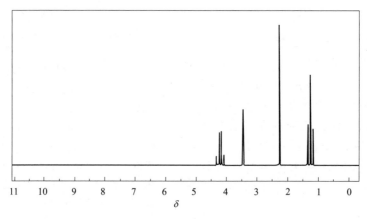

乙酰乙酸乙酯 ^{1}H NMR 谱图

【思考题】

1. 本实验的仪器和药品为什么一定要干燥无水？
2. 在后处理时，加入 50% 醋酸及饱和氯化钠溶液的目的何在？
3. 为什么要用减压蒸馏精制产品？
4. 反应过程中，生成的黄白色沉淀是什么物质？
5. 取 2~3 滴产品溶于 2 mL 水中，加 1 滴 1% 氯化铁溶液，会发生什么现象？如何解释？

3.9.3 查耳酮的制备

【实验目的】

学习、掌握利用碱催化羟醛缩合制备 α,β-不饱和醛酮的原理与基本操作。

【实验原理】

具有 α-氢的醛酮在碱或酸催化下发生羟醛缩合反应，首先生成羟基醛酮，提高反应温度，令羟基醛酮脱水生成 α,β-不饱和醛酮。这是合成 α,β-不饱和醛酮的重要方法，也是有机合成中增长碳链的重要反应。芳醛可与含 α-氢的醛酮发生交叉羟醛缩合生成稳定的 α,β-不饱和醛酮芳香共轭体系，此即克莱森-施密特反应（Claisen-Schmidt reaction）。

本实验利用苯甲醛和苯乙酮的碱催化羟醛缩合反应制备查耳酮（chalcone）。

反应式：

$$\text{PhCHO} + \text{PhCOCH}_3 \xrightarrow[\text{EtOH, H}_2\text{O}]{\text{NaOH}} \text{PhCH=CHCOPh}$$

【实验步骤】

在三口圆底烧瓶（50 mL）中，加入氢氧化钠水溶液（2.5 mol/L）9 mL、乙醇（95%）9 mL 和苯乙酮 2.28 g（19.0 mmol，2.2 mL），于 20 ℃ 在搅拌下渐渐滴加苯甲醛[1] 2.0 mL（19.6 mmol，2.08 g），温度保持在 20~25 ℃[2]。加毕，继续搅拌 45 min。然后用冰浴冷却，待结晶完全析出。抽滤，用水洗涤至中性，得粗产物，用 95% 乙醇重结晶（约 10~12 mL）[3]，得纯查耳酮[4] 约 2.5~3.4 g，产率约 63%~86%，熔点 55~57 ℃[5]。

[1] 苯甲醛必须是新蒸的。

[2] 反应温度一般不高于 30 ℃，不低于 15 ℃，以 20~25 ℃ 为宜。

[3] 由于产物熔点低，重结晶回流，有时样品呈熔融状，须添加溶剂使其溶解且均相。

[4] 某些人可能会对本产品过敏如皮肤触及有发痒感，操作时应注意。

[5] 苯亚甲基苯乙酮存在几种不同晶形。通常得到的是片状的 α 体（mp 58~59 ℃），另外还有棱状或针状的 β 体（mp 56~57 ℃）及 γ 体（mp 48 ℃）。

【思考题】

1. 本实验中可能会产生哪些副反应？实验中采取了哪些措施来避免副产物的生成？
2. 写出苯甲醛与丙醛及丙酮（过量）在碱催化下缩合产物的结构式。

3.10 狄尔斯-阿尔德反应

共轭双烯体系与烯或炔键发生环加成反应而得环己烯或 1,4-环己二烯环系，这类反应称为狄尔斯-阿尔德反应（Diels-Alder reaction）或双烯合成反应，也称 [4+2] 环加成反应。例如蒽与马来酸酐的环加成和环戊二烯与对苯醌的环加成。自从 1928 年德国化学家 O. Diels 和 K. Alder 在研究丁二烯与顺丁烯二酐作用时发现这类反应以后，由于这一反应对于合成氢化的苯衍生物十分有用，在甾族化合物的合成中更有其独到之处，他们获得了 1950 年诺贝尔化学奖。

在这类反应中，与共轭双烯作用的烯和炔称为亲双烯体，亲双烯体上的吸电子取代基（如羰基、氰基、硝基、羧基等）和共轭双烯上的给电子取代基都有加速反应的作用。

狄尔斯-阿尔德反应是一个高度的立体专一性反应，其特点为：

1. 共轭双烯以 s-顺式构象参与反应，两个双键固定在反位的二烯烃不起反应。
2. 反应都是顺式加成，加成产物保持共轭双烯和亲双烯原来的构型，例如：

$$\text{丁二烯} + \underset{\text{MeO}_2\text{C}}{\overset{\text{H}}{\diagup}}\!\!\!=\!\!\!\underset{\text{H}}{\overset{\text{CO}_2\text{Me}}{\diagdown}} \xrightarrow{150\sim160\ ℃} \text{环己烯-(CO}_2\text{Me)}_2\text{（反式）}$$

3. 当反应物有可能生成内型和外型两种产物时，一般只得到内型化合物。

狄尔斯-阿尔德反应一般是可逆的，这种可逆性在合成上有时得到很好的应用。例如，在实验室要用少量丁二烯时，可将环己烯进行热解而制得。这类反应较容易进行，通常只需在室温下或在溶剂中加热即可发生，反应速率较快，产率也较高。在有机合成中是合成环状化合物的重要方法之一。

3.10.1　蒽与马来酸酐的环加成

【实验目的】

1. 学习 Diels-Alder 反应的原理和方法。
2. 熟练处理固体产物的操作。

【实验原理】

蒽与马来酸酐的环加成反应：

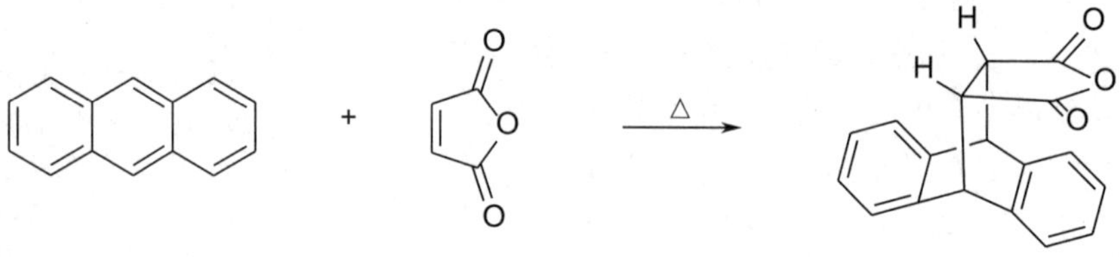

【实验步骤】

在 50 mL 圆底烧瓶中，加入 2.0 g（0.011 mol）蒽、1.0 g（0.01 mol）马来酸酐[1] 和 25 mL 干燥的二甲苯，装上回流冷凝管，加热回流 30 min。

停止加热，趁热抽滤。滤液先冷至室温，再用冰水浴冷却，待晶体完全析出后，抽滤分出固体。在空气中干燥，然后在含有石蜡的真空干燥器中干燥[2]，产物储存在密塞瓶中[3]。

产品的熔点为 262~263 ℃（分解）。

[1] 马来酸酐如放置过久，用时应用三氯甲烷重结晶，置于干燥器中晾干。

[2] 石蜡的作用是吸附二甲苯。

[3] 产物在空气中吸收水分发生部分水解，同时对熔点的测定也造成了困难。

3.10.2　环戊二烯与对苯醌的环加成

【实验目的】

1. 学习 Diels-Alder 反应的原理和方法。
2. 熟练处理固体产物的操作。

【实验原理】

环戊二烯与对苯醌的环加成反应：

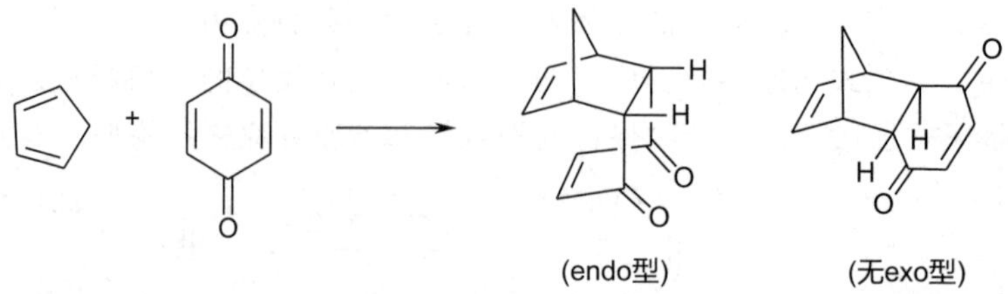

(endo型)　　　(无exo型)

【实验步骤】

在 100 mL 锥形瓶中,加入 1.8 g（0.017 mol）对苯醌[1] 和 7 mL 乙醇,摇动使成悬浮液。冰浴中冷至 0~5 ℃,迅速加入 1.2 g（1.5 mL,0.018 mol）冷却的环戊二烯[2],摇动,冰浴中保持 20 min,室温下放置 45 min。然后,在冷却下抽滤,得淡黄色固体。

粗产物用丙酮进行重结晶。先加低限量的丙酮,加热至沸腾,使固体溶解,如混合液出现浑浊,再加少量丙酮,使溶液澄清。自然冷至室温后,置于冰浴中进一步冷却,使结晶完全,抽滤,干燥,得闪光白色针状或片状晶体。

[1] 市售的对苯醌需用无水乙醇重结晶,并用活性炭脱色,所得对苯醌为黄色针状晶体,熔点为 113~115 ℃。

[2] 市售的环戊二烯为二聚体,将其加热至 170 ℃ 以上,即可裂解为环戊二烯单体。可用 20 cm 长的韦氏分馏柱进行分馏,接收瓶用冰水冷却。收集 42~44 ℃ 的馏分（环戊二烯沸点 42 ℃）,蒸出的环戊二烯要尽快使用。为防止爆炸,蒸馏瓶内液体不可蒸干。

3.11 氧 化 反 应

有机化合物的氧化（oxidation）反应,表现为分子中氢原子的减少或氧原子的增加。通过氧化反应,可以制取许多含氧化合物,如醛、酮、羧酸和羧酸衍生物以及环氧化物等,是一类重要的单元反应,在有机合成中,应用十分广泛。

工业上常以廉价的空气或纯氧作氧化剂,但由于其氧化能力较弱,一般要在高温、高压的条件下才能发生氧化反应。实验室中常用的氧化剂有硝酸、高锰酸钾、重铬酸钠和过氧化氢、过氧乙酸等,这些氧化剂氧化能力较强,可以氧化多种基团,属于通用型氧化剂。在进行反应时,只要选择适宜的氧化剂就能达到各种氧化目的。例如在温和条件下可以将醇选择性地氧化成羰基化合物,在激烈的条件下却能使芳香族化合物的烷基侧链氧化成芳香酸。但这些氧化剂中,HNO_3 反应过程中将产生氮氧化物废气;高锰酸钾和重铬酸钠价格低廉且产率较高,但反应生成大量待处理的废液和废渣,它们都不能满足绿色化学的需求。过氧化氢作为氧化剂时,本身还原为 H_2O,因此,是一种清洁绿色化的氧化剂,目前正越来越多地应用于有机合成中。

3.11.1 环己酮的制备

【实验目的】

1. 学习铬酸氧化法、次氯酸氧化法制备环己酮的原理和方法。
2. 巩固分液、蒸馏等基本操作。

【实验原理】

醇的氧化是制备醛酮的重要方法之一。六价铬是将伯、仲醇氧化成相应的醛、酮的最常用的试剂,氧化反应可在酸性、碱性或中性条件下进行。在酸性条件下进行氧化,可用水、丙酮、醋酸、二甲亚砜、二甲基甲酰胺等作溶剂。铬酸在丙酮中的氧化反应速率极快,并且选择性地氧化羟基,分子中的双键通常不受影响。仲醇与铬酸首先形成铬酸酯,被萃取到水相,然后其断裂成酮后被萃取到有机相,从而避免了酮的进一步氧化。

用铬酸氧化伯醇得到的醛容易进一步氧化成酸和酯。若将铬酸加到伯醇中（以避免氧化剂过量）或将反应生成的醛通过分馏柱及时从反应体系中蒸馏出来,则醛的产率将提高。利用铬酸酐（CrO_3）在无水条件下操作,反应可停留在醛的阶段,这是一个制备沸点较高的醛的良好试剂。

铬酸氧化是一个放热反应,必须严格控制反应温度以免反应过于激烈。铬酸长期存放不稳定，需要时可将重铬酸钠（或重铬酸钾）或三氧化铬与过量的酸（硫酸或乙酸）反应制得，铬酸与硫酸的水溶液叫 Jones 试剂。铬酸和它的盐价格较贵，且会污染环境，因此提出用次氯酸钠或漂白粉精［有效成分为 $Ca(ClO)_2$］来氧化醇可避免这些缺点，产率也较高。

铬酸氧化环己醇制备环己酮（cyclohexanone）的反应：

$$3 \text{ C}_6\text{H}_{11}\text{OH} + \text{Na}_2\text{Cr}_2\text{O}_7 + 4 \text{H}_2\text{SO}_4 \longrightarrow 3 \text{ C}_6\text{H}_{10}\text{O} + \text{Cr}_2(\text{SO}_4)_3 + \text{Na}_2\text{SO}_4 \cdot 7\text{H}_2\text{O}$$

【安全提示】

次氯酸钠是具有刺激性的强氧化剂，操作时应小心，避免与皮肤接触。实验最好在通风橱内进行。

【实验步骤】

1. 铬酸氧化环己醇制备环己酮

在一个装有搅拌器、滴液漏斗、回流冷凝管和温度计的 150 mL 三口烧瓶中，依次加入 4 mL(3.75 g，0.0375 mol) 环己醇和 20 mL 乙醚，摇匀，用冰（盐）浴冷却到 0 ℃。将已冷至 0 ℃ 的 38 mL 铬酸溶液[1] 分两次倒入滴液漏斗中，剧烈搅拌下，并在 10 min 内将铬酸溶液滴入反应瓶中，保持反应温度 55~60 ℃。加完后再继续剧烈搅拌 20~30 min。

分出醚层[2]，水层用乙醚（15 mL×2）萃取，合并醚层。用 15 mL 5%碳酸钠洗涤，然后用水（15 mL×3）洗涤。用无水碳酸钠干燥，先蒸馏回收乙醚，再换上空气冷凝管，蒸馏，收集 152~155 ℃ 馏分。

2. 次氯酸钠氧化环己醇制备环己酮

在一个装有搅拌器、滴液漏斗和温度计的 150 mL 三口烧瓶中，依次加入 4 mL（3.75 g，0.0375 mol）环己醇和 19 mL 冰醋酸。搅拌，在冰水浴冷却下，将 28 mL 次氯酸钠水溶液（约 1.8 mol/L[3]）从滴液漏斗逐滴加入反应瓶中，维持瓶内温度 30~35 ℃。加完后搅拌 5 min，用碘化钾-淀粉试纸检验应呈蓝色，否则再补加次氯酸钠溶液，以确保有过量次氯酸钠存在。然后，室温下继续搅拌 30 min，加入饱和亚硫酸氢钠溶液至反应液对碘化钾-淀粉试纸不显蓝色为止[4]。

向反应混合物中加入 25 mL 水、2.5 g 氯化铝[5] 和两粒沸石，加热蒸馏至馏出液无油珠滴出为止[6]。在搅拌下向馏出液分批加入无水碳酸钠至反应液呈中性，然后加入精制食盐使之变成饱和溶液[7]；再分出有机层[8]，用无水硫酸镁干燥，蒸馏收集 150~155 ℃ 馏分。

纯的环己酮沸点 155 ℃，n_D^{20} 1.4507。

[1] 铬酸溶液的配制：将 20 g (0.066 mol) $Na_2Cr_2O_7 \cdot 2H_2O$ 溶于 60 mL 水中，在搅拌下慢慢加入 14 mL (0.268 mol) 98%浓硫酸，用水稀释至 100 mL。

[2] 上下两层都带深棕色，加少量乙醚或水以鉴别水相或有机相。

[3] 次氯酸钠的浓度可用间接碘量法测定：用移液管吸取 10 mL 次氯酸钠溶液于 500 mL 容量瓶中，加蒸馏水至刻度，摇匀后吸取 25 mL 溶液到 250 mL 锥形瓶中，加入 50 mL 0.1 mol/L 盐酸和 2 g 碘化钾，用 0.100 mol/L 硫代硫酸钠溶液滴定析出的碘。5 mL 0.2%淀粉溶液在滴定到近终点时加入。在该反应中 NaClO 的物质的量相当于 $Na_2S_2O_3$ 物质的量的两倍。

[NaClO]=0.100 mol/L×V

式中，V 为耗去的硫代硫酸钠溶液的体积。

[4] 约需 5 mL $NaHSO_3$，发生下列反应：

$$ClO^- + HSO_3^- \longrightarrow Cl^- + H^+ + SO_4^{2-}$$

[5] 加入氯化铝可预防蒸馏时发泡。

[6] 环己酮和水形成恒沸点混合物，恒沸点 95 ℃，含环己酮 38.4%，馏出液中还有乙酸，沸点 94~100 ℃。

[7] 加入精盐是为了降低环己酮在水中的溶解（30 ℃时环己酮在水中溶解度为 2.4g/100 mL 水）并有利于环己酮的分层。

[8] 若用乙醚萃取，合并环己酮粗品和醚层，可增加产率。

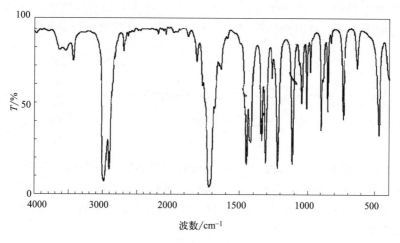

环己酮 IR 谱图

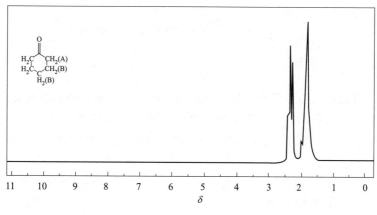

环己酮 ^{1}H NMR 谱图

【思考题】

1. 环己醇用铬酸氧化得到环己酮，用高锰酸钾氧化则得己二酸，为什么？
2. 利用伯醇氧化制备醛时，为什么要将铬酸溶液加入醇中而不是反之？
3. 用铬酸氧化法制备环己酮时，为什么在滴入铬酸时要保持反应温度在 55～60 ℃。温度过高或过低有什么不好？
4. 铬酸氧化法制备醛和酮在操作上有什么主要的不同点？
5. 用次氯酸钠氧化法制备环己酮时，为什么要加入饱和亚硫酸氢钠溶液至反应液对碘化钾-淀粉试纸不显蓝色为止？写出所发生反应的方程式。

3.11.2 己二酸的制备

【实验目的】

1. 学习用环己醇氧化制备己二酸的原理，了解由醇氧化制备羧酸的常用方法。
2. 巩固气体吸收、抽滤、重结晶等操作技能。

【实验原理】

制备羧酸最常用的方法是氧化法，所用原料可以是烯、醇、醛等，而氧化剂可以是

HNO_3、$Na_2Cr_2O_7$-H_2SO_4、$KMnO_4$、H_2O_2、CH_3CO_3H,也可以用催化氧化法。

己二酸(adipic acid)可由环己醇为原料,用 HNO_3 作氧化剂制备得到。

反应式:

$$3 \text{ C}_6\text{H}_{11}\text{OH} + 8 HNO_3 \longrightarrow 3 HOOC(CH_2)_4COOH + 8 NO + 7 H_2O$$
$$\xrightarrow{4 O_2} 8 NO_2$$

氧化程度不同会得到其他羧酸副产物。为防止副产物较多地生成,需控制反应不宜过于激烈,反应温度和氧化剂的浓度不宜过高。铁盐、汞盐、钼酸盐、钒酸盐以及亚硝酸盐都可作为用 HNO_3 作氧化剂时的催化剂,如果使用盐作催化剂,反应在 50~60 ℃下进行,不用催化剂时,反应则在 80~100 ℃进行。

己二酸也可由环己烯为原料,用过氧化氢为氧化剂、钨酸钠为催化剂制备得到。

反应式:

$$\text{C}_6\text{H}_{10} \xrightarrow[H_2O_2]{Na_2WO_4} HOOC(CH_2)_4COOH$$

【安全提示】

1. 硝酸是强氧化剂,切勿用同一量筒量取环己醇与浓硝酸,两者相遇会剧烈作用。

2. 反应中产生的氧化氮有毒,要求装置严密不漏气,在装置通大气的出口处接一气体吸收装置,用碱液吸收产生的氧化氮气体。本实验必须在通风橱中进行。

【实验步骤】

1. 用 HNO_3 氧化环己醇制备己二酸

在 50 mL 三口烧瓶中,加入 6 mL(7.9 g, 0.06 mol)50%硝酸[1]及少许钒酸铵(约 0.01 g)[2],安装回流冷凝管(上接一气体吸收装置,用碱液吸收反应中产生的二氧化氮)、温度计和滴液漏斗,在滴液漏斗中加入 2 mL(约 2 g, 0.02 mol)环己醇。将三口烧瓶预热到 50 ℃左右,移去热浴,先滴入 5~6 滴环己醇[3],搅拌,至反应开始放出二氧化氮气体。然后慢慢加入其余部分的环己醇,调节滴加速度,使瓶内温度维持 50~60 ℃[4]。加完后再继续搅拌,并加热 10 min,至几乎无红棕色气体放出为止。

将此热液倒入 50 mL 烧杯中,冷却后析出己二酸,抽滤,用冰水洗涤,干燥。粗制的己二酸可用热水重结晶。

2. 用 H_2O_2 氧化环己烯制备己二酸

在 50 mL 三口烧瓶中,依次加入 0.5 g Na_2WO_4、0.3 g 三正辛胺硫酸盐[5]、12 g H_2O_2(30%)、0.4 g $KHSO_4$[6] 和 2.5 mL 环己烯。安装

[1] 硝酸过浓,反应会太剧烈。50%硝酸(相对密度 1.31)可用市售的 71%硝酸(相对密度 1.42)10.5 mL 稀释至 16 mL 即可。

[2] 钒酸铵不可多加,否则,产品发黄。

[3] 此反应剧烈放热,滴加速度不宜过快,以避免反应过剧。一般可在环己醇中加入 0.5 mL 水,既可减少环己醇因黏稠带来的损失,又可避免反应过剧。

[4] 温度过高时,可用冷水浴冷却,温度过低时,则可用水浴加热。

[5] 三正辛胺硫酸盐起相转移催化作用。

[6] $KHSO_4$ 调节反应液在酸性范围内,保证 H_2O_2 有一定的氧化性,也可使用水杨酸、磷酸或者草酸。

[7] 由于 H_2O_2 在较高温度下易分解,故实验开始阶段温度不宜太高,升温速度应缓慢。回流时间适当延长,己二酸的产率将提高。

搅拌器、回流冷凝管、温度计（插入反应液内）。室温下搅拌 20 min 后，缓慢加热至回流，搅拌、回流反应 2 h[7]。

将反应混合物用冰水冷却至晶体全部析出[8]，抽滤并用少量冷水洗涤。粗产品可用热水重结晶。

纯的己二酸为白色棱状晶体，熔点 153 ℃。

[8] 也可趁热将反应混合物倒入烧杯中，加酸酸化至 pH 值为 1～2 后，再冷却析出晶体。如固体析出不多，可将溶液加热浓缩后再冷却结晶。

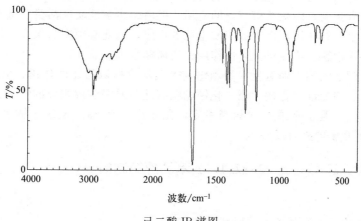

己二酸 IR 谱图

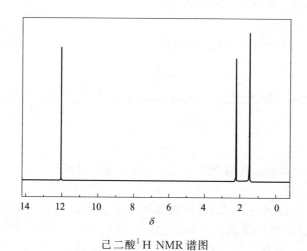

己二酸 ^{1}H NMR 谱图

【思考题】

1. 为什么必须严格控制滴加环己醇的速度和反应温度？
2. 为了使制备己二酸的产量较高，在整个实验过程中要注意哪些问题？

3.12 还原反应

在有机化学中，能使有机分子增加氢原子或减少氧原子的一类反应称为还原反应（reduction reaction），还原反应在有机合成中占有重要的地位。

有机化学中还原反应通常分为直接还原（即化学还原）、间接还原（主要是催化氢化）及电解还原三类。化学还原常用的还原剂有金属与供质子剂、金属氢化物等。其中，金属与供质子剂还原法在实验室中应用较为广泛,例如锂、钠、钾、镁、锌、锡、铁等金属都可以用作还原剂,常用的供质子剂有酸、醇、水、氨等。它们的还原性能与反应条件以及被还原物结构有密切关系。另外,如果金属与供质子剂反应太强烈,质子会以分子氢的形式逸出,还原效果反而不好。例如金属钠与盐酸就不可用来作还原剂,但是金属钠可以与醇一起作还原剂。

具有还原作用的无机氢化物首先发现的是氢化铝锂,其还原能力极强,几乎能还原所有的不饱和官能团。反应通常在室温下就能进行,收率很高。由于反应条件温和,表现出非常令人感兴趣的反应性能,因此获得广泛的应用。但由于化学性质很活泼,选择性较差,且易与潮湿空气、二氧化碳作用,遇水或醇发生剧烈反应,因此必须密封保存。使用时要避免与水、醇等质子溶剂接触。毒性很大,操作应在通风橱中进行。

与之类似的硼氢化钠、硼氢化钾和硼化氢等也具有相似的还原作用,但还原作用温和,有较高的选择性。例如硼氢化钠、硼氢化钾能顺利地还原醛酮成相应的醇,而对于硝基、酰胺、腈不起作用,并且在水或醇中相当稳定,尤其在含有 25% 氢氧化钠水溶液中。因此,可以在水或醇-水介质中进行反应。

3.12.1 1-苯乙醇的制备

【实验目的】

1. 学习硼氢化还原法制备醇的原理和方法。
2. 掌握萃取、蒸馏、减压蒸馏等基本操作。

【实验原理】

制备 1-苯乙醇(1-phenylethanol)的反应:

$$\text{C}_6\text{H}_5\text{COCH}_3 + \text{NaBH}_4 \xrightarrow{\text{CH}_3\text{CH}_2\text{OH}} \text{C}_6\text{H}_5\text{CH(CH}_3\text{)O}\bar{\text{B}}\text{H}_3\text{Na}^+ \xrightarrow{\text{H}_2\text{O/HCl}} \text{C}_6\text{H}_5\text{CH(CH}_3\text{)OH} + \text{H}_3\text{BO}_3$$

【安全提示】

硼氢化钠是强碱性试剂,很易吸潮,当心不要接触到皮肤。

【实验步骤】

在 150 mL 烧杯中加入 15 mL 95% 乙醇和 0.1 g(约 0.026 mol)硼氢化钠,搅拌下滴入 8 mL(约 0.067 mol,8.2 g)苯乙酮,温度控制在 50 ℃ 以下。滴加完毕,反应物(有白色沉淀)室温下放置 15 min。然后边搅拌边滴加 6 mL 3 mol/L 盐酸,大部分白色固体溶解。将此烧杯置于水浴上蒸除乙醇,浓缩溶液至分为两层。冷却后加入 10 mL 乙醚,将混合液转入分液漏斗中,分出醚层。水层用 10 mL 乙醚萃取,合并醚层。用无水硫酸镁干燥,过滤。

在去除干燥剂的粗产品中,加入 0.6g 无水碳酸钾[1],先蒸去乙醚,然后进行减压蒸馏,收集 102~103.5 ℃/2533Pa(19mmHg)的馏分。

纯的 1-苯乙醇沸点为 203.4 ℃。

[1] 碳酸钾可防止蒸馏中发生催化脱水反应。

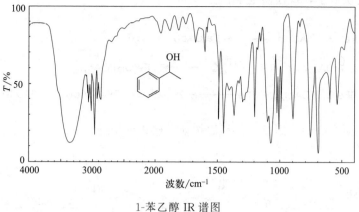

1-苯乙醇 IR 谱图

3.12.2 苯胺的制备

【实验目的】
1. 苯胺是磺胺类药物的重要原料，了解药物合成的路线及方法。
2. 硝基还原成氨基是制备芳胺的重要反应，掌握实验室制备苯胺的常规方法。

【实验原理】
芳香硝基化合物的还原是制备芳胺的主要方法。常规制备方法是金属在酸性溶液中的化学还原，如锡-盐酸、铁-盐酸、铁-乙酸及锌-乙酸等。根据反应物和产物的性质，可以选择合适的金属及介质。实验室常用锡-盐酸，也可用铁-盐酸。锡氧化时提供的氧化还原电位适中，反应速率较铁快。如用乙酸代替盐酸，还原时间能显著缩短。

铁-盐酸的还原方法曾在工业上广泛应用，因造成设备严重腐蚀、环境污染等问题，现阶段已由催化氢化所替代。

苯胺（aniline）的制备反应式：

$$\underset{}{C_6H_5NO_2} \xrightarrow[H_2O]{Fe, H^+} C_6H_5NH_2 + Fe_3O_4$$

用铁还原硝基苯，酸的用量仅为理论量的 1/40。反应中首先是铁与酸反应，生成新生态的氢启动还原反应，反应过程中生成的铁离子也可以与水反应生成新生态的氢而使还原反应继续进行下去。

$$Fe + 2H^+ \longrightarrow Fe^{2+} + 2[H]$$

$$C_6H_5NO_2 + 6Fe^{2+} + 6H^+ \longrightarrow C_6H_5NH_2 + 6Fe^{3+} + 2H_2O$$

$$Fe^{3+} + 3H_2O \longrightarrow Fe(OH)_3 + 3H^+$$

$$2Fe(OH)_3 \longrightarrow Fe_2O_3 + 3H_2O$$

$$Fe_2O_3 + FeO \longrightarrow Fe_3O_4$$

在铁-乙酸体系中，铁首先与乙酸反应产生乙酸亚铁，它是实际的还原剂，在反应中进一步被氧化生成碱式乙酸铁，碱式乙酸铁再与铁及水作用后，生成乙酸亚铁和乙酸。反应中，主要是水提供质子，铁提供电子：

$$Fe + 2AcOH \longrightarrow Fe(OAc)_2 + H_2\uparrow$$

$$2Fe(OAc)_2 + [O] + H_2O \longrightarrow 2Fe(OH)(OAc)_2$$

$$6Fe(OH)(OAc)_2 + Fe \longrightarrow 2Fe_2O_3 + 3Fe(OAc)_2 + 6AcOH$$

电化学还原研究表明，硝基苯的还原按如下模式分步进行：

$$\text{PhNO}_2 \xrightarrow[-H_2O]{2e^- + 2H^+} \text{PhNO} \xrightarrow[-H_2O]{2e^- + 2H^+} \text{PhNHOH} \xrightarrow[-H_2O]{2e^- + 2H^+} \text{PhNH}_2$$

【实验步骤】

在一个 250 mL 圆底烧瓶中，放置 20 g (0.35 mol) 铁屑和 30 mL 水，再加 2 mL 冰醋酸，振荡混合。装上回流冷凝管，用小火煮沸 5～10 min[1]。稍冷，从冷凝管上端分批加入 10.5 mL (12.5 g，0.1 mol) 硝基苯。每次加完后，需振摇烧瓶使反应物充分混合，由于反应放热足以使反应混合物沸腾[2]。加完后，加热回流 0.5～1 h，并时加振摇，使反应完全[3]。

稍冷，反应混合物直接进行水蒸气蒸馏[4]，直到馏出液变清、无明显油滴为止。分出有机层，水层用精盐饱和，用乙醚（20 mL×2）萃取，合并苯胺与乙醚萃取液，用粒状氢氧化钠干燥[5]。过滤，先蒸去乙醚，再改用空气冷凝管蒸馏，收集 182～185 ℃的馏分，产量 6～7 g。

纯的苯胺沸点为 184.4 ℃。

[1] 酸煮沸可溶去铁屑表面的铁锈，使之活化，缩短反应时间。

[2] 若反应放热剧烈，应配备冷水浴随时冷却。

[3] 硝基苯为黄色油状物，如果回流液中黄色油状物消失而转变成乳白色油珠表示反应完成。必要时，可取反应液数滴，加入稀盐酸中，振摇后如完全溶解，表示还原完全，否则将会影响产物的纯化。

[4] 水蒸气蒸馏完成后烧瓶壁上附着的黑褐色物质可用 1∶1 盐酸溶液温热除去。

[5] 由于氯化钙能与苯胺形成分子化合物，所以必须用固体氢氧化钠作干燥剂，也可以用固体氢氧化钾或无水碳酸钾作干燥剂。

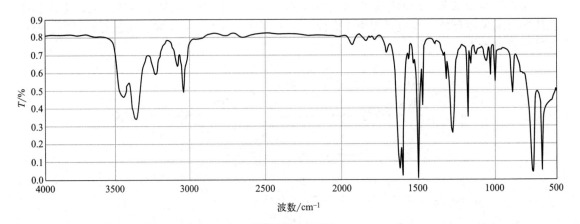

苯胺的 IR 谱图

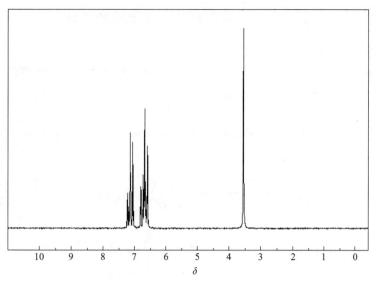

苯胺的 ^{1}H NMR 谱图

【思考题】

1. 如果以盐酸代替乙酸，则反应后须加入饱和碳酸钠至溶液呈碱性后，才进行水蒸气蒸馏，这是为什么？本实验为何不进行中和？

2. 如果最后制得的苯胺中含有硝基苯，应如何加以分离提纯？

3.13 康尼查罗反应

无 α-氢的醛与浓的强碱作用，发生分子间的自身氧化还原反应，一分子醛被还原成醇，另一分子醛被氧化成酸，此反应称为康尼查罗反应（Cannizzaro reaction）。

康尼查罗反应的实质是羰基的亲核加成反应，反应机理如下：

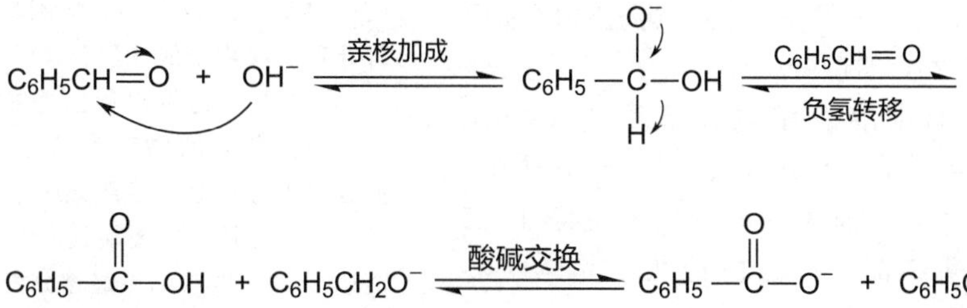

$$C_6H_5CH=O + OH^- \xrightleftharpoons{\text{亲核加成}} C_6H_5-\overset{O^-}{\underset{H}{C}}-OH \xrightleftharpoons[\text{负氢转移}]{C_6H_5CH=O}$$

$$C_6H_5-\overset{O}{C}-OH + C_6H_5CH_2O^- \xrightleftharpoons{\text{酸碱交换}} C_6H_5-\overset{O}{C}-O^- + C_6H_5CH_2OH$$

在康尼查罗反应中，通常使用 50% 的浓碱，其中碱的摩尔数是醛的摩尔数的 2 倍以上，否则反应不易完全，未反应的醛与生成的醇混在一起，一般的蒸馏难以分离。

芳醛与甲醛在浓碱存在下，发生交叉的康尼查罗反应。当使用过量的甲醛水溶液与芳醛（摩尔比为 1.3∶1）反应时，可使所有的芳醛还原成醇，而甲醛则氧化成甲酸。如：

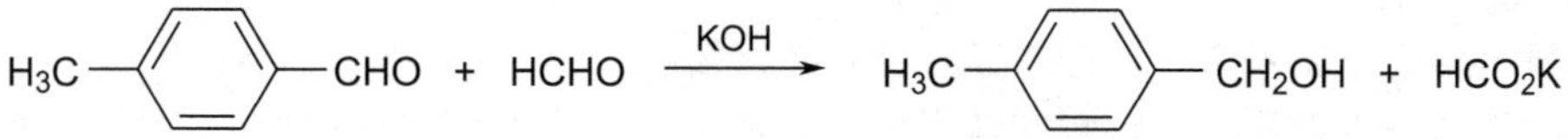

$$H_3C-\underset{}{\bigcirc}-CHO + HCHO \xrightarrow{KOH} H_3C-\underset{}{\bigcirc}-CH_2OH + HCO_2K$$

3.13.1 呋喃甲醇和呋喃甲酸的制备

【实验目的】

1. 学习通过 Cannizzaro 反应从呋喃甲醛制备呋喃甲醇和呋喃甲酸的原理和方法。
2. 了解相转移催化剂的原理和应用。

【实验原理】

呋喃甲醇（2-furanmethanol）和呋喃甲酸（2-furoic acid）可由呋喃甲醛经 Cannizzaro 反应制得：

$$\text{furan-CHO} + \text{NaOH} \longrightarrow \text{furan-CH}_2\text{OH} + \text{furan-CO}_2\text{Na}$$

$$\text{furan-CO}_2\text{Na} + \text{HCl} \longrightarrow \text{furan-CO}_2\text{H} + \text{NaCl}$$

反应在两相间进行，可用聚乙二醇作相转移催化剂，促使反应有效地完成。

【实验步骤】

在 100 mL 烧杯中加入 9 mL 43% 氢氧化钠溶液和 2 g 聚乙二醇-400，充分搅拌均匀。将烧杯置于冰水浴中，冷却至 5 ℃ 左右。不断搅拌下[1]，从滴液漏斗慢慢滴入 10 mL（11.6 g，约 0.12 mol）新蒸馏的呋喃甲醛[2]，控制滴加速度（约 15 min 加完），保持反应温度 8～12 ℃[3]。加完后，室温下继续搅拌 25 min，得到淡黄色浆状物。

反应完毕，搅拌下加入约 15 mL 水，使沉淀恰好完全溶解[4]。将溶液转入分液漏斗中，用乙醚（10 mL×3）萃取，合并乙醚萃取液，用无水碳酸钠或硫酸镁干燥。先蒸去乙醚，再蒸馏呋喃甲醇，收集 169～172 ℃ 的馏分。

乙醚萃取后的水溶液在搅拌下用约 18 mL 25% 盐酸酸化，至刚果红试纸变蓝[5]。充分冷却，使呋喃甲酸析出完全，抽滤，用少量水洗涤 1～2 次。粗产品用水重结晶，得白色针状结晶体呋喃甲酸[6]。

纯的呋喃甲醇沸点 171 ℃，纯的呋喃甲酸熔点 133～134 ℃。

[1] 非均相反应，必须充分搅拌。

[2] 呋喃甲醛存放过久会变成棕褐色，并可能带有少量水分。因此，使用前需蒸馏提纯，收集 155～162 ℃ 馏分。最好采用减压蒸馏，收集 54～55 ℃/2.3 kPa 馏分。新蒸的呋喃甲醛为无色或浅黄色液体。

[3] 反应开始后很剧烈，同时大量放热，溶液颜色变暗。若反应温度高于 12 ℃，则极易升温而难以控制；若低于 8 ℃，则反应速率过慢，可能使部分呋喃甲醛积累，一旦反应发生，就会过于猛烈，而使温度迅速升高，增加副反应，最终也可导致反应物变成深红色。

[4] 加入适量水使固态呋喃甲酸钠溶解，奶黄色浆状物转为酒红色透明溶液，但若加水过量会导致部分产品损失。

[5] 酸量一定要加足，保证酸化后 pH 值达 2～3，使呋喃甲酸充分游离出来。

[6] 从水中得到的呋喃甲酸呈叶状体，100 ℃ 时有部分升华，故呋喃甲酸应置于 80～85 ℃ 的烘箱内慢慢烘干或自然晾干为宜。

【思考题】

1. 为什么要使用新鲜的呋喃甲醛？长期放置的呋喃甲醛含什么杂质？若不先除去，对实验有什么影响？
2. 简述反应中加入 2 g 聚乙二醇的目的是什么？
3. 酸化这一步为什么是影响呋喃甲酸产率的关键？应如何保证完成？

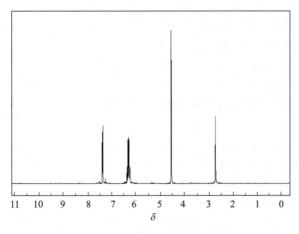

呋喃甲醇 ^{1}H NMR 谱图

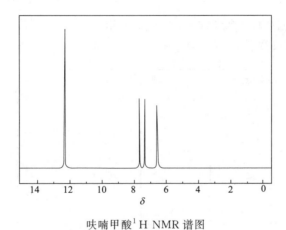

呋喃甲酸 ^{1}H NMR 谱图

3.13.2 苯甲醇和苯甲酸的制备

【实验目的】

学习苯甲醛制备苯甲醇和苯甲酸的原理和方法。

【实验原理】

以苯甲醛为原料，通过 Cannizzaro 反应可制备苯甲醇（benzyl alcohol）和苯甲酸（benzoic acid）：

反应式：

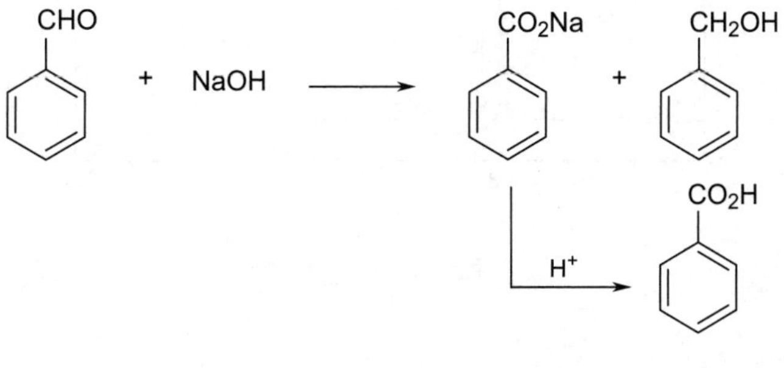

【实验步骤】

在 100 mL 锥形瓶中，加入 10 g（0.25 mol）氢氧化钠和 10 mL 水，充分振荡，使其完全溶解。然后分批加入 10 mL（10.6 g，0.1 mol）苯甲醛，充分摇动[1]，使其成蜡状，放置过夜[2]。

次日，加入适量水，充分摇动，使固体全部溶解。冷却后，用乙醚（25 mL×3）萃取，水层备用。合并乙醚层，依次用 10 mL 饱和 $NaHSO_3$、15 mL 10% Na_2CO_3 和 15 mL 冷水洗涤。醚层用无水硫酸镁干燥，先蒸去乙醚，再蒸馏收集 202~206 ℃ 馏分，即为苯甲醇。

将乙醚萃取后的水溶液在搅拌下，以细流倒入 35 mL 浓盐酸、35 mL 水和 25 g 冰的混合物中，冷却析出苯甲酸。抽滤、水洗涤、干燥。粗产物用水重结晶。

纯的苯甲醇为无色液体，沸点 205 ℃。纯的苯甲酸为无色针状晶体，熔点 122 ℃。

[1] 苯甲醛必须是新蒸馏的，且分批加入，每加一次都应用软木塞塞紧瓶塞，用力振荡。若温度过高，可将反应瓶放入冷水浴中冷却，如此反复至反应物成白色蜡状。

[2] 也可用加热回流的方法来进行本实验：在 100 mL 圆底烧瓶内将 7.5 g 氢氧化钠溶于 30 mL 水中，稍冷后加入 10 mL 苯甲醛，投入沸石，装上回流冷凝管，加热回流 1 h，间歇振荡。当苯甲醛油层消失，反应物变成透明溶液时，表明反应已达终点。冷却。以后操作步骤与正文采用的方法相同。

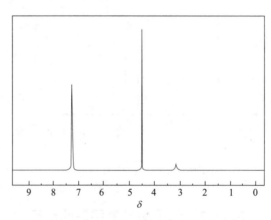

苯甲醇 ^{1}H NMR 谱图

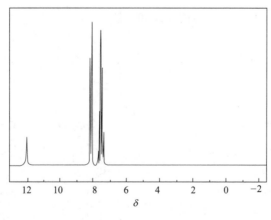

苯甲酸 ^{1}H NMR 谱图

【思考题】

1. 为什么要用新蒸馏的苯甲醛？长期放置的苯甲醛含有什么杂质？若不除去，对本实验有何影响？

2. 乙醚萃取液为什么要用饱和亚硫酸氢钠溶液洗涤？萃取过的水溶液是否也需要用饱和亚硫酸氢钠溶液处理？为什么？

3.14 重氮化反应

芳香族伯胺在强酸性介质中与亚硝酸作用，生成重氮盐的反应称为重氮化（diazonium）反应。由于芳香族伯胺在结构上的差别，重氮盐形成的难易、溶解性、水解程度都不尽相同，因而重氮化的方法以及发生后续反应的条件也不相同。

重氮盐通常是用过量无机酸（常用盐酸和硫酸）的水溶液与亚硝酸钠在低温作用而制得。

$$ArNH_2 + NaNO_2 + 2HX \xrightarrow[\text{过量的HX}]{\text{低温}} ArN_2^+X^- + 2H_2O + NaX$$

一般制备重氮盐的方法是将芳香族伯胺溶于盐酸水溶液中制成盐酸盐水溶液，然后冷却至 $0\sim5\ ℃$，在此温度下慢慢滴加稍过量的亚硝酸钠水溶液，即得到重氮盐的水溶液。此反应迅速，产率差不多为定量。

制备重氮盐时，应注意如下问题：

（1）严格控制低温　重氮化反应是一个放热反应，而大多数重氮盐极不稳定，在室温时易分解，所以，重氮化反应一般保持在 $0\sim5\ ℃$ 进行。但芳环有强间位定位基的芳伯胺（如对硝基苯胺），其重氮盐比较稳定，往往可以在稍高的温度下进行重氮化反应。

（2）反应介质要有足够的酸度　重氮盐在强酸性溶液中比较不活泼，过量的酸能避免副产物重氮氨基化合物等的生成。通常使用的酸量要比理论量多 25% 左右。

（3）避免过量的亚硝酸　过量的亚硝酸会促进重氮盐的分解，很容易和进行下一步反应所加入的化合物（如芳叔胺）起作用，还会使反应终点难以检验。加入适量的亚硝酸钠溶液后，要及时用碘化钾-淀粉试纸检验反应终点。过量的亚硝酸可以加入尿素来除去。

（4）反应时应不断搅拌　避免局部过热，以减少副产物。

（5）制得的重氮盐水溶液不宜放置过久　由于大多数重氮盐在干燥的固态下，受热或振动能发生爆炸，因此，制得的水溶液通常不需分离而直接用于下一步合成。

重氮盐的用途很广，作为中间体可用来合成多种有机化合物，被称为芳香族的"Grignard 试剂"。其发生的化学反应有下列两种类型：

① 作用时放出氮气的反应。在不同的条件下，重氮基能被氢原子、羟基、氰基、卤原子等置换，同时放出氮气。例如，桑德迈耳反应（Sandmeyer reaction）。由于卤化亚铜在空气中易被氧化，需在使用时制备。在操作上往往是将冷的重氮盐溶液慢慢加入冷的卤化亚铜的浓氢卤酸溶液中，先生成深红色悬浮的复盐，然后缓缓加热，使复盐分解放出氮气，生成卤代芳烃。

② 作用时保留氮的反应，其中最重要的是偶联反应。例如重氮盐与酚或叔芳胺在低温时作用，生成具有 Ar—N=N—Ar' 结构的有色偶氮化合物。重氮盐与酚的偶合，一般在碱性溶液中进行，而重氮盐与叔芳胺的偶合，一般在中性或弱酸性溶液中进行。偶联反应也要控制在较低的温度下进行，不断地搅拌，还要控制反应介质的酸碱度。

3.14.1 甲基橙的制备

【实验目的】
1. 学习通过重氮化反应和偶联反应制备甲基橙的原理和实验方法。
2. 熟练掌握盐析和重结晶等操作。

【实验原理】
甲基橙（methyl orange）是一种酸碱指示剂，它可通过对氨基苯磺酸的重氮化反应以及重氮盐与 N,N-二甲基苯胺的醋酸盐在弱酸性介质中偶合来合成。偶合首先得到的是亮红色的酸式甲基橙（称为酸性黄），在碱性条件下，酸性黄转变为橙黄色的甲基橙（钠盐）。

反应式：

$$H_2N\text{-}C_6H_4\text{-}SO_3H + NaOH \longrightarrow H_2N\text{-}C_6H_4\text{-}SO_3Na + H_2O$$

$$H_2N\text{-}C_6H_4\text{-}SO_3Na \xrightarrow{NaNO_2, HCl} Cl^-\,{}^+N_2\text{-}C_6H_4\text{-}SO_3H$$

$$\xrightarrow[HOAc]{C_6H_5N(CH_3)_2} {}^-OAc\;(H_3C)_2\overset{H}{\underset{+}{N}}\text{-}C_6H_4\text{-}N=N\text{-}C_6H_4\text{-}SO_3H$$

$$\xrightarrow{NaOH} (H_3C)_2N\text{-}C_6H_4\text{-}N=N\text{-}C_6H_4\text{-}SO_3H + NaOAc + H_2O$$

【安全提示】
1. N,N-二甲基苯胺有毒，不要接触皮肤，避免吸入蒸气。如接触皮肤即用醋酸擦洗，再用肥皂水洗。
2. 重氮盐制成后应立即使用，因其极易分解，且干燥的重氮盐容易发生爆炸，故在重氮化实验中所有的仪器用后需要彻底洗净。
3. 偶氮化合物能沾染皮肤和衣服，制备时要小心。

【实验步骤】
1. 重氮盐的制备

在 100 mL 烧杯中，放置 1 g（0.006 mol）对氨基苯磺酸和 5 mL 5%氢氧化钠溶液，温热使之溶解[1]。在冰盐浴中冷却至 0 ℃左右，然后加入 0.4 g 亚硝酸钠，搅拌至全溶。搅拌下，将 1.3 mL 浓盐酸与 7 mL 冰水配成的溶液缓缓滴加到上述混合溶液中，并控制在 5 ℃以下。滴加完毕，用淀粉-碘化钾试纸检验[2]，然后在冰盐浴中放置 15 min，以保证反应完全[3]。

2. 偶合

在试管内混合 0.65 mL（0.005 mol）N,N-二甲基苯胺和 0.5 mL 冰醋酸，搅拌下，将此溶液慢慢到上述冷却的重氮盐溶液中。继续搅拌 10 min，此时有红色的酸性黄沉淀。然后在冷却搅拌下，慢慢加入 8 mL 10%氢氧化钠溶液，直至反应物变为橙色，这

[1] 对氨基苯磺酸是两性化合物，酸性比碱性强，以酸性内盐存在，它能与碱作用成盐而不能与酸作用成盐，所以不溶于酸。但是重氮化反应又要在酸性溶液中进行，因此，要先将对氨基苯磺酸与碱作用，变成水溶性较大的对氨基苯磺酸钠。

[2] 若试纸不显蓝色，则需补充亚硝酸钠。试纸明显蓝色表明亚硝酸过量，可加入少量尿素除去过多的亚硝酸。

[3] 此时往往析出对氨基苯磺酸的重氮盐。因为重氮盐在水中可以电离，形成中性内盐，在低温时难溶于水而形成细小晶体析出。

[4] 碱滴加到当它接触到混合物的表面时，不再产生黄色为止，期间保持 5 ℃

时反应液呈碱性，粗制的甲基橙呈细粒状沉淀析出[4]。

将反应物加热[5]，使粗的甲基橙基本溶解后，冷至室温，再置于冰水浴中冷却，使甲基橙晶体析出完全。抽滤收集结晶，依次用少量水、乙醇、乙醚洗涤，压干。

若要得到较纯产品，可用溶有少量氢氧化钠（0.1～0.2 g）的沸水（每克粗产物约需 25 mL）进行重结晶。待结晶析出完全后，抽滤收集，沉淀依次用少量乙醇、乙醚洗涤[6]。得到橙色的小叶片状甲基橙结晶。

溶解少许甲基橙于水中，加几滴稀盐酸溶液，用稀的氢氧化钠溶液中和，观察颜色变化。

3. 常温一步法[7]

在烧杯中加入 1.8 g（0.01 mol）无水对氨基苯磺酸、1.2 g（1.3 mL，0.01 mol）N,N-二甲基苯胺和 30 mL 水，温热搅拌溶解，待溶液冷至 26 ℃以下时，在冷水浴下搅拌滴加 $NaNO_2$ 水溶液（0.8 g $NaNO_2$ 溶于 6 mL 水中），控制反应温度不超过 26 ℃。滴加完毕，继续搅拌 20 min。放置 10 min，抽滤，得甲基橙粗品[8]。粗品用 0.5% NaOH 水溶液（约 45 mL）重结晶。待结晶在冰水中完全析出后抽滤，沉淀依次用少量冷乙醇、乙醚洗涤，得橙色的片状晶体。产量约 2.5 g，产率约 76%。

以下，用试纸测定反应液是否呈碱性，否则粗甲基橙的色泽不佳。湿的甲基橙在空气中受光后，很快变深色，所以一般会得紫红色粗产物。若含有未作用的 N,N-二甲基苯胺醋酸盐，加入氢氧化钠后，就会有难溶于水的 N,N-二甲基苯胺析出，影响产物纯度。

[5] 加热温度不宜过高，一般约在 60 ℃，否则颜色变深影响质量。

[6] 重结晶操作应迅速，否则由于产物呈碱性，在温度高时易使产物变质，颜色变深。用乙醇、乙醚洗涤的目的是使其迅速干燥。

[7] 本方法是利用原料自身的酸碱性来完成反应，如 N,N-二甲基苯胺呈碱性，可增大对氨基苯磺酸的溶解性，偶合与重氮化反应于同一容器中，生成的重氮盐立即与 N,N-二甲基苯胺偶合，从而减少了重氮盐分解的可能性。

[8] 刘建国，孙笃周. 一步法常温合成甲基橙 [J]. 化学试剂，1997，19（6）：374.

【思考题】

1. 本实验中，重氮盐的制备为什么要控制在 0～5 ℃中进行？如何判断重氮化反应的终点？如何除去过量的亚硝酸？

2. 偶合反应为什么要在弱酸性介质中进行？N,N-二甲基苯胺与重氮盐偶合为什么总是在氨基的对位上发生？

3. 试解释甲基橙在酸碱介质中的变色原因，并用反应式表示。

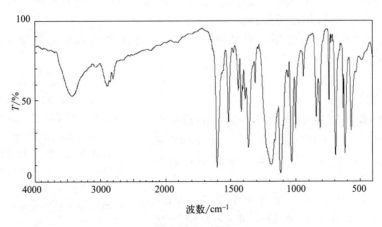

甲基橙 IR 谱图

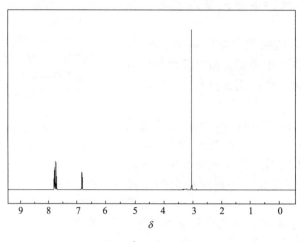

甲基橙 ^{1}H NMR 谱图

3.14.2 对氯甲苯的制备

【实验目的】

1. 学习应用重氮化和 Sandmeyer 反应制备对氯甲苯的原理和方法。
2. 熟练掌握水蒸气蒸馏等操作。

【实验原理】

制备对氯甲苯（4-chlorotoluene）的反应：

$$2\,CuSO_4 + 2\,NaCl + NaHSO_3 + 2\,NaOH \xrightarrow{60\sim70\,℃} 2\,CuCl\downarrow + 2\,Na_2SO_4 + NaHSO_4 + H_2O$$

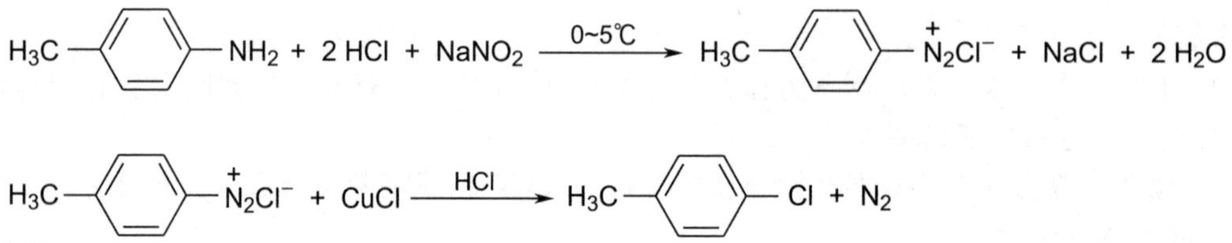

$$H_3C-C_6H_4-NH_2 + 2\,HCl + NaNO_2 \xrightarrow{0\sim5\,℃} H_3C-C_6H_4-N_2^+Cl^- + NaCl + 2\,H_2O$$

$$H_3C-C_6H_4-N_2^+Cl^- + CuCl \xrightarrow{HCl} H_3C-C_6H_4-Cl + N_2$$

【安全提示】

1. 对甲苯胺有毒，不要接触皮肤，避免吸入蒸气。如不慎触及皮肤，应立即用水擦洗后，再用肥皂水洗，不可用乙醇擦拭。
2. 重氮盐制成后应立即使用，因其极易分解，且干燥的重氮盐容易发生爆炸，故在重氮化实验中所有的仪器用后需要彻底洗净。

【实验步骤】

1. 氯化亚铜的制备

在 150 mL 圆底烧瓶中放入 7.5 g 结晶硫酸铜（$CuSO_4·5H_2O$，0.03 mol）、2.3 g（0.04 mol）氯化钠及 25 mL 水，加热使之溶解。振荡下，趁热（60～70 ℃）[1] 加入由 2.0 g（0.038 mol）亚硫酸氢钠[2]、1.2 g（0.03 mol）氢氧化钠及 12.5 mL 水配制的溶液。反应液由蓝绿色渐变为浅绿色

[1] 在此温度时制得的氯化亚铜质量较好，粒子较粗，易于漂洗处理。

[2] 亚硫酸氢钠纯度最好 90% 以上。若放置日久，因二氧化硫逸出，还原能力降低，碱性增大。用相同数量但纯度不高的亚硫酸氢钠配制的溶液不能使二价铜都还原成一价铜，氯化亚铜产率降低，对氯甲苯产率也会降低。同时，由于

（或无色）[3]，并析出白色氯化亚铜沉淀。置于冰水浴中冷却，倾去上层浅绿色溶液，再用水洗涤两次[4]，抽滤，得到白色氯化亚铜沉淀。把氯化亚铜溶于 12.5 mL 冷的浓盐酸中，使沉淀溶解，塞紧瓶塞，置于冰水浴中备用[5]。

2. 重氮盐的制备

在 50 mL 锥形瓶中，加入 2.7 g（0.025 mol）对甲苯胺和 7.5 mL 浓盐酸、7.5 mL 水，加热使之溶解。用冰盐浴冷却至 0～5 ℃，不断搅拌，使成糊状[6]。再在不断振荡下，滴加冷的 2.0 g（0.028 mol）亚硝酸钠溶解于 8 mL 水的溶液，控制滴加速度使反应温度保持在 5 ℃ 以下[7]。用碘化钾-淀粉试纸检验，当反应液滴在试纸上立即出现蓝色时，表示反应已到终点[8]。制成的重氮盐溶液置于冰水浴中备用。

3. 对氯甲苯的制备

在振荡下，将冷的氯化亚铜的盐酸溶液慢慢加到冷的重氮盐溶液中，可见反应液逐渐变黏稠，并有橙红色重氮盐-氯化亚铜复合物析出。加完后，放置 15～30 min。然后稍加热以分解复合物[9]，直至不再有氮气逸出为止。

将产物进行水蒸气蒸馏，蒸出对氯甲苯。分出油状物，水层用石油醚（60～90 ℃）萃取（10 mL×2）。萃取液与油层合并，依次用 10% 氢氧化钠溶液、水、浓硫酸、水各 8 mL 洗涤。有机层用无水氯化钙干燥后，先蒸去石油醚，然后蒸馏收集 158～162 ℃ 的馏分。

纯的对氯甲苯沸点 162 ℃，n_D^{20} 1.5190。

碱性偏高，还会产生黄褐色的氢氧化亚铜，使沉淀呈黄色。此时可酌情加亚硫酸氢钠的用量，适量减少氢氧化钠的用量。

[3] 如实验中发现溶液颜色仍呈蓝绿色则表示还原不完全，应酌情多加亚硫酸氢钠溶液。若发现沉淀呈黄褐色，应立即滴入几滴盐酸并稍加振摇，以使其中氢氧化亚铜转化成氯化亚铜。氯化亚铜会溶解于酸中，故盐酸不宜多加。

[4] 加水后应轻轻摇晃，静置，小心倾去水层，切勿剧烈振摇，否则氯化亚铜细粒子沉淀较慢，等其沉降的时间太长。

[5] 氯化亚铜在空气中遇热或光易被氧化，重氮盐久置也会分解，两者制好后应立即反应。

[6] 对甲苯胺盐酸盐稍溶于冷水，搅拌下快速冷却使析出的晶体很细，有利于重氮化反应进行。

[7] 反应温度超过 5 ℃，重氮盐会分解，使析出降低。

[8] 接近重氮化反应终点时，与亚硝酸的反应稍慢，因此有必要在滴加亚硝酸钠溶液后搅拌 2 min 再进行终点试验。

[9] 重氮盐-氯化亚铜复合物不稳定，15 ℃ 即会分解出对氯甲苯。稍加热可使分解加速。但若升温过速、过高会产生焦油状物与对甲酚，使产率降低。若时间许可，可室温放置过夜，再加热分解。加热分解时可见氮气逸出，应不断搅拌，以免反应液外溢。

【思考题】
1. 在制备重氮盐时，为什么要等固体全部消失了再检验重氮化反应的终点？
2. 如果在重氮化操作中加入过量的亚硝酸钠对此反应有什么不利，应作何处理？

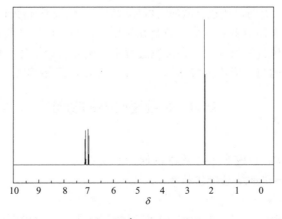

对氯甲苯 ^{1}H NMR 谱图

3.15 杂环化合物的合成

杂环化合物广泛存在于自然界，有的杂环只含有一个杂原子，有的含有多个或多种杂原子。最常见的杂原子是 N、O 和 S，最稳定与最常见的杂环是五元或六元杂环。

碳水化合物、色素以及大麻中都含有氧杂环单元，含氮杂环化合物存在于蛋白质、生物碱、核酸、维生素以及辅酶中。几乎所有药物都含有一个或一个以上的杂环结构单元。脱氧核糖核酸（DNA）遗传基因的密码程序中有四种杂环碱基，两个为嘧啶衍生物（胞嘧啶、胸腺嘧啶），另两个为嘌呤衍生物（腺嘌呤、鸟嘌呤）。嘌呤可以看作为嘧啶与咪唑环的稠合。

杂环化合物的种类极多，也产生了许多合成方法。如芳香族伯胺和甘油、浓硫酸及芳香硝基化合物发生反应，生成喹啉或喹啉衍生物，这个反应称作斯克劳普反应（Skraup reaction）。

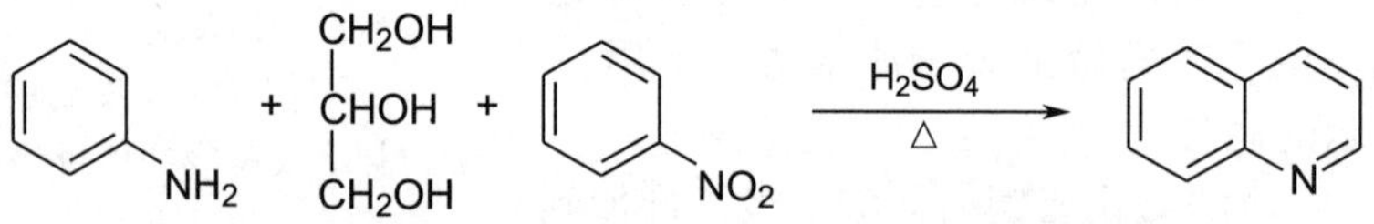

斯克劳普反应的机理一般认为是浓硫酸先使甘油脱水生成丙烯醛，然后丙烯醛与苯胺加成，其加成产物在浓硫酸作用下脱水环化，形成 1,2-二氢喹啉。弱氧化剂硝基化合物则将1,2-二氢喹啉氧化成喹啉，自身被还原成芳胺。有时也可用碘、五氧化二砷、氧化铁等作氧化剂，但不能用强氧化剂。

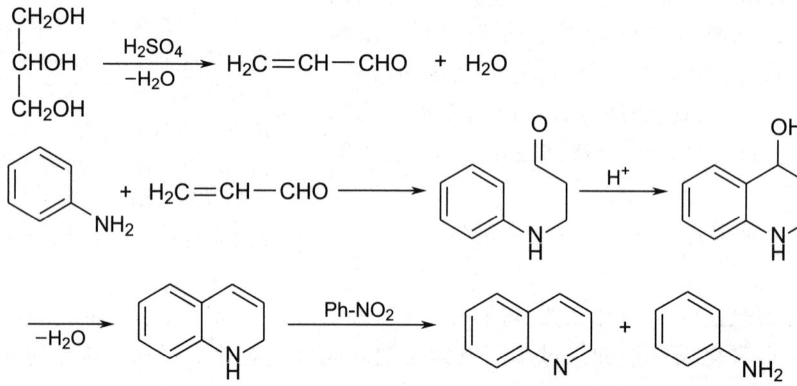

反应属于放热反应，有时反应过分激烈，可加入醋酸、硼酸或硫酸亚铁而使反应缓和进行。

许多芳胺都可以发生斯克劳普反应，只是在选用氧化剂时应注意所采用的硝基芳烃结构要和参加反应的芳胺结构保持一致。因为在反应过程中，硝基芳烃被还原成芳胺，它也会参与缩合成环反应。如果其结构与反应物芳胺结构不一致，就会形成副产物，给分离纯化带来麻烦。

3.15.1 8-羟基喹啉的制备

【实验目的】

1. 学习斯克劳普反应合成 8-羟基喹啉的原理和实验方法。
2. 巩固水蒸气蒸馏和重结晶操作技术。

【实验原理】

8-羟基喹啉（8-hydroxyquinoline）广泛用于金属的测定和分离，是制备染料和药物的中间体，其硫酸盐和铜盐络合物是优良的杀菌剂。8-羟基喹啉可由邻氨基苯酚、邻硝基苯酚、甘油和浓硫酸加热，经斯克劳普反应而制得。

反应式：

$$\text{邻氨基苯酚} + \text{CH}_2\text{OH-CHOH-CH}_2\text{OH} + \text{邻硝基苯酚} \xrightarrow[\Delta]{H_2SO_4} \text{8-羟基喹啉}$$

浓 H_2SO_4 的作用是将甘油脱水生成丙烯醛，并使丙烯醛与邻氨基苯酚的加成物脱水成环。而邻硝基苯酚则能将成环产物 8-羟基-1,2-二氢喹啉氧化成 8-羟基喹啉，本身被还原成邻氨基苯酚，也可参与缩合反应。

反应中重要的是甘油基本无水，仪器均须干燥。如果体系存在水，可使 H_2SO_4 稀释，达不到脱水生成丙烯醛的目的。

【实验步骤】

在 100 mL 三口烧瓶中，加入 1.8 g（约 0.013 mol）邻硝基苯酚、2.8 g（约 0.025 mol）邻氨基苯酚、7.5 mL（约 9.5 g，0.1 mol）无水甘油[1]，剧烈搅拌，使之混匀。冷水浴冷却并不断搅拌下，慢慢滴入 4.5 mL 浓硫酸[2]。然后，装上回流冷凝管，小火加热约 15 min，溶液微沸，即移开热源[3]。待反应缓和后，继续小火加热，保持反应物微沸 1 h。

反应物稍冷后，加入 15 mL 水，充分摇匀，进行水蒸气蒸馏，除去未反应的邻硝基苯酚，直到馏分由浅黄色变为无色为止。

待瓶内液体冷却后，慢慢滴入约 7 mL 1∶1（质量比）氢氧化钠溶液，冷水中冷却，摇匀后，再小心滴入约 5 mL 饱和 Na_2CO_3 溶液，使混合物呈中性[4]。再进行水蒸气蒸馏，蒸出 8-羟基喹啉[5]。待馏出液充分冷却后，抽滤收集析出物，洗涤，干燥。粗产物用约 25 mL 4∶1（体积比）乙醇-水重结晶，得到 8-羟基喹啉。干燥，称重，计算产率[6]。

纯的 8-羟基喹啉熔点为 72～74 ℃。

[1] 本实验所用的甘油含水量必须少于 0.5%（相对密度 1.26）。可将普通甘油在通风橱内置于瓷蒸发皿中加热至 180 ℃，冷至 100 ℃ 左右，即可放入盛有硫酸的干燥器中备用。甘油在常温下是黏稠状液体，若用量筒量取时应注意转移中的损失。

[2] 反应物未加浓硫酸时，十分黏稠，难以摇动，加入浓硫酸后，黏度大为减少。由于反应物较稠，容易聚热，反应应在搅拌下进行。

[3] 此为放热反应，溶液呈微沸时，表示反应已经开始；如继续加热，则反应过于激烈，会使溶液冲出容器。

[4] 8-羟基喹啉既溶于碱也溶于酸而成盐，且成盐后不被水蒸气蒸馏出来，为此必须小心中和，严格控制 pH 7～8。当中和恰当时，瓶内析出的 8-羟基喹啉沉淀最多。

[5] 产物蒸出后，检查烧瓶中 pH 值，必要时可少量水再蒸一次，确保产物析出。

[6] 产率计算基准为邻氨基苯酚，不考虑邻硝基苯酚部分转化后参与反应的量。

【思考题】

1. 为什么第一次水蒸气蒸馏要在酸性条件下进行，第二次却要在中性条件下进行？
2. Skraup 反应中，为何甘油的含水量必须小于 0.5%？浓硫酸、硝基酚的作用各是什么？
3. 试写出用对甲苯胺作原料，经 Skraup 反应后生成的产物？硝基化合物应如何选择？

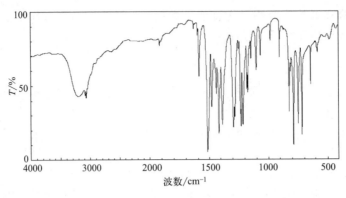

8-羟基喹啉 IR 谱图

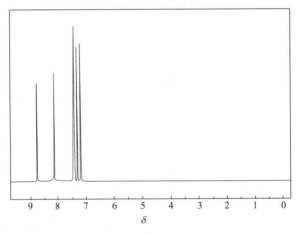

8-羟基喹啉 ^{1}H NMR 谱图

3.15.2　2-氨基噻唑的制备

【实验目的】

1. 学习制备 2-氨基噻唑的原理和方法。
2. 巩固回流、蒸馏和结晶等基本操作技术。

【实验原理】

许多天然物中都具有噻唑环。如维生素 B_1（又名硫胺素）是最重要的维生素之一，在动物体内的生化脱羧作用中可作为辅酶，在饮食中完全缺乏维生素 B_1 会使人患脚气病，而动物在一、二周内就会致死。磺胺噻唑是常用的磺胺抗菌药物，在合成中是将 2-氨基噻唑与对乙酰氨基苯磺酰氯反应形成磺胺的杂环衍生物。

2-氨基噻唑（2-aminothiazole）由氯乙醛和硫脲在水溶液中加热相互缩合而得到。

主反应：

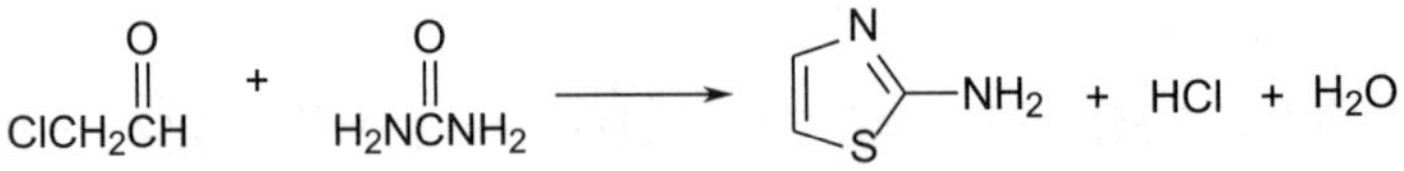

$$\text{ClCH}_2\text{CHO} + \text{H}_2\text{NCNH}_2\text{(S)} \longrightarrow \underset{\text{S}}{\overset{\text{N}}{\bigcirc}}\!\!-\!\!\text{NH}_2 + \text{HCl} + \text{H}_2\text{O}$$

氯乙醛与硫脲的烯醇式［也称为亚胺硫（iminethiol）］缩合过程中，亚氨基对羰基进行亲核加成，然后失去一分子水得 2-氨基噻唑，反应机理如下：

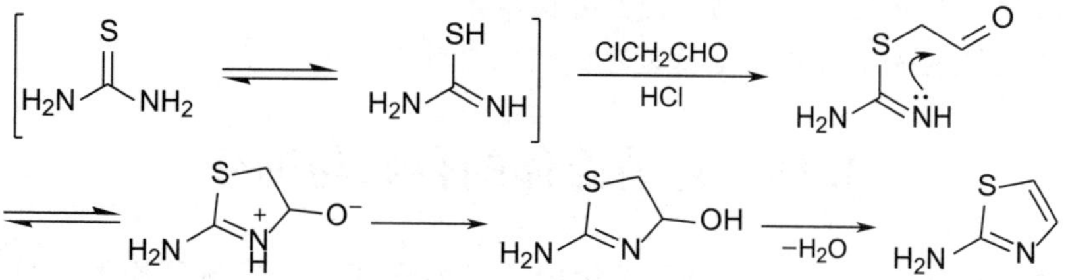

反应过程中是用氯乙醛缩二甲醇替代氯乙醛，氯乙醛缩二甲醇首先发生醇解生成新鲜的氯乙醛，然后立即与硫脲发生亲核加成反应，这样可以减少氯乙醛在回流过程中产生聚合等副反应。

缩合反应中产生的 HCl 将与 2-氨基噻唑形成 2-氨基噻唑盐酸盐。主要副反应为氯乙醛的聚合，聚合物不溶于水，因此可通过过滤除去。

【实验步骤】

在 100 mL 烧瓶中加入 7.6 g（0.1 mol）硫脲和 40 mL 水，必要时加热以使充分溶解。再投入 12.5 g（0.1 mol）氯乙醛缩二甲醇[1] 及 1.5 mL 85% 磷酸，装上回流冷凝管。加热回流 2.5 h。然后改装成蒸馏装置，缓慢蒸馏，收集 35 mL 馏出液[2]，弃去。

用冰水浴冷却反应混合物，滴加 12 mol/L 氢氧化钠溶液[3] 将反应液调节至对石蕊试纸呈弱碱性[4]。冷却 15 min，抽滤收集析出的固体。将母液浓缩到约为原体积的 2/3，再加碱调节 pH 值至石蕊试纸刚呈碱性，再次冷却，收集得第二次结晶。合并两次结晶，用 20 mL 冰冷、半饱和的亚硫酸氢钠溶液洗涤两次，尽量压干，得到粗产品。

将粗品溶于热甲苯（每克粗品用 10 mL），活性炭脱色，趁热过滤。滤液收集于蒸馏瓶中，蒸去约一半的甲苯。假如粗品是充分压干的，那么残留的少量水可与甲苯共沸除去。甲苯残液冷却得 2-氨基噻唑（熔点 89~90 ℃）。干燥，测定熔点，并计算产率。

[1] 氯乙醛缩二甲醇在稀酸中温热水解生成氯乙醛，然后直接参与缩合反应。

[2] 蒸出液为甲醇和水的混合物，馏出液可以达到 35~40 mL。

[3] 反应过程中放出的 HCl 与产物中的 —NH$_2$ 形成盐，使产物具有水溶性，所以需中和使产品析出。

[4] 切勿加碱过量，因产物中的 —NH$_2$ 是一个两性基团，也可以与碱成盐，使产物溶于水。

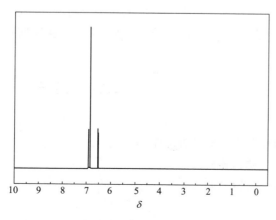

2-氨基噻唑 ^{1}H NMR 谱图

【思考题】
1. 为什么氯乙醛形成的水合物要比乙醛稳定?
2. 用亚硫酸氢钠洗涤粗品 2-氨基噻唑的目的是什么?

3.16 外消旋体的合成与拆分

外消旋体（racemate）由一对对映异构体等量混合而成。对映异构体除旋光性有差别外，其他物理性质都相同，因此，用一般的分离方法不易将外消旋体进行分离。

外消旋体的两个对映体有时在某种溶剂中的溶解情况不同。在加热时，两个对映体都溶解在同一溶剂中，冷却后，其中一个对映体在溶剂中长出结晶，另一个则留在母液中，经过反复几次结晶，可得到纯净的光学异构体，这种方法叫做分步结晶法。如酒石酸就可以用这种方法进行拆分。但此法只适合于少数外消旋体的拆分，因为外消旋体的两个对映体通常都具有相同的晶胞，大多数难于分步结晶。

应用最广泛且最有效的拆分法是化学拆分法。其基本原理是首先通过旋光性化合物将对映体转变为两种非对映体，然后利用非对映体之间其他物理性质的差异，使用一般的方法进行分离，再将所得非对映体转变成原来的旋光化合物，达到拆分的目的。用于拆分对映体的旋光性化合物称为拆分试剂，拆分试剂既要容易和外消旋体作用，又要易于被除去。符合这种要求的最好的拆分试剂就是能和被拆分物质生成盐的化合物，所以，化学拆分法常用于酸性和碱性外消旋体的拆分。

拆分酸性外消旋体常用旋光性生物碱，如 (−)-麻黄碱、(−)-马钱子碱、苯异丙胺等；拆分碱性外消旋体常用旋光性酸，如 (+)-酒石酸、樟脑-β-磺酸等。

如果被拆分对象不带酸（或碱）性基团，例如外消旋醇，则可先导入酸性基团，然后按拆分酸性外消旋体的方法拆分。例如，拆分旋光性醇类化合物时，可先使醇与邻苯二甲酸酐或丁二酸酐作用生成单酯，然后用碱性拆分剂拆分：

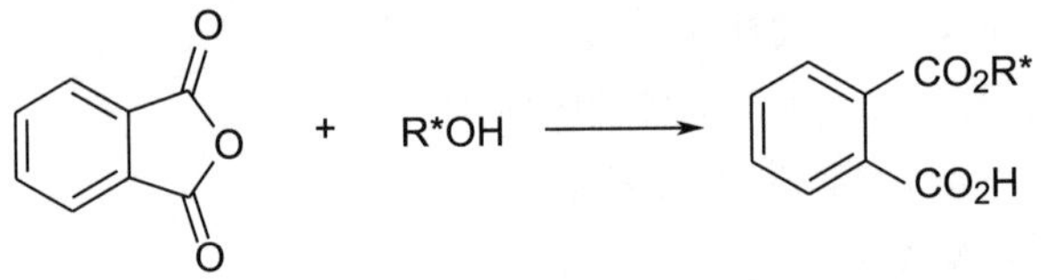

$$\text{邻苯二甲酸酐} + R^*OH \longrightarrow \text{邻-}CO_2R^*, CO_2H$$

此外，还可以用动力学拆分方法或生物拆分法进行拆分。二者均是一对外消旋的对映体，在手性催化剂或酶的催化下，其中一个对映体与反应物快速反应，而另一个则反应慢或者不反应，从而达到拆分的目的。

3.16.1 (±)-α-苯乙胺的合成

【实验目的】
1. 学习由鲁卡特反应制取胺的原理和实验方法。
2. 巩固蒸馏、水蒸气蒸馏等操作。
3. 为外消旋体的拆分做原料的准备。

【实验原理】
(±)-α-苯乙胺（α-phenylethylamine）是制备精细有机化工产品的一种重要中间体，主要用于合成医药、染料、香料及乳化剂等。

醛或酮在高温下与 $HCOONH_4$ 反应得到伯胺的反应称为鲁卡特反应（R-Leuchart reaction）。α-苯乙胺可由苯乙酮为原料，通过鲁卡特反应来制得：

$$\text{PhCOCH}_3 + 2\,HCO_2NH_4 \longrightarrow \text{PhCH(NHCHO)CH}_3 + 2H_2O + CO_2 + NH_3$$

$$\text{PhCH(NHCHO)CH}_3 + H_2O + HCl \longrightarrow \text{PhCH(NH}_3^+Cl^-)CH_3 + HCO_2H$$

$$\text{PhCH(NH}_3^+Cl^-)CH_3 + NaOH \longrightarrow \text{PhCH(NH}_2)CH_3 + NaCl + H_2O$$

甲酸铵加热释放出 NH_3，与羰基碳发生亲核加成并脱去一分子水生成烯胺（亚胺），亚胺随后被还原生成胺（其中甲酸作为还原剂，给出 H^+）。

【安全提示】

甲苯和 α-苯乙胺皆有毒，避免吸入其蒸气，沾及皮肤。

【实验步骤】

在 100 mL 圆底烧瓶中，加入 11.7 mL（约 0.1 mol）苯乙酮、20 g（约 0.32 mol）甲酸铵和两粒沸石，装配成蒸馏装置（温度计插入溶液中）。小火缓缓加热，反应物慢慢熔化渐成一相，当温度升至 185 ℃ 时[1]，停止加热（约需 1 h），在此过程中，水、苯乙酮和甲酸铵被蒸去。馏出液冷却后，用分液漏斗分出上层苯乙酮，并倒回反应瓶中，然后在 180～185 ℃ 继续加热回流 1.5 h。

将反应物冷却，转入分液漏斗中，用 10 mL 水洗涤。分出的有机层转入原反应瓶中，水层用甲苯（10 mL×2）萃取，萃取液一并合并到原反应瓶中。再加入 10 mL 浓盐酸和沸石，慢慢加热回流 0.5 h。充分冷却后，分出有机层[2]，水层用甲苯（10 mL×2）萃取。

将分出的水层转入圆底烧瓶中，加入 20 mL 50% 氢氧化钠溶液，进行水蒸气蒸馏[3]，收集馏出液 80～100 mL。冷却后，用分液漏斗分液，水层用甲苯（10 mL×2）萃取。合并有机层，用粒状氢氧化钠干燥。蒸馏，先蒸出甲苯，然后改用空气冷凝管蒸馏，收集 180～190 ℃ 馏分[4]，即得产物（±）-α-苯乙胺[5]。

[1] 反应过程中，若温度过高，可能会导致部分碳酸铵凝固在冷凝管中，因此，温度不宜超过 185 ℃。

[2] 如有结晶析出或分层不明显，可加少量水。

[3] 水蒸气蒸馏时，玻璃磨口接头涂上润滑油以防接口受碱液作用而粘住。

[4] 也可先蒸出溶剂，再减压蒸馏收集馏分（82～83 ℃/2.4 kPa）。

[5] α-苯乙胺能浸蚀软木塞及橡皮塞，并能从空气中吸收二氧化碳，应密闭避光保存。

【思考题】

1. 本实验为什么要比较严格地控制反应温度？
2. 苯乙酮与甲酸铵反应后，用水洗涤的目的是什么？
3. 为什么要用溶剂对水解溶液进行萃取？

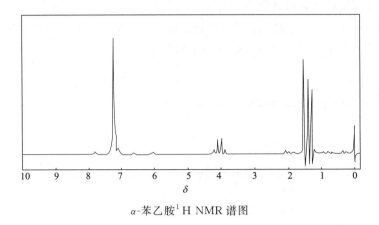

α-苯乙胺 ^{1}H NMR 谱图

3.16.2 (±)-α-苯乙胺的拆分

【实验目的】

1. 学习将外消旋体转变为非对映异构体后，运用分步结晶法分离得到两个对映体的原理和方法。
2. 学习旋光仪测定物质旋光度的操作。

【实验原理】

外消旋体的拆分（racemic resolution）常常是采用一种光学纯拆分试剂与外消旋体发生化学反应，将一对对映体变成两个非对映体，再利用非对映体在某种选定的溶剂中具有不同的溶解性能和结晶性能，利用分步结晶的方法，将两种非对映体分离。再分别去除拆分试剂，最后得到单一的光学异构体。

由常规合成方法得到的外消旋（±)-α-苯乙胺，旋光度为零。(±)-α-苯乙胺的两个对映体的溶解度是相同的，但当用 L-(＋)-酒石酸处理时，可以产生两个非对映体的盐，这两个盐在甲醇中的溶解度有显著差异，可以用结晶法将它们分离。然后再分别用碱对已分离的两个盐进行处理，就能使α-苯乙胺游离出来，从而获得纯的（＋)-α-苯乙胺及（－)-α-苯乙胺。

拆分过程如下：

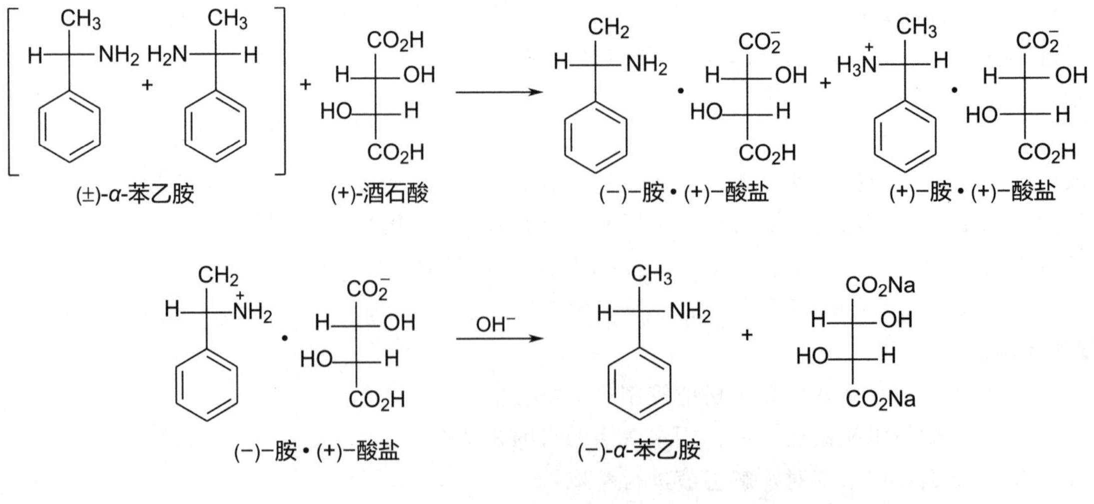

【实验步骤】

在锥形瓶中，加入 50 mL 甲醇、3.8 g（约 0.025 mol）L-(+)-酒石酸，小火加热搅拌，使其溶解。然后小心地溶入 3 g（约 0.025 mol）(±)-α-苯乙胺，室温下放置 24 h，即可生成白色棱柱状晶体[1]。过滤，所得溶液供分离 (+)-α-苯乙胺用。晶体用少量甲醇洗涤，干燥后得 (−)-α-苯乙胺-(+)-酒石酸盐，称重。

将上述 (−)-α-苯乙胺-(+)-酒石酸盐晶体溶于 10 mL 水中，加入 2 mL 50% 氢氧化钠溶液，搅拌至固体全部溶解。然后用乙醚 (10 mL×2) 萃取，合并萃取液，并用粒状氢氧化钠干燥。先蒸去乙醚，再进一步蒸馏，收集 180～190 ℃ 馏分。称重，测定 (−)-α-苯乙胺的比旋光度。

对上述析出 (−)-α-苯乙胺-(+)-酒石酸盐后的母液，先将甲醇几乎蒸尽，残留物呈白色固体，便是 (+)-α-苯乙胺-(+)-酒石酸盐。用同样的方法，用水和氢氧化钠溶液处理该盐，用乙醚萃取，粒状氢氧化钠干燥，再蒸去乙醚，然后减压蒸馏，收集 85～86 ℃/2800 Pa 馏分。称重，测定 (+)-α-苯乙胺的比旋光度。

【思考题】

在 L-(+)-酒石酸甲醇溶液中加入 α-苯乙胺后，析出棱柱状结晶，过滤液是否有旋光性？为什么？

[1] 有时析出的结晶并不呈棱柱状而呈针状，这种针状的结晶得到的 α-苯乙胺光学纯度较差。因此，发现此情况，应当加热令结晶全部溶解，然后再将溶液慢慢冷却，如果有可能，溶液中可以接种棱柱状晶体。

3.17 天然产物的分离技术

天然产物 (natural products) 是指从天然动、植物体内衍生出来的有机化合物。天然产物种类繁多，有的可用作香料和染料，有的具有神奇的药效，有的则为新结构药物、农药的研究提供模型化合物。天然产物是有机化学中十分活跃的研究领域，而在研究过程中，首先要解决的是天然产物的提取与纯化。常用的方法有溶剂萃取、水蒸气蒸馏、重结晶以及色谱法等。

溶剂萃取方法主要依照"相似相溶"的原理，采取适当的溶剂进行提取。通常，油脂、挥发性油等弱极性成分可用石油醚或四氯化碳提取；生物碱、氨基酸等极性较强的成分可用乙醇提取。一般情况下，用乙醇、甲醇或丙酮就能将大部分天然产物提取出来，对于多糖和蛋白质等成分则可用稀酸水溶液浸泡提取。用这些方法所得提取液多为多组分混合物，还需结合其他方法加以分离、纯化，如柱色谱、重结晶或蒸馏等。

水蒸气蒸馏主要用于那些不溶于水且具有一定挥发性的天然产物的提取，如萜类、酚类及挥发性油类化合物。

除此之外，各种色谱技术如薄层色谱、柱色谱、气相色谱、高压液相色谱已越来越广泛地用于天然产物的分离和提纯。新近发展起来的超临界流体萃取技术也应用到天然产物的分离中。例如超临界二氧化碳，在室温下对许多天然产物均具有良好的溶解性。当完成对组分的萃取后，二氧化碳易于除去，从而使被提取物免受高温处理，这特别适合于处理那些易氧化不耐热的天然产物。

3.17.1　酶解-水蒸气蒸馏法提取沙姜精油

【实验目的】

1. 了解生物酶解技术在提取天然产物的有效成分中的应用。
2. 掌握耐高温 α-淀粉酶的使用条件及方法。
3. 掌握酶解-水蒸气蒸馏法提取沙姜精油的方法。

【实验原理】

沙姜（*Kaempferia galanga* L.）为姜科山柰属植物的根茎，是一种主产于广东省的天然香料。沙姜中的精油（essential oil）含量约 0.5%～1.5%，既可作为香料，又具有杀虫及抗癌作用。鲜沙姜含量为 7%～10% 的淀粉对提取精油的工艺有直接、显著的影响。其一是淀粉长链包裹精油分子，使其难以完全蒸出，降低精油的提取率；其二是在水蒸气蒸馏过程中，沙姜淀粉受热糊化，形成黏度很大的浆液，随水蒸气一起冲出，形成难以控制的"冲浆"。对此，采用生物酶解技术先处理沙姜中的淀粉，然后进行水蒸气蒸馏，即使水蒸气蒸馏过程平稳快速，又能提高精油产率。

本实验采用的耐高温 α-淀粉酶是一种内切型淀粉酶，能随机地内切直链淀粉和支链淀粉中的 α-1,4-苷键或 α-1,6-苷键，形成不同链长的糊精以及低聚糖，从而迅速降低糊化淀粉的黏度，此过程称为液化。液化有效地降低了沙姜在水蒸气蒸馏前期淀粉糊化造成的高黏度，且提高了精油提取率。

酶促反应选择性强，不会影响植物中其他含有酯键、醚键或酸敏感的化学键，且效率高，但对反应条件要求严格。耐高温 α-淀粉酶的用量为 0.1%～0.3%，温度为 100 ℃，pH 值为 6.0。淀粉酶解则可选用 KI-I$_2$ 试液作为显色剂，淀粉酶解的完成可通过与 KI-I$_2$ 试液不再显色来判断。

【实验步骤】

30 g 鲜沙姜切成小粒，加水 90 mL，在豆浆机中打成浆，倒入 250 mL 蒸馏烧瓶中，用 HOAc 调节 pH 至 6，搅匀。安装水蒸气蒸馏装置，小心预热至近 100 ℃，通入蒸气。当浆液沸腾时[1]，加入沙姜质量 0.3% 的 α-淀粉酶，其在沸腾浆液中自然分散均匀。分别取 6 份 KI-I$_2$ 试液（每份 1～2 滴）于白瓷点滴板上，用玻璃棒蘸取浆液依次与 KI-I$_2$ 试液显色，至无蓝色时表示液化完成[2]。继续进行水蒸气蒸馏，至馏出液不再浑浊（约 1.5 h）时停止。

在馏出液中加入其质量 5% 的 NaCl[3]，充分溶解后转入分液漏斗。用石油醚（30～60 ℃）萃取三次，合并石油醚，加入无水 Na$_2$SO$_4$ 干燥 10 min，滤除干燥剂。蒸去大部分石油醚，然后用水泵减压蒸馏，真空度 0.05 MPa，蒸至无溶剂，得浅黄色精油，称重。

[1] 耐高温淀粉酶水解淀粉要求在 100 ℃进行。

[2] 随着水解时间的延长，淀粉长链快速被酶切断，不再与 KI-I$_2$ 试液显色。

[3] 5% NaCl 可减少精油及石油醚在水相中的溶解度，从而提高精油的产率。

【思考题】

淀粉中的 α-1,4-苷键或 α-1,6-苷键也可通过酸解断裂，本实验中可以用酸解来代替酶解吗？

3.17.2　溶剂法从黑胡椒中提取胡椒碱

【实验目的】
1. 了解胡椒碱的性质。
2. 掌握溶剂法提取天然产物中有效成分的一般技术。

【实验原理】
黑胡椒（black pepper）具有香味和辛辣味，其中含有 4%～8% 的胡椒碱（piperine）和少量胡椒碱的顺反异构体佳味碱（chavicine）、淀粉（20%～30%）、挥发油（1%～3%）和水分（8%～13%）。经测定，胡椒碱为具有特殊双键及顺反异构的 1,4-二取代丁二烯。

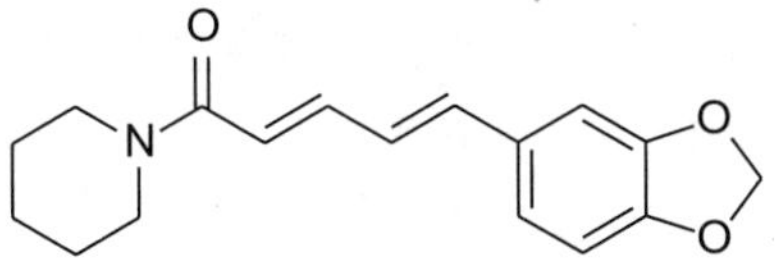

胡椒碱又名 1-胡椒酰哌啶（1-piperylpiperidine），化学名为 (E,E)-1-[5-(1,3-苯并二氧戊环-5-基)-1-氧代-2,4-戊二烯基]-哌啶 (E,E)-1-[5-(1,3-benzodioxol-5-yl)-1-oxo-2,4-pentadienyl piperidine]。白色晶体或粉末，熔点 129～131 ℃，易溶于氯仿、乙醇、丙酮、苯、醋酸中，微溶于乙醚，不溶于水和石油醚。胡椒碱用途广泛，可用作杀虫剂、植物保护剂、食品调味剂、溃疡抑制剂。它还是目前治疗癫痫病的一个较好药物，胡椒碱还有镇静、抗惊厥作用，抗菌和抗肿瘤活性等。

将黑胡椒粉用 95% 乙醇加热回流，可促使胡椒碱溶出。在乙醇的粗提液中，除含有胡椒碱和佳味碱外，还含有酸性树脂类物质，为防止这些杂质与胡椒碱一起析出，在浓缩的提取液中加入稀的氢氧化钠溶液，使酸性物质生成盐而留在溶液中，避免酸性物质和胡椒碱一起析出，达到提纯胡椒碱的目的。

【安全提示】
由于混合物中有大量的黑胡椒碎粒，因此须小心加热，以免暴沸。

【实验步骤】
在 200 mL 圆底烧瓶中加入 60 目的黑胡椒粉 15 g 和 100 mL 95% 乙醇，装上回流冷凝管，加热回流 2 h。抽滤，滤液在水浴上加热浓缩或是减压浓缩至 10～15 mL[1]，然后加入 15 mL 温热（35～45 ℃）的 2 mol/L 氢氧化钾-乙醇溶液，充分搅拌，过滤除去不溶物质。将滤液转移到 100 mL 烧杯中，置于热水浴中，慢慢滴加 10～15 mL 水，溶液出现浑浊并有黄色晶体（胡椒碱）析出。充分冷却后，抽滤，经干燥后称量。

粗产品用丙酮重结晶，得到浅黄色针状晶体。测熔点，胡椒碱熔点为 129～131 ℃。

[1] 植物中的有效成分在高热或受热时间过长时会被破坏，故需温和的加热方式，如空气浴、水浴等。

【思考题】
1. 胡椒碱应归入哪一类天然物质？为什么？
2. 实验中得到的胡椒碱是否具有旋光性？为什么？

3.17.3　从毛发中提取胱氨酸

【实验目的】
1. 学习从毛发中提取胱氨酸的原理和方法。
2. 学习蛋白质和氨基酸的鉴定方法。

【实验原理】
L-胱氨酸（L-Cystine，$HOOCCHNH_2CH_2S\text{-}SCH_2CHNH_2COOH$），最初人们是在膀胱结石中发现的，因而得名胱氨酸。它具有促进机体细胞氧化和还原的作用。在医学临床上，主要用于治疗各种脱发症，也用于治疗痢疾、伤寒、流感等急性传染病。L-胱氨酸除了药用外，还大量用作食用油脂抗氧剂、日用化学品添加剂。

L-胱氨酸广泛存在于动物的毛、发、骨、角中。从毛发中提取胱氨酸必须严格控制影响水解的各种条件，如酸的浓度、水解温度以及水解时间等。一般来说，酸的浓度高有利于加速水解，升高温度有利于缩短水解时间，但对胱氨酸的破坏也随之加剧，以 110 ℃为宜。另外，正确判断水解终点、控制水解时间也十分重要，水解时间过短，水解不完全；水解时间过长，则氨基酸容易遭破坏。

本实验通过对毛发的水解来制取胱氨酸，采用缩二脲试验来确定水解终点。缩二脲在碱性介质中与二价铜盐反应产生具有粉红色或紫色的配合物，观察到这种显色现象时，称此试验为阳性。

蛋白质及其分解产物多肽也会发生缩二脲阳性反应，所形成的铜配合物的颜色取决于被肽键所结合的氨基酸的数目。例如，三肽显紫色，四肽或更复杂的多肽则生成红色；而氨基酸以及二肽只显蓝色，此为缩二脲阴性反应。显然，只有当毛发水解液对二价铜盐呈阴性反应时，水解才告完成或近终点。

毛发经洗涤、脱脂、HCl 水解、中和、结晶和精制，最后得到 L-胱氨酸。

【实验步骤】
取 50 g 毛发[1] 置于盛有 150 mL 温水和少量洗发精的 500 mL 烧杯中，搅拌，洗净毛发上的油脂，再用清水洗涤数次使之干净[2]，晒干。

在 500 mL 三口烧瓶上配置搅拌器、回流冷凝管和温度计。依次加入 50 g 洗净的毛发和 100 mL 30%盐酸，搅拌并加热，控制在 110 ℃左右水解 8 h。

取 0.5 mL 毛发水解溶液于试管中，加入 0.5 mL 10%氢氧化钠溶液、1 滴 2%硫酸铜溶液，振摇。若溶液显粉红色或紫色，表明水解不完全，还须继续水解，直到水解液对硫酸铜溶液呈阴性反应。停止加热，趁热过滤。滤液用 30%氢氧化钠中和，保持 50 ℃左右，并不断搅拌，直到 pH 4.8 为止。继续搅拌 20 min，至

[1] 选用人发、猪毛、马毛、羊毛或鸡鸭鹅等禽毛作原料均可，由这些天然原料制取 L-胱氨酸得率分别为：5%～7%、3%～4%、2%、3%、2.8%～3.6%。其中尤以人发得率最高。

[2] 洗涤毛发时，不要用碱性洗涤剂，否则会明显降低 L-胱氨酸的得率。

[3] 本实验若分两次做，则第一次实验可到此结束。

pH 值不再变化后，停止加碱[3]。

在室温下静置 3 天，使 L-胱氨酸完全析出，过滤即得粗 L-胱氨酸。

将 L-胱氨酸粗制品置于 250 mL 圆底烧瓶中，加入 70 mL 30%盐酸，加热使之溶解。然后加入 1 g 活性炭，装上回流冷凝管，加热回流 20 min。趁热过滤，若滤液颜色较黄，再加入少许活性炭脱色。

将无色澄清的滤液用 2%氨水中和至 pH 4，有结晶析出，室温下静置 5～6 h。过滤，晶体用少许热水洗涤（以除酪氨酸），再依次用少许乙醇、乙醚淋洗一遍，抽干，即得产品。干燥后称重，测熔点，测旋光度。

L-胱氨酸熔点 260～262 ℃（分解），$[\alpha]_D^{20} = -216°$ ($c=0.69$, 1 mol/L HCl)。

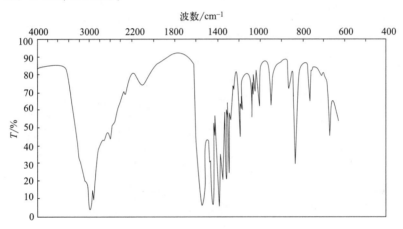

胱氨酸 IR 谱图

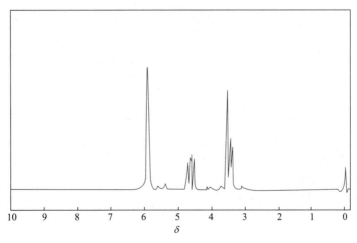

胱氨酸 ^{1}H NMR 谱图

【思考题】

1. 试解释从毛发中提取 L-胱氨酸的原理。
2. 影响本实验的主要因素有哪些?
3. 如何判断蛋白质水解的终点?
4. 在后处理中为何要严格控制 pH 值? pH 值过高或过低会对实验有何影响?

第 4 篇　现代合成实验技术

4.1　相转移催化在有机合成中的应用

在有机合成中，常遇到有机相和水相参加的非均相反应，其反应速率慢，产率低，甚至反应难以进行。例如 1-氯辛烷与氰化钠水溶液加热回流 14 天也不发生反应，但如果在反应体系中加入催化量的季铵盐，搅拌 2 h 就可使反应完成 99%。

$$CH_3(CH_2)_5CH_2-Cl + NaCN \xrightarrow{H_2O} CH_3(CH_2)_5CH_2-CN + NaCl$$

上述反应中 1-氯辛烷是有机相，氰化钠在水相，两个分子分处在两个互不相溶的溶剂中，相互碰撞概率少，而在双分子亲核取代反应中若干次碰撞才出现一次有效碰撞，所以这个反应当然不会发生。如果在水、油两相的反应体系中添加一种"相迁移剂"，从水相中携载 CN^- 到油相中参与亲核取代反应，这种"相迁移剂"称为相转移催化剂（phase transfer catalyst，PTC），而应用相转移催化剂的有机反应称为相转移催化反应。

相转移催化反应按如下模式进行：

$$\begin{array}{ccc}
\text{水相} & Q^+X^- + Na^+CN^- \xrightleftharpoons[]{\text{交换负离子}} Q^+CN^- + Na^+X^- \\
\text{界面} & \updownarrow \qquad\qquad\qquad\qquad \updownarrow \\
\text{有机相} & Q^+X^- + RCN \rightleftharpoons Q^+CN^- + RX
\end{array}$$

其中，Q^+ 为季铵盐阳离子；X^- 为阴离子；Q^+X^- 表示季铵盐，是一类常用的相转移催化剂。季铵盐阳离子 Q^+ 既有亲油性又具亲水性；当 Q^+ 进入水相时，会与水相中的阴离子 CN^- 发生交换，形成离子对 Q^+CN^-；由于 Q^+ 的亲油性，Q^+CN^- 便迁移到有机相中，也因为 Q^+CN^- 结合相对不牢固（在水溶液中的 CN^-，由于水分子的溶剂化作用而成为水合离子），实际上它是一种裸露的负离子，特别活泼，可立即与 RX 发生取代反应，生成 RCN。与此同时，从卤代烷分子中置换出来的 X^- 与 Q^+ 形成新的离子对 Q^+X^-，再迁移到水相，直到反应完全。

常用的相转移催化剂包括：季铵盐类、季磷盐类、冠醚类、非环多醚类和杯芳烃。季铵盐制备方便，无毒价廉，应用最广泛，如苄基三乙基氯化铵（BTEA）、四丁基硫酸氢铵（TBAB）和三辛基甲基氯化铵等。

$$\underset{\text{BTEA}}{PhCH_2\overset{+}{N}(CH_3)_3 \cdot Cl^-} \qquad \underset{\text{TBAB}}{(CH_3CH_2CH_2CH_2)_4N^+ \cdot HSO_4^-}$$

$$\underset{\text{三辛基甲基氯化铵}}{(CH_3CH_2CH_2CH_2CH_2CH_2CH_2CH_2)_3\overset{+}{N}HCH_3 \cdot Cl^-}$$

冠醚的相转移催化作用是由于它能与金属离子配位（如 KOH、KMnO$_4$ 等），可以裸露出参与反应的负离子，达到增强负离子在非极性溶剂中反应活性的目的，如 15-冠-5、18-冠-6、二苯并 18-冠-6 等。

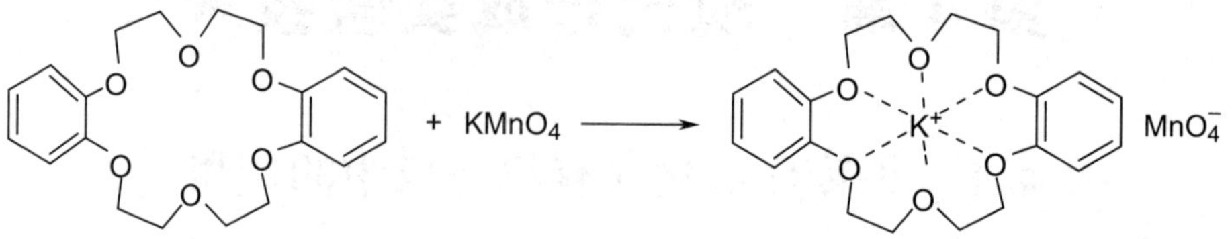

非环多醚类相转移催化剂的作用机理与冠醚类似。例如聚乙二醇（PEG），当其呈弯曲状时形如冠醚，对一些金属离子也具有一定的配位能力。一般分子量在 400～600 之间的聚乙二醇，对金属离子的配位能力较强，相转移催化效果较好。

相转移催化反应的经典操作技术是用 2%～5% 的相转移催化剂和 50%NaOH 水溶液，有机相常不加溶剂。两相混合在室温下搅拌几分钟，多则 1～2 h，反应即完成，这种操作方法称为马科斯查（Makosza）法。另一种操作技术是用等摩尔的季铵盐（或季磷盐），碱浓度为 20%～30%，有机相使用溶剂，其他操作同上，这种方法称为勃兰德斯（Brändstrom）离子对抽提法。

相转移催化反应比非催化反应操作简便，时间缩短，而且避免了使用价格较贵的非质子极性溶剂。如 Williamson 反应、氰化反应、用 KMnO$_4$ 的氧化反应、酰化反应及 Wittig 反应等。

4.1.1 邻甲氧基苯酚相转移催化制备香兰素

【实验目的】

1. 通过相转移催化剂存在下的 Reimer-Tiemann 反应，以邻甲氧基苯酚为原料合成香兰素，了解相转移反应的应用。
2. 掌握香兰素的制备方法。

【实验原理】

香兰素又名香草醛（vanillin），学名 3-甲氧基-4-羟基苯甲醛，是一种重要的香料，具有宜人的香荚兰气味，广泛地用于各种调香用途。香兰素的制备有多种方法，本实验是邻甲氧基苯酚在相转移催化下，经 Reimer-Tiemann 反应制备香兰素。

Reimer-Tiemann 反应是氯仿在碱性条件下对富电子的芳香或芳杂环化合物的甲酰化反应。该反应首先是氯仿在碱性条件下生成二氯卡宾，然后对富电子的芳环发生亲电取代（一般发生于酚羟基的邻位、对位），再经水解形成甲酰化产物。本实验利用邻甲氧基苯酚（愈创木酚）和氯仿在相转移催化剂三乙胺存在下，在氢氧化钠的水溶液中发生 Reimer-Tiemann 反应合成香草醛。

主反应：

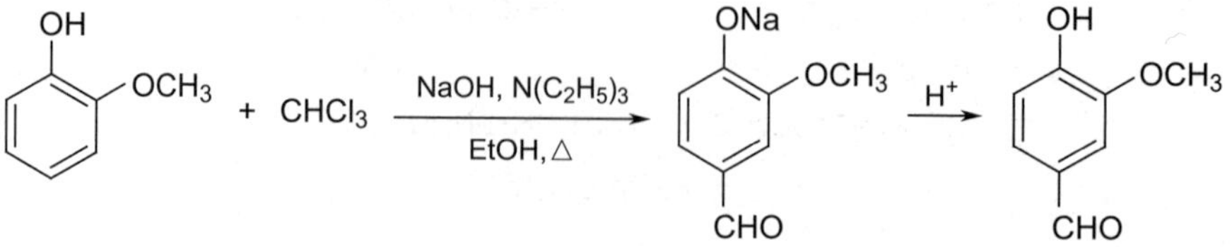

副反应：

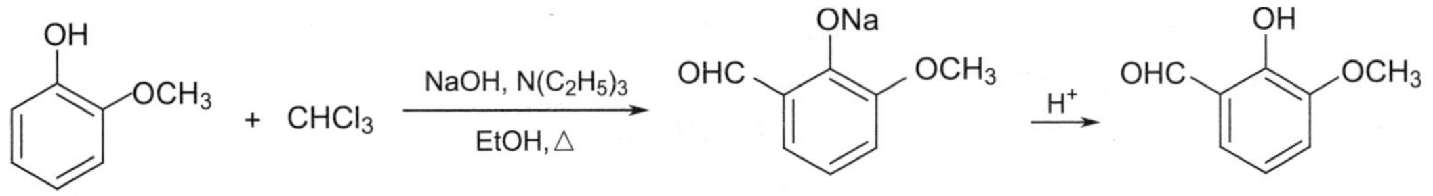

OH·OCH₃ + CHCl₃ —NaOH, N(C₂H₅)₃/EtOH,Δ→ OHC-(ONa)(OCH₃) —H⁺→ OHC-(OH)(OCH₃)

反应中形成的副产物邻香兰素（异香草醛）由于可形成分子内氢键，挥发性较大，可通过水蒸气蒸馏除去。

【实验步骤】

在装有磁力搅拌器、回流冷凝管和恒压滴液漏斗的 100 mL 三口烧瓶中，加入 3.1 g（0.025 mol）邻甲氧基苯酚、12 mL 乙醇[1] 和 4 g（0.1 mol）氢氧化钠，并加入 0.2 mL 三乙胺[2]（约为邻甲氧基苯酚质量的 0.5%）作相转移催化剂。磁力搅拌，缓缓加热至回流。于 80 ℃[3] 左右滴加 2.5 mL（0.031 mol）氯仿，在 20 min 内滴完。然后于微沸下继续搅拌 1 h。

结束反应，向反应混合物中小心滴加 1 mol/L 盐酸水溶液至中性。抽滤除去 NaCl 固体，用约 10 mL 乙醇分两次洗涤滤渣。收集滤液，经水蒸气蒸馏蒸出三乙胺、氯仿和 2-羟基-3-甲氧基苯甲醛（异香草醛），至无油珠出现为止。剩余的反应液用乙醚（10 mL×2）萃取，合并萃取液，用无水硫酸钠干燥。蒸馏除去乙醚，得香草醛白色固体产物，产量约 2.8 g（76%）。

粗产物进一步用乙醇重结晶，熔点为 81～83 ℃。

[1] 用乙醇为反应溶剂，主要是为了控制反应温度，同时达到相转移催化的目的。

[2] 也可以使用其他相转移催化剂如苄基三乙基氯化铵。

[3] 反应温度不宜太高，以免发生分解、缩合等副反应。

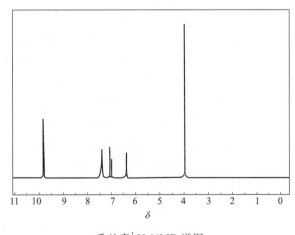

香兰素 ¹H NMR 谱图

【思考题】

1. 试写出本实验反应的机理。
2. 若用对甲氧基苯酚代替邻甲氧基苯酚进行反应，将得到什么产物？

【参考文献】

[1] 王尊本. 综合化学实验. 北京：科学出版社, 2007.
[2] 何坚, 孙宝国. 香料化学与工艺学. 北京：化学工业出版社, 1995.
[3] 胡声闻, 梁本熹, 钱锋等. 香草醛合成方法的改进. 化学试剂, 1993, 15：184, 138.
[4] 李中柱, 邹瑛. Reimer-Tiemann 反应合成香草醛. 化学世界, 1991, 18-19.

4.1.2　相转移催化制备二茂铁

【实验目的】

学习在相转移催化剂存在下，合成金属有机化合物的方法。

【实验原理】

二茂铁（ferrocene）具有形似三明治的夹心结构，铁离子在中间，两个环在上下。这是首次合成出来的一种新型结构，一经问世就立即引起人们的关注。二茂铁具有广泛的应用价值，它不仅耐酸、耐碱，而且还耐高温、耐紫外线辐射。将二茂铁添加到燃料中，具有助燃、消烟和抗震作用。二茂铁常用在火箭的固体燃料中，它能促进一氧化碳向二氧化碳转化，因而能提高燃料的燃烧热，起到节能和减少污染的作用。

二茂铁的合成方法有多种。人们对二茂铁的合成方法作了许多的改进，特别是相转移催化剂冠醚以及低分子量的聚乙二醇的应用，使得二茂铁的合成简捷、快速，并提高了产率。

本实验是利用环戊二烯与氢氧化钠作用先生成环戊二烯负离子：

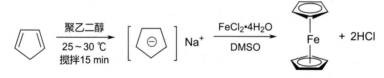

使用了低分子量的聚乙二醇作为相转移催化剂。首先是氢氧化钠固体与聚乙二醇形成混合物（为一相），环戊二烯与 DMSO 溶液为另一相，聚乙二醇为多羟基线性聚合体，多羟基结构可溶解氢氧化钠。

由于环戊二烯性质活泼，在常温下可聚合成二聚环戊二烯。环戊二烯熔点为 $-85\ ℃$，沸点为 $41\sim42\ ℃$，室温下为液体；而二聚环戊二烯熔点为 $32\ ℃$，沸点为 $170\ ℃$，室温下为固体。使用前必须将商品环戊二烯通过加热到 $170\ ℃$ 以上解聚成环戊二烯单体。具体操作是用一支 200 mm 长的刺形分馏柱，慢慢进行分馏，收集馏分范围为 $39\sim43\ ℃$，控制分馏柱顶端温度不超过 $45\ ℃$。蒸馏瓶内液体不可蒸干，否则易发生意外爆炸事故，环戊二烯接收瓶要放在冰水浴中。蒸出的环戊二烯宜在 1 h 内使用完毕，多余的环戊二烯应倒入回收瓶中，蒸馏瓶内的残余物不可随意倾倒，应收集在指定回收瓶。

【实验步骤】

在装有搅拌器的 100 mL 三口烧瓶中，加入 30 mL 二甲基亚砜（DMSO）、0.6 mL 聚乙二醇-400 及 7.5 g 研成粉末的氢氧化钠，然后加入 5 mL 无水乙醚[1]。在 $25\sim30\ ℃$ 下，搅拌 15 min 后，加入 2.8 mL（0.033 mol）新解聚的环戊二烯和 3.3 g（0.016 mol）四水合氯化亚铁[2]，剧烈搅拌反应 1 h。

[1] 无水乙醚的作用是驱赶反应瓶中的空气，如用氮气保护，效果更好，所得产物的产率和质量均优。

[2] 分析纯四水合氯化亚铁可以满足本实验的要求，如药品中已含有较多的褐色三价铁，则降低实验效果。

将棕色的反应混合物边搅拌边倾入 50 mL 18% 盐酸和 50 g 冰的混合物中,此时即有固体产生。放置 1~2 h,使乙醚尽可能挥发掉,抽滤,并用水充分洗涤,晾干,约得 2.6 g 橙黄色产物(产率约 83%,以 $FeCl_2$ 计)。

如果所得产物颜色较深,可采用升华法进行纯化[3],得到具有樟脑气味的橙黄色的二茂铁,熔点为 172.5~173 ℃。

[3] 二茂铁还可以采用柱色谱法纯化。将粗产物通过装有氧化铝的色谱柱,用体积分数为 50% 的乙醚-石油醚(60~90 ℃)混合液作为洗脱剂,所得溶液经薄膜蒸发或于通风橱内自然挥发除去溶剂,可得纯品。

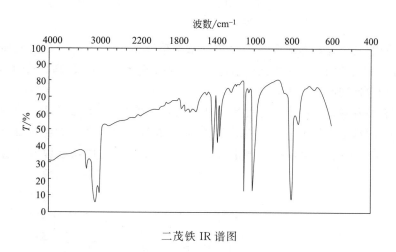

二茂铁 IR 谱图

【参考文献】

[1] 胡平,赵可清,张良辅. 四川师范大学学报(自然科学版),1998,(04):433-435.
[2] 刘明国,童开发,付莎莉. 湖北三峡学院学报,1999,21(2). 49-50.

4.2 光化学反应在有机合成中的应用

光化学反应(photochemical reaction)是有机分子的基态电子吸收合适能量的光子后跃迁至电子激发态,然后转变为反应过渡态及活性中间体,最后经次级反应形成热力学上稳定的产物。光化学过程是地球上最普遍、最重要的过程之一。绿色植物的光合作用,动物的视觉,涂料与高分子材料的光致变性,以及照相、光刻、有机化学反应的光催化等,无不与光化学过程有关。

有机反应通常是通过加热供给活化能使反应发生,而有机光化学反应则是光提供活化能,光活化的反应物分子常为双自由基。有机光化学反应是采用可见光和紫外光(波长范围为 100~1000 nm)对反应物分子辐射时,分子吸收光子使电子激发,电子从一个电子轨道跃迁到另一个较高能级的电子轨道,即由基态分子 M 变成激发态分子 M*,之后才有可能进行化学反应。

例如,二苯甲酮光化学还原制备频哪醇,在光照下二苯甲酮分子中羰基上的未共用电子对发生 n-π* 跃迁,形成激发单线态(S_1),再经系间串跃,电子改变自旋方向,形成寿命较长的激发三线态(T_1):

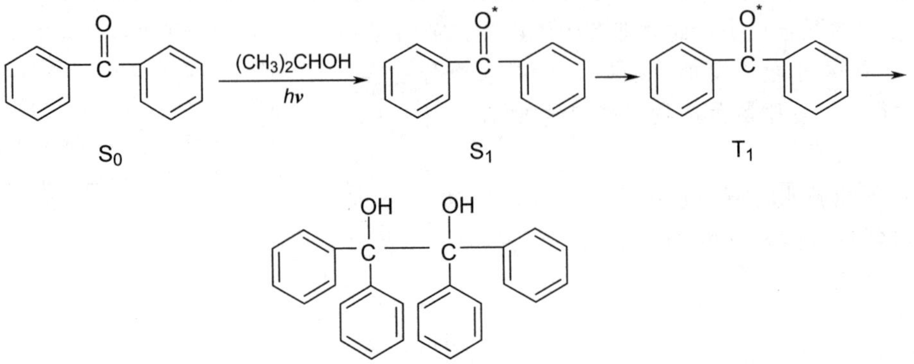

$$\underset{S_0}{\underset{\|}{Ph-C-Ph}} \xrightarrow[h\nu]{(CH_3)_2CHOH} \underset{S_1}{\underset{\|}{Ph-C-Ph}}^{O^*} \longrightarrow \underset{T_1}{\underset{\|}{Ph-C-Ph}}^{O^*} \longrightarrow$$

$$\underset{\text{苯频哪醇}}{Ph_2C(OH)-C(OH)Ph_2}$$

有机分子吸收紫外光，即一个已占轨道（基态单线态 S_0）的电子受激发而进入一个能量最低的未占分子轨道内，称为单线态（S_1）。激发的 S_1 能量相对较高，通过改变电子的自旋而成为能量相对低的激发三线态（T_1）。

二苯甲酮有两种激发单线态，因此也有两种激发三线态。一种状态是使羰基 π 键中的 π 电子激发到能量最低未占轨道（即 π^*），称为 π-π^* 跃迁；另一种状态是羰基氧上的未共用电子（n 电子）激发到上述同样的轨道中，称为 n-π^* 跃迁。这些跃迁以及相应的状态如下图所示：

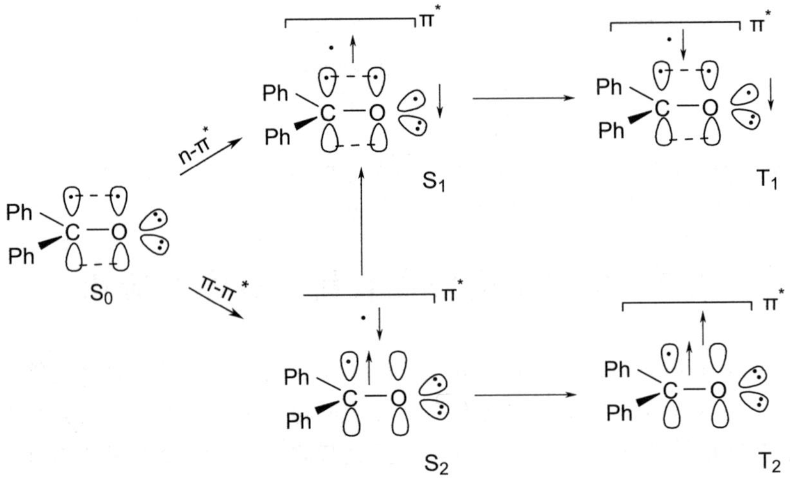

二苯甲酮的光化学反应是由于氧的未成对电子经过 n-π^* 跃迁，形成三线激发态（T_1），在羰基氧原子处具有双自由基特性，使 T_1 激发态粒子能从异丙醇分子中夺取一个氢原子形成二苯基羟甲基自由基。一旦形成两个这种自由基，就会偶联成为苯频哪醇。

光化学还原的整个机理可概括如下：

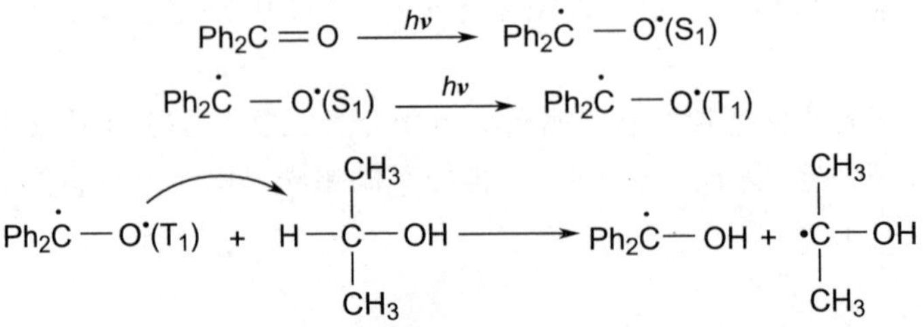

$$Ph_2C=O \xrightarrow{h\nu} Ph_2\overset{\cdot}{C}-O^{\cdot}(S_1)$$

$$Ph_2\overset{\cdot}{C}-O^{\cdot}(S_1) \xrightarrow{h\nu} Ph_2\overset{\cdot}{C}-O^{\cdot}(T_1)$$

$$Ph_2\overset{\cdot}{C}-O^{\cdot}(T_1) + H-\underset{CH_3}{\overset{CH_3}{|}}C-OH \longrightarrow Ph_2\overset{\cdot}{C}-OH + \overset{CH_3}{\underset{CH_3}{|}}\overset{\cdot}{C}-OH$$

$$Ph_2\dot{C}-O^{\cdot}(T_1) + HO-\underset{CH_3}{\overset{CH_3}{\underset{|}{\overset{|}{C^{\cdot}}}}}-CH_3 \longrightarrow Ph_2\dot{C}-OH + O=C\underset{CH_3}{\overset{CH_3}{\diagdown}}$$

$$2\ Ph_2\dot{C}-OH \longrightarrow Ph-\underset{Ph}{\overset{OH}{\underset{|}{\overset{|}{C}}}}-\underset{Ph}{\overset{OH}{\underset{|}{\overset{|}{C}}}}-Ph$$

三线态（T_1）具有两个未成键电子，使其具有自由基的性质，它夺取溶剂异丙醇分子中的一个氢原子，生成二苯甲醇自由基和羟基异丙基自由基。羟基异丙基自由基又把一个氢原子转移给另一个三线态（T_1），再生成二苯甲醇自由基和一分子丙酮。两个二苯甲醇自由基结合生成苯频哪醇。

光化学反应一般需在石英器皿中进行，因为光化学反应通常在紫外光的照射下进行，需要透过比普通波长更短的紫外光的照射。但某些光化学反应所需能量相对较低，也可以使用普通玻璃制作的玻璃仪器，例如二苯甲酮激发的 n-π* 跃迁所需要的照射约为 350 nm，这是普通玻璃易透过的光线，因此二苯甲酮的光化学还原可以使用普通玻璃仪器。

光化学反应在许多类型的有机反应中都获得了很好的应用，如原子位移反应、重排反应、分解反应和加成反应等。

4.2.1 苯频哪醇的光化学制备

【实验目的】

学习光化学合成基本原理，了解光化学还原制备苯频哪醇的原理和方法，增进对羰基光化学还原反应机理的理解。

【实验原理】

有机分子吸收光能后形成活化分子，活化分子可经多种途径失去其多余的能量，利用这部分能量引起化学反应就是有机光化学研究的内容。

二苯甲酮的光化学还原是一个简单的光化学反应例子，将二苯甲酮溶于一种"质子给予体"的溶剂中，如异丙醇，并将其暴露在紫外光中时，会形成一种不溶性的二聚体——苯频哪醇（benzopinacol）。

$$PhCOPh + \underset{H_3C}{\overset{H_3C}{\diagup}}CHOH \xrightarrow{h\nu} Ph-\underset{Ph}{\overset{OH}{\underset{|}{\overset{|}{C}}}}-\underset{Ph}{\overset{OH}{\underset{|}{\overset{|}{C}}}}-Ph + \underset{H_3C}{\overset{H_3C}{\diagup}}C=O$$

苯频哪醇也可由二苯甲酮在镁汞齐或金属镁与碘的混合物（二碘化镁）作用下发生双还原反应制备。

$$\underset{Ph}{\overset{Ph}{\diagdown}}C=O \xrightarrow{Mg+I_2} \underset{Ph_2C-O}{\overset{Ph_2C-O}{\diagdown}}Mg \xrightarrow{H_2O} \underset{Ph_2C-OH}{\overset{Ph_2C-OH}{}}$$

【实验步骤】

在 25 mL 圆底烧瓶中加入 1.8 g（0.01 mol）二苯甲酮和 10 mL 异丙醇，稍加热使固体溶解。然后加入 1 滴冰醋酸[1]，再加入异丙醇充满烧瓶，其目的是尽可能排除瓶中的空气[2]，用磨口塞塞紧烧瓶口，将其充分振摇。然后置烧瓶于窗台的烧杯中，阳光照射。完成反应将需一周左右时间[3]。

由于反应生成的产物苯频哪醇在溶剂异丙醇中的溶解度很小，随着反应的进行，苯频哪醇晶体从溶液中析出。待反应完成后，在冰浴中冷却使结晶完全析出。真空抽滤，并用少量异丙醇洗涤结晶。干燥后得到无色结晶产品[4]。产量 2～2.2 g，产率 55%～60%，熔点为 188～189 ℃。

[1] 加入冰醋酸的目的，是为了中和普通玻璃器皿中微量的碱，消除玻璃碱性的影响，因为碱催化下苯频哪醇易裂解生成二苯甲酮和二苯甲醇，对反应不利。

[2] 二苯甲酮在发生光化学反应时有自由基产生，而空气中的氧会消耗自由基，使反应速率减慢。

[3] 反应进行的程度取决于光照情况。如阳光充足直射下 4 天即可完成反应；如天气阴冷，则需一周或更长的时间，但时间长短并不影响反应的最终结果。如用日光灯照射，反应时间可明显缩短，3～4 天即可完成。

[4] 从二苯甲酮经光化学还原制得的苯频哪醇，不需后处理就可得到纯度高的产品。

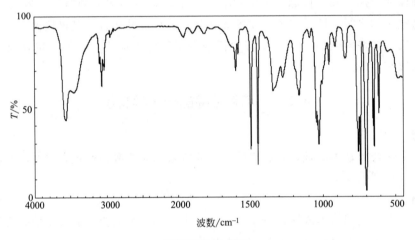

苯频哪醇 IR 谱图

【思考题】

1. 你能否想出一个不通过二苯甲酮经由其第一单线态而产生二苯甲酮 n-π* 三线态 T_1 的方法？说明理由。

2. 二苯甲酮和二苯甲醇的混合物在紫外光照射下能否生成苯频哪醇？写出其反应机理。

【参考文献】

L. F. Fieser, K. L. Williamson. Organic Experiment. 4th ed. 1979.

4.2.2 马来酸酐光化二聚制备 1,2,3,4-四羧酸甲酯环丁烷

【实验目的】

通过马来酸酐的光化二聚反应，进一步了解有机光化学反应的基本概念和实验方法。

【实验原理】

周环反应中的 [2+2] 环加成反应是在光的作用下，两分子烯烃彼此加成形成环丁烷的

衍生物，也称为光化二聚合反应。

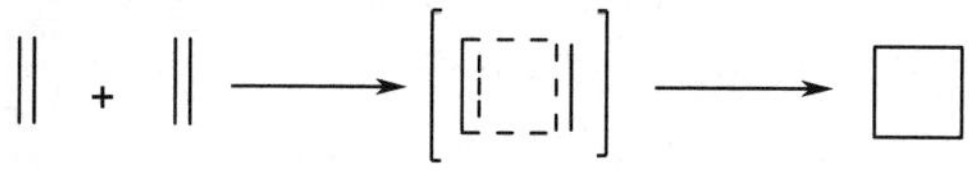

光化二聚合反应通过一个环形的过渡态并且是一个协同反应。马来酸酐（顺丁烯二酸酐）也可以发生［2+2］环加成反应，生成环丁烷四羧酸二酐，然后将该二聚体进行醇解制得1,2,3,4-四羧酸甲酯环丁烷（1,2,3,4-cyclobutanetetracarboxylic tetramethyl ester）。其反应过程按如下反应式进行：

hν
CH3OH
H2SO4
H3COOC
H3COOC
COOCH3
COOCH3

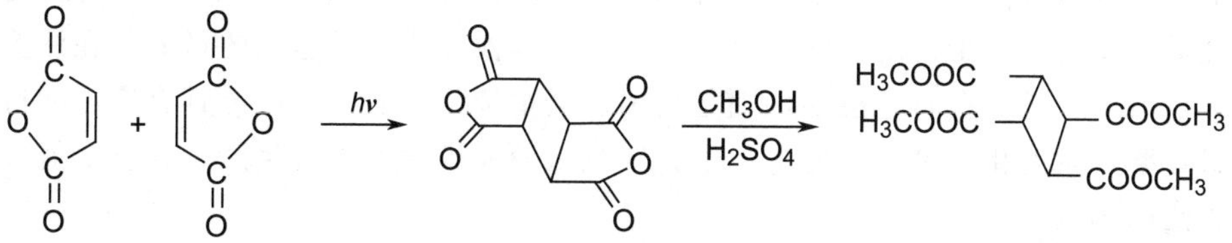

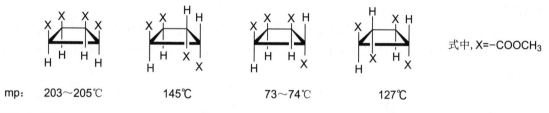

1,2,3,4-四羧酸甲酯环丁烷有四种异构体，通过测其熔点，可推知其结构，因为1,2,3,4-四羧酸甲酯环丁烷可能存在的四种异构体都是已知的，其结构式和熔点为：

式中，X=-COOCH3
mp：
203～205℃
145℃
73～74℃
127℃

【实验步骤】

称取0.5 g（0.005 mol）研细的马来酸酐置于100 mL锥形瓶中，加入90 mL四氯化碳[1]，加热溶解。趁热过滤到另一个100 mL锥形瓶中[2]，用磨口塞塞紧瓶口，放在日光灯下照射。约1～2 h后有白色絮状沉淀产生，放置2～3天后，反应即可完成。过滤，干燥，得到马来酸酐二聚体0.3 g（产率约60%），mp 290～292 ℃（文献值300 ℃）。

将制得的白色固体置于50 mL圆底烧瓶中，加入20 mL甲醇和1滴浓硫酸，加热回流1 h。然后蒸去16 mL溶剂，用冰水充分冷却，即析出结晶。过滤，干燥，测熔点为141～143 ℃，产量约0.1 g。产物可在苯中重结晶。

从所得1,2,3,4-四羧酸甲酯环丁烷的熔点，可推知马来酸酐二聚体的构型与理论推测一致[3]。

［1］该反应为双分子反应，浓度大有利于反应的进行，故一般配制成饱和溶液。同时溶剂纯度要高，以免杂质吸收光能，从而干扰光化反应。

［2］滤液若有沉淀，可稍加此溶剂并温热溶解，在低于20 ℃时，马来酸酐溶解度降低，易析出，干扰二聚反应的产物。

［3］马来酸酐二聚体的构型：

H3COOC
H3COOC
COOCH3
COOCH3

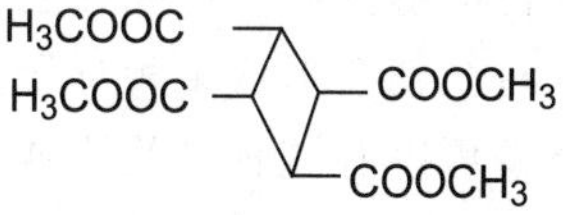

【思考题】

1. 光化学反应能否在红外灯下进行，为什么？
2. 如何利用1,2,3,4-四羧酸甲酯环丁烷的熔点来确定原环丁烷四羧酸二酐的构型？
3. 对于双分子反应，浓度对反应速率有何影响？

【参考文献】

[1] 黑晓明, 刘百战, 宋钦华. 中国科学技术大学学报, 2008, 38 (6): 644-646.
[2] 刘锦贵, 王国辉, 党珊. 化学通报, 2009, (8): 762-764.

4.3 电化学有机合成

电化学有机合成（organic electrochemical synthesis）是研究用电化学方法合成有机化合物的科学。它是一门涉及电化学、有机合成、化学工程等领域的边缘科学。近年来，采用电化学的方法进行有机化合物的合成发展很快。这主要是由于这个方法中用到的化学试剂少，因此对环境的污染少；而且此法可以达到一些其他方法难以达到的目的。在注重环境保护的今天，电解合成法在对有机物特别是高附加值精细化学品的生产上具有广泛的价值，其地位愈显重要，发展相当迅速。但电化学方法难以较大规模地进行生产，并且电能较昂贵也是这个方法的弱点。

Kolbe 电解反应合成烷烃是羧酸盐负离子在电解池的阳极作用下，发生电子转移反应而放出一个电子，同时发生解离而放出二氧化碳和烷基自由基，当生成的两个烷基自由基发生偶联时就得到了反应产物长链烷烃。这个反应最早是 1848 年 Kolbe 发现，所以常称为 Kolbe 电解反应。

经过大量的研究，目前比较广泛接受的反应机理是：首先，羧酸盐负离子吸附在阳极表面上，烷基和 COO— 之间的键变弱变长，在发生电子转移放出一个电子的同时，COO— 的键角发生变形。

当这种变形分子发生电子转移以后，得到了 CO_2 分子和烷基自由基。由于上述几步过程是协同的一步反应，因此没能分离得 RCOO· 自由基。

在适当条件下 Kolbe 电解反应进行相当迅速。反应开始后，立即放出大量二氧化碳气泡。脱羧后的烷基自由基在阳极表面附近会形成一个浓度较高的自由基层，造成了自由基偶联的良好环境，两个自由基偶联后即得到反应产物烷烃。

Kolbe 电解反应适用于直链的饱和脂肪酸或饱和脂肪二元酸单酯等化合物。如果用一种酸进行电解反应，产物比较单纯，为对称性分子，收率也好。如果用两种不同的酸进行电解反应时，就会形成某种酸脱羧后自身偶联的产物及某两种不同酸脱羧后交叉偶联的产物，因此至少可以有三种产物生成，需要的产物的产率相对是较低的。这可以通过适当地调节两种酸的配料比例，使某种产物得到较好的产率。

Kolbe 电解反应也是合成天然有机物时的一个得力的手段。精心设计、巧妙地利用这个反应，可以得到常规的实验室方法难以制得的化合物。例如，在人工合成麝香酮时，就曾巧妙地利用了有机化合物的电解反应进行合成。

但也不是任何一种羧酸都能进行 Kolbe 电解反应，并能得到较好产率。在羧基的 α-位有烷基取代时，会产生明显的立体效应，阻碍偶联的进行，使反应收率明显下降。取代基离羧基愈远影响也愈小，在 γ-位以后影响就很小了。对于 α,β-不饱和羧酸、α-卤代酸、α-羟基

酸和 α-氨基酸，Kolbe 电解反应根本不能进行。

影响 Kolbe 电解反应的因素较多，主要有以下几个方面。

① 电流密度　在一定范围内，电流密度大些对反应有利，一般在 0.25 A/cm² 左右较合适。

② 羧酸盐的浓度　当浓度为 1 mol/L 时最好，浓度太低影响产率。

③ 电极材料　以铂电极最理想。

④ 反应温度　Kolbe 反应对温度较敏感，在较低温度下反应为宜，一般是在室温下进行反应。当温度升高到 50 ℃时，反应产率会有明显的降低。

⑤ 电解液的酸度　在弱酸性介质中进行电解反应最为合适。常采用羧酸和羧酸盐的混合物作电解液进行 Kolbe 电解反应。如果在强酸性介质中有机羧酸难以解离；在强碱性介质中，氢氧根离子会在阳极放电产生氧气；在弱碱性介质中生成醇的副反应变得非常显著。

关于电解质，由于水受外界条件的影响变化较大，所以一般进行 Kolbe 电解反应多采用非水介质，特别是电导率较大的甲醇，常被用来作为电解质。但甲醇的缺点是放出的热量较大，要采用高效的冷却装置，以控制反应的温度。

4.3.1　Kolbe 电解法合成十二烷

【实验目的】

学习用 Kolbe 电解法合成十二烷的原理和方法。

【实验原理】

本实验用庚酸-庚酸钠在甲醇中的体系进行 Kolbe 电解偶联反应，得到正十二烷（dodecane）：

$$CH_3CH_2CH_2CH_2CH_2CH_2COONa \xrightarrow[CH_3OH]{电解} CH_3(CH_2)_{10}CH_3$$

【安全提示】

实验仪器装置如右图所示。在仪器装置好后，应先检查电路的连接是否正确，电极是否平直，极板间的距离是否合适。切忌电极之间短路接触！当一切检查无误以后再接通电路。

【实验步骤】

1. 电解液的配制

在 100 mL 锥形瓶中加入 50 mL 甲醇（分析纯），将 0.3 g（0.013 mol）金属钠投入甲醇中，待激烈反应过后，全部钠都转变成甲醇钠并溶解于甲醇中时，向溶液中加入 10 g（11 mL，0.077 mol）正庚酸，搅拌均匀待用。

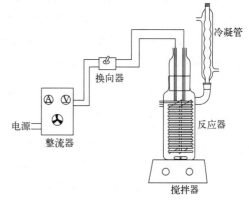

2. 电解反应

将配好的电解液倾注于圆柱状的电解槽中，放入用聚四氟乙烯包裹的搅拌子，装好电极，接通冷却水，连好工作电路，经检查一切无误后，接通电源。先将直流输出电压调到 25 V 进行电解反应，如冷却效率尚好，可逐步地将电压升至 50 V 左右。当电路接通后，即可观察到有大量的二氧化碳气泡产生，说明反应已经开始。此后每隔10～15 min用换向器改变一次电流的方向,这可避免在电极表面上产生一层难溶的膜。此膜能阻止电流通过。

当反应接近终点时,电解液由弱酸性变为弱碱性,电流也变小。此时检查电解液的酸度,当pH值为8时反应即可结束。

切断电源,用几滴醋酸中和电解池内的反应物使呈中性。在减压下蒸出大部分溶剂甲醇,将残留物倾入50 mL水中使溶解。所得液体用乙醚(20 mL×2)萃取,用10%的氢氧化钠溶液洗涤乙醚溶液(若反应不完全,此时会出现沉淀,过滤除去沉淀。若两相产生乳化,向溶液中加入少量氢氧化钠,再加入乙醚和水进行萃取分离)。乙醚萃取液用无水氯化钙干燥,蒸去乙醚后,在减压下蒸出产物。记录产量及收集产物的沸程。

常压下产物沸点为216 ℃,用沸点与压力关系图表预计产物在减压下的沸点,与实际测得沸点对比。计算产率,并用气相色谱检查产物的纯度,与标准样品比较保留时间。测定产物的红外光谱,与标准谱图对比。

【思考题】

1. 在Kolbe电解反应中常产生一些黑色树脂状物质,试分析其产生的过程。
2. d-2-甲基己酸和l-3-甲基己酸进行Kolbe电解反应时,得到的产物分别是什么?为什么?

【参考文献】

[1] 杨辉,卢文庆. 应用电化学. 北京:科学技术出版社,2001.
[2] 吴辉煌. 电化学. 北京:化学工业出版社,2004.

4.4 微波辐射技术

早在1967年,N. H. Williams就报道了用微波加快化学反应的实验结果。目前,微波辐射技术(microwave radiation technology)已广泛应用于有机合成中,研究微波与化学反应系统的相互作用——微波化学,已逐步形成一门新的交叉学科。微波化学在相关产业中的应用可以降低能源消耗、减少污染、改良产物特性,因此被誉为"绿色化学"。

微波对被照物有很强的穿透力,对反应物起深层加热作用。由于微波可使反应底物在极短时间内迅速加热,这种加热方式可使一些常规回流条件下不能活化而难以进行或无法进行的反应得以发生。微波辐射有机合成具有反应速率快、反应时间短,且产率高、操作方便、产品容易纯化等特点,这些特点为微波在有机合成中的应用显示了广阔的应用前景。

迄今为止,已研究过的微波辐射有机反应包括烯烃加成、消除、取代、烷基化、酯化、DA反应、羟醛缩合、水解、酯胺化、催化氢化、氧化等。如用微波技术进行酯化反应,与传统的回流方法相比,速率可以提高1.3～180倍。一个典型的例子是尼泊金酯类防腐剂的合成,微波催化在30 min内完成,而原反应时间为5 h,速率提高了10倍。

利用微波加热时,极性物质能迅速被升温。如用560 W微波炉加热50 mL水、甲醇、乙醇、乙酸和丙酮各1 min,它们的温度分别升至81 ℃、65 ℃、78 ℃、110 ℃和65 ℃;而非极性物质如己烷和四氯化碳,在同样条件下处理,则温度只升至25 ℃和28 ℃。因此利用微波进行有机合成时,需选择极性溶剂作为反应介质,以便有效地吸收微波能量。另外,某些固体物质如玻璃和聚四氟乙烯等,在微波作用下温度升高很少,故可用作反应器材。在实验室中,可采用家用微波炉或将其改装后使用,也有一些专供有机合成用的微波反应器,逐步在完善。

微波应用于有机合成反应,除了通常有溶剂存在的湿法技术外,更为重要的是无溶剂的干法技术。干法有机合成是将反应物浸渍在氧化铝、硅胶、黏土、硅藻土或高岭石等多孔无机载体上进行的微波反应。干法技术不存在因溶剂挥发而形成高压的危险,避免了大量有机溶剂的使用,对解决环境污染具有现实意义。目前微波技术在有机合成上的研究与开发日益增长,预计在不远的将来这项新技术可望用于工业化。

微波技术作为一种实验手段也已扩展到其他领域,如利用微波技术处理核废料;在无机化学和材料科学领域,用于合成新的功能材料;在生物学领域用于组织固定等。

4.4.1 微波辐射合成对氨基苯磺酸

【实验目的】

1. 了解微波辐射合成对氨基苯磺酸的原理和方法。
2. 掌握微波加热进行实验操作的技术。

【实验原理】

室温下芳香胺与浓 H_2SO_4 混合生成 N-磺基化合物,然后加热转化为对氨基苯磺酸(p-amino benzenesulfonic acid),它在常法下加热反应需要几个小时,而用微波 10 min 左右便能完成。

反应式:

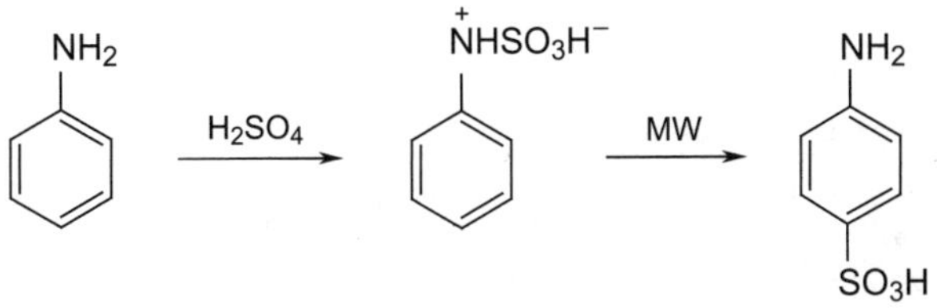

$$\text{C}_6\text{H}_5\text{NH}_2 \xrightarrow{H_2SO_4} \text{C}_6\text{H}_5\overset{+}{\text{N}}\text{HSO}_3\text{H}^- \xrightarrow{MW} p\text{-}H_2N\text{-}C_6H_4\text{-}SO_3H$$

【实验步骤】

在 25 mL 圆底烧瓶中放入 2.8 g (0.03 mol) 苯胺,分批加入 1.6 g 浓硫酸[1],并不断振摇。然后,将圆底烧瓶置于实验专用微波炉(见右图)中,装上空气冷凝管,并同时在微波炉内放入盛有 100 mL 水的烧杯[2]。火力调至低挡,持续 10 min。关闭微波炉,待稍冷,取出 1~2 滴反应混合物于 2 mL 10%NaOH 溶液中,若得到澄清的溶液,表示反应完全,否则需继续加热。

反应完毕,在不断搅拌下,将反应液趁热倒入盛有 20 mL 冷水或碎冰的烧杯中,析出灰白色对氨基苯磺酸。冷却后抽滤,用少量水洗涤,然后用热水重结晶,活性炭脱色,可得到含两分子结晶水的对氨基苯磺酸。纯的对氨基苯磺酸为白色结晶,熔点为 365 ℃。

[1] 加浓硫酸时,H_2SO_4 与苯胺激烈反应生成苯胺硫酸盐,因此先要滴加,当 H_2SO_4 加至生成盐不能振摇时才可分批加入。

[2] 用烧杯装 100 mL 开水置于微波炉中,可以分散微波能量,减少反应中因火力过猛而发生的炭化。

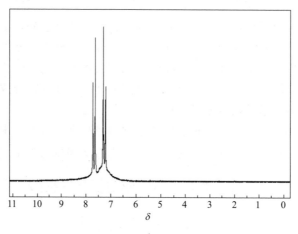

对氨基苯磺酸 ^{1}H NMR 谱图

【思考题】
1. 磺化的反应机理如何？经历的中间产物是什么？
2. 为什么微波辐射可以加速反应？

【参考文献】
李霁良. 微型半微型有机化学实验. 北京：高等教育出版社，2003.

4.4.2 微波法提取黑胡椒油树脂及胡椒碱含量的测定

【实验目的】
1. 了解黑胡椒油树脂与胡椒碱的性质。
2. 掌握微波法提取黑胡椒油树脂的原理和实验方法。
3. 掌握分光光度法测定植物提取物中主要有效成分的方法。

【实验原理】

胡椒（*Piper nigrum* L.）为胡椒科胡椒属、多年生常绿攀援状藤本植物，产于东亚及我国海南、广东、广西及云南等地。黑胡椒为暗绿色胡椒晒干后的果实，所含胡椒碱可用作解热和祛风剂，并有抗疟作用；胡椒的水、醚或乙醇提取物有杀绦虫的作用。在食用方面，黑胡椒有强烈芳香和刺激性辣味，具有除臭、防腐和抗氧化作用，是消耗最多、最为人们喜爱的一种香辛料，为咖喱粉、沙司、调味番茄酱等的重要原料。

黑胡椒油树脂（black pepper oleoresin）是黑胡椒的提取物，是食品添加剂中的一个品种。目前国内外采用的提取方法有溶剂法、微波法、超声波法及超临界法等。本实验采用微波法从黑胡椒中提取黑胡椒油树脂，并用紫外分光光度法测定其中胡椒碱（piperine）的含量。

微波能照射植物时，其热效应和非热效应促进植物细胞壁破裂，其中的有效成分快速溶出并溶解到周围的溶媒中。微波提取法的特点是提取过程温度较低、速度较快，从而有效保存了植物中的有效成分，是一种高效节能的新方法。胡椒碱结构中存在着较长的共轭体系，可用紫外分光光度法在 342 nm 处测其吸光度，以测定黑胡椒油树脂中胡椒碱的含量。此测定方法简单便捷，适合工业生产中黑胡椒油树脂品质的监控。

【安全提示】
1. 在进行微波提取时，要注意把屏蔽门关紧，以防微波泄漏。
2. 提取过程中必须保证反应器通大气，可在反应器的一口上接冷凝器，以使乙醇回流。

【实验步骤】
1. 黑胡椒油树脂的提取

称取粒度为 40 目的黑胡椒粉 10 g、50 mL 95％乙醇于 100 mL 二口烧瓶中，将其置于实验专用微波炉中，分别接上回流冷凝管及搅拌器，关闭微波炉门。设定提取时间为 10 min、微波功率为 200 W、提取温度上限为 60 ℃、下限设置为 58 ℃。先开启搅拌器，然后开启微波进行提取。提取完成后，取出烧瓶，抽滤，滤液留用，渣弃。

滤液于 55 ℃水浴，减压浓缩乙醇至干[1]，得油树脂粗产品。称重，计算提取率[2]。

2. 胡椒碱含量的测定

（1）胡椒碱标准溶液的配制　精密称取胡椒碱标样 0.1000 g 于 50 mL 烧杯中，用无水乙醇溶解，转入 100 mL 容量瓶中，定容。胡椒碱标准使用溶液临用时吸取储备液 10.00 mL 于 100 mL 容量瓶中，以无水乙醇定容至刻度。

（2）标准曲线的制作　分别吸取 0.00 mL、0.05 mL、0.10 mL、0.30 mL、0.50 mL、0.70 mL 胡椒碱标准溶液于 10.0 mL 比色管中，用无水乙醇稀释至刻度，混匀。用 1 cm 石英比色皿，以无水乙醇作参比，于波长 342 nm 处测其吸光度，使用 Origin 数据分析软件，以吸光度 A 对溶液浓度 c 作图，绘制标准曲线，进行线性拟合可得线性方程。

（3）样品中胡椒碱含量的测定　称取 0.010 g 油树脂粗产品于 50 mL 烧杯中，加入 0.2 g 活性炭后，加入少量无水乙醇，小心加热至沸腾。过滤，滤液于 100 mL 容量瓶中，滤渣以无水乙醇少量多次淋洗，定容至刻度，混匀。然后吸取 5 mL 于 25 mL 比色管中，用无水乙醇稀释至刻度，摇匀。用 1 cm 石英比色皿，以无水乙醇作参比，于波长 342 nm 处测其吸光度，代入标准曲线的拟合方程可计算样品中胡椒碱的含量[3]。

[1] 减压浓缩过程中，真空度要适中，不能过小或过大。真空度过小，浓缩速度慢；过大容易出现暴沸，所以真空度在 0.075～0.085MPa 最好。

[2] 提取率计算公式：提取率（％）＝粗产品质量（g）×100％/黑胡椒粉质量（g）。油树脂提取率为 8％～12％。

[3] 油树脂中胡椒碱含量＝（胡椒碱质量/所称取油树脂质量）×100％。油树脂中胡椒碱含量为 30％～37％。

【思考题】
1. 为什么在进行微波提取时需要搅拌？
2. 在进行紫外检测之前，为什么样品要经过活性炭处理？

【参考文献】
[1] 战希臣，孟庭宇，刘学武等. 超临界二氧化碳萃取胡椒油实验研究与数值模拟. 化学工程，2006，34（6）：8-11.

[2] 国家药典委员会. 中华人民共和国药典. 北京：化学工业出版社，2005. 168-169.
[3] 韦琨，窦德强，陈英杰等. 胡椒的化学成分、药理作用及与卡瓦胡椒的对比. 中国中药杂志，2002，27（5）：328-335.
[4] 张国宏，刘丽新，沈锋. 均匀设计方法在胡椒风味成分提取工艺上的应用. 食品科学，1997，18（7）：22-26.
[5] 周叶燕，樊亚鸣，陈永亨等. 动态-微波法提取黑胡椒油树脂的中试研究. 食品科技，2009，34（11）：175-179.
[6] 张沛玲. 紫外分光光度法测定胡椒碱. 中国卫生检验杂志，2001，11（6）：693.
[7] GB/T 17528—1998 胡椒碱含量的测定——分光光度法.

4.5 不对称催化技术

在漫长的化学演化过程中，地球上出现了无数手性化合物。构成生命体系生物大分子的基本单元如碳水化合物、氨基酸等大部分是手性分子，生物体内的酶和细胞表面的受体也是手性的。

外消旋体拆分和不对称合成是获得手性分子的有效方法。外消旋体拆分法价格便宜、操作简单，但往往只有 50% 的有用产品，原子利用率很低。而不对称合成法则是指在手性环境中把非手性的原料选择性地转化为手性产物的方法，可以有效地提高原子利用率，目前这是最有效最通用的方法。

常见的手性环境有：①底物本身具有手性；②将一个手性助剂引入反应底物中；③手性溶剂；④手性催化剂。此外，在光化学反应中，利用圆偏振光也能够进行不对称合成，这是产生手性分子的方法之一，在特殊的情况下只生成一种对映体。利用酶的立体专一性进行不对称合成，可以几乎百分之百地得到一对对映体中的一个。

在过去 30 年间，人们根据反应的特点合成了各种各样的手性催化剂。这些催化剂大多属于含有手性配体的过渡金属配合物。以这些手性催化剂催化的反应不仅可以得到单一的对映体，而且化学产率高。特别是它仅需要非常少量的催化剂（甚至与酶催化效率相当）。

不对称催化（asymmetric catalysis）作为不对称合成最重要的组成部分，通常包含手性配体的合成、手性催化剂的制备、催化反应和光学产率的测定。下面以不对称氢化为例说明整个过程。

（1）手性配位体的制备　进行不对称催化作用研究的主要问题是合成手性配位体。由于人们已经透彻地了解了各种类型的催化剂的结构和催化机理，所以，在设计合成一个新的手性配位体时应当预见到它的立体选择和可能达到的最佳结果。同时，配位体的合成应当简单易行，若有可能，应当避免拆分这一步骤，并尽可能使用天然产物衍生出来的手性原料。

一些典型的手性配位体如下：

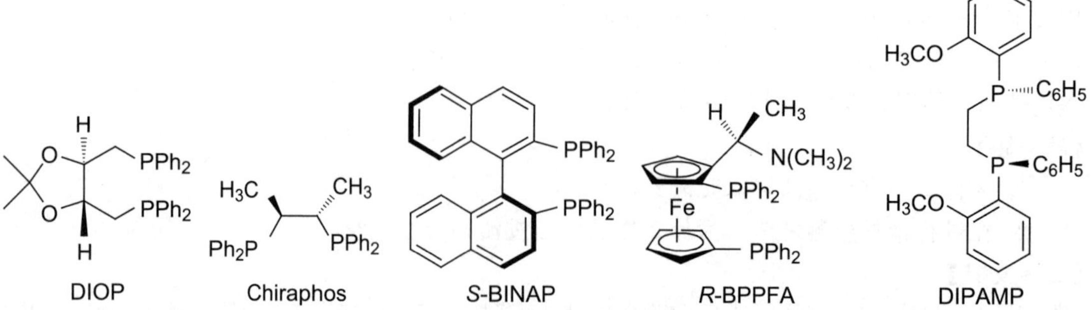

DIOP　　Chiraphos　　S-BINAP　　R-BPPFA　　DIPAMP

(2) 不对称氢化催化剂的制备　不对称氢化是在手性催化剂存在下氢气选择性加成到碳碳或碳杂原子双键上生成手性化合物的过程，是一个具有高原子经济性、环境友好和工业上应用最多的一类不对称反应。

不对称催化氢化通常使用过渡金属的手性阳离子络合物为催化剂。制备这种络合物的化学方程式如下：

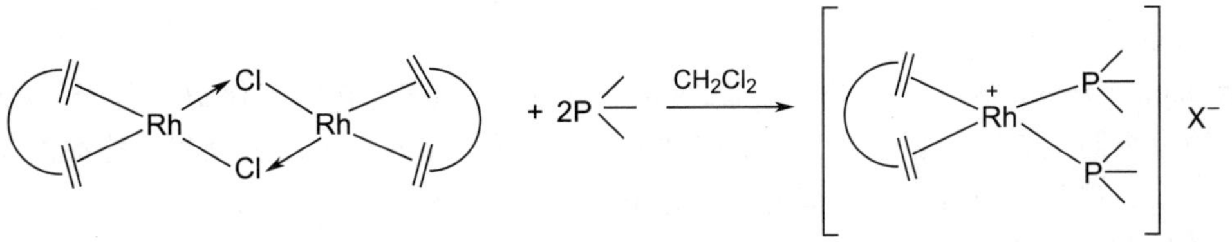

同时也可以使用 [Rh(COD)Cl]$_2$、[Rh(C$_2$H$_4$)$_2$Cl]$_2$ 或 [Ir(COD)Cl]$_2$ 为原料制备原位催化剂：

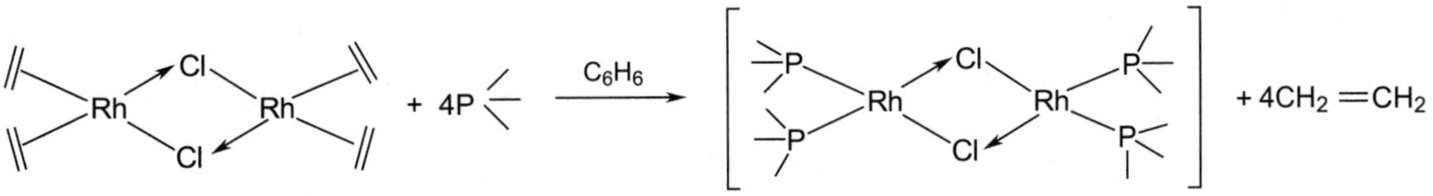

这种催化剂不经分离和提纯，制备完毕之后，立即直接使用。

(3) 烯烃的不对称还原　在手性铑催化剂的存在下，双键上带有羧基或酰氨基的烯烃通常能得到很高的光学产率。如 α-N-乙酰氨基丙烯酸及其衍生物已被成功地用来不对称合成 α-氨基酸：

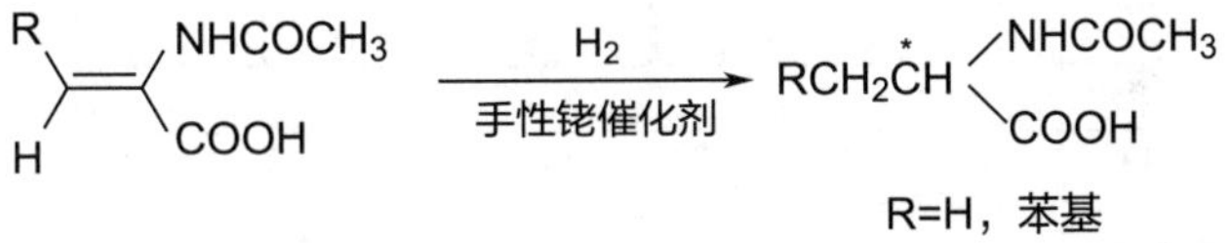

R=H，苯基

DIPAMP 的铑络合物已在工业生产中获得应用，用它生产治疗帕金森综合征的药物 L-多巴。

(4) 光学产率的测定　不对称合成的光学产率在手性产物容易分离的情况下是很容易测定的，利用旋光仪是测定光学产率——对映体过量（e.e.）或光学纯度（P）最常用的方法。

利用涂有手性固定液的毛细管气相色谱仪（GC）或带有手性固体液柱的液相色谱仪（HPLC）是一种确定对映体过量（e.e.）方便而灵敏的物理方法，也是目前使用最广泛、测量最准确的方法。

4.5.1　α-乙酰氨基肉桂酸的不对称常压氢化反应

【实验目的】

1. 掌握无水无氧操作，学习手性化合物的 e.e. 值测定方法。
2. 了解不对称催化氢化反应机理。

【实验原理】

反应式：

【实验步骤】

1. 常量法

将 0.03 mmol 的阳离子络合物 $[RhCOD(-)DIOP]^+BF_4^-$ 在氮气保护下溶于 10 mL 乙醇中,再移入与氢气贮槽相连、且用氢气洗涤过的盛有 3 mmol α-乙酰氨基肉桂酸的反应瓶中,室温下,搅拌至吸收完计算量的氢气为止。

用旋转蒸发仪减压除去溶剂,加入 8~10 μL 1 mol/L 氢氧化钠溶液,过滤除去不溶物,滤液注入萃取器中。用浓盐酸中和,用乙醚进行连续萃取。24 h 以后,减压蒸去乙醚,即得固体产物。利用旋光仪测定产物的比旋光度,计算对映体过量($e.e.$)。

2. 微量法

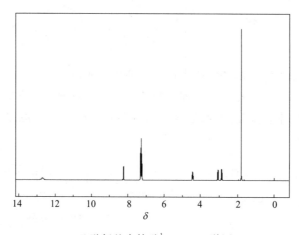

α-乙酰氨基肉桂酸 ^{1}H NMR 谱图

将 $[Rh(COD)_2]BF_4$ 和手性配体(双齿配体为 $[Rh(COD)_2]BF_4$ 的 1.05~1.2 倍)溶于 1 mL 二氯甲烷中,室温下,搅拌 20 min 后,加入脱氢氨基酸甲酯(0.5 mmol)溶于 1 mL 二氯甲烷溶液中。将上述反应器转移至不锈钢高压釜中,用氢气置换数次后,充入氢气至 500 kPa,室温下反应 10 h。反应液经硅胶柱色谱得氢化产品。其光学纯度和转化率通过气相或液相色谱分析确定,消旋产物通过 Pd/C 催化剂制备得到。

【参考文献】

[1] 乔振,王敏. 不对称催化氢化反应中配体研究进展. 合成化学,2002,10 (1):8-16.
[2] Eric N. Jacobsen, Andreas Pfaltz, Hisashi, Yamamoto. Comprehensive Asymmetric Catalysis. New York:Springer-Verlag, 2000.
[3] 吴世晖,周景尧,林子森等. 中级有机化学实验. 北京:高等教育出版社,1986.

4.6 组合化学在药物合成中的应用

组合化学(combinatorial chemistry)是近 20 年来刚刚兴起的一门新学科,是一种同时

4.6 组合化学在药物合成中的应用

创造出多种化合物的合成技术。组合化学的基本研究思路是构建组成分子具有多样性的化学库，每一个化学库都具有分子的可变性和多样性，分子间不要求存在着简单的定量关系。目前，组合化学已渗透到药物、有机、材料、分析等化学的诸多领域，随着自动化水平的提高，组合化学已成为目前化学领域最活跃的领域之一。

由于组合化学能为新药物分子设计，如先导药物分子设计提供巨大的"化合物库"，因此，组合化学在药物合成中拥有举足轻重的地位。

下图表明用 9 种（3＋4＋2）不同的反应物，合成 24 种组成不同的化合物时的组合方法。

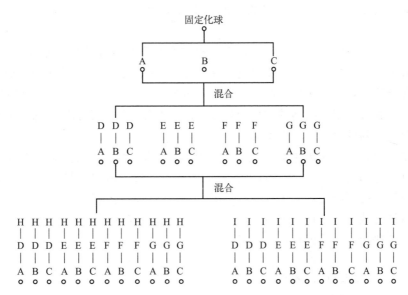

如果用传统的合成方法，要进行 $24×3=72$ 次合成。现在包括将 A、B、C 通过联结剂固定在固定化球上，只要进行三步合成操作。

如果用类似的方法用于多肽合成，由 20 种天然氨基酸为构建单元，利用传统的合成方法，二肽便有 400（20^2）种组合，三肽则有 8000（20^3）种组合，依此类推，八肽将达到 25600000000（20^8）种组合，将它们逐一合成要进行 256 亿次实验。如果采用组合化学的方法，只要进行 9 次如上图所示的固定化和混合操作即可，由此可以看出组合化学方法的先进性。

(1) 组合化学的发展历史　组合化学起源于人们对自然界认识、研究的加深。虽然自然界仅有 20 种天然的氨基酸，而这些氨基酸却组成了千千万万种形态、功能各异的蛋白质。在众多的因素中，重要的一点就是氨基酸在构成蛋白质时，彼此之间有很多种不同的连接顺序，这就是组合原理的体现。例如，20 种氨基酸，根据组合原理可形成 20^6 种不同的六肽（而且还不考虑空间构象）。1963 年，Merrifield 利用固相技术合成了多肽，实现了产物与反应试剂的有效分离，为组合化学的发展奠定了基础。20 世纪 80 年代中期以后，一些科学家开始将组合原理应用到化学合成领域（最初主要是肽库的合成），其中以 Houghten 的"茶叶袋"(tea bags) 法和 Furka 的混分 (mix and split) 最具代表性，混分法的出现更是标志着组合化学进入了一个崭新的发展阶段。近十年来，伴随着电脑的普及和自动化水平的提高，组合化学由最初的药物合成领域延伸到有机小分子及无机材料合成领域，大大加速了新药、新材料的发现速度。

（2）组合化学的定义　组合化学是一门将化学合成、组合理论、计算机辅助设计及机械手结合为一体，并在短时间内将不同构建模块用巧妙构思，根据组合原理，系统反复连接，从而产生大批的分子多样性群体，形成化合物库（compound library），然后，运用组合原理，以巧妙的手段对库成分进行筛选优化，得到可能的有目标性能的化合物结构的科学。

（3）组合化学在有机领域的应用　组合化学在有机领域最引人注目的成就是对传统药物合成化学的冲击。设计和研制对某种疾病有特效的药物往往需要经过一个旷日持久的漫长过程。例如先要根据已有的经验（如药物的结构与效用间的关系，简称构效关系）对药物进行分子设计；第二步是合成所设计的分子和它的相似物或衍生物；第三步对合成出来的诸多化合物进行药效的初步筛选，要进行动物试验、生理毒理试验、临床试验，时间之长，可想而知。

组合化学法可以一次就按排序制造出上千种带有表现其特性的化学附加物的新物质来，整个一组化合物可以根据某些生物靶来进行同步筛选，挑出其中的有效化合物加以鉴定。再以这些有效化合物的化学结构作为起点，合成新的相关化合物用于试验。在随机筛选法中，任意一种新化合物表现出生物活性的机会是很小的，但是具备同步制造和筛选能力之后，找到一种有价值的药物的机会就大大增加了。

（4）展望　组合化学从诞生起，便显示出强大的生命力，20余年来，在有机（包括药物）领域得到了蓬勃发展。21世纪的化学将更多地向生命、材料领域渗透，对于这个领域内的合成化学家来说，组合化学无疑为他们提供了一条新的化学合成思路。虽然目前还面临着诸如缺乏系统有效的平行检测手段等困难，但相信，随着电脑技术和自动化水平的提高及新型检测仪器的研制，这些困难将逐步得到解决。

【参考文献】

[1]　刘刚，萧晓毅. 寻找新药中的组合化学. 北京：科学出版社，2003.
[2]　Nicholas K. Terrett. 组合化学. 徐家喜，麻远译. 北京：北京大学出版社，1999.

第 5 篇　综合与探究性实验

　　提高性实验包括综合性、设计性和研究创新性实验。开设综合性实验的目的在于培养学生运用基础实验技术、综合分析和解决问题的能力。设计性实验着重培养学生提出问题、设计组织和自主实验的能力，以及查阅中外文资料等信息处理能力。研究创新性实验则着重培养学生大胆质疑、敢于探索、勇于创新的能力，激发学生的发散性思维，唤起他们的创新意识。

　　综合性实验体现在实验内容的综合性、实验方法的多元性、实验手段的多样性，以及对学生的知识、能力和素质的综合培养上。选用一些有一定难度、能反映有机合成方法的新发展、或产物有一定的实用价值、或有一些化学史料中的轶闻趣事的内容，以"制备→分离分析→结构表征"为主线，有效地把化合物的多步骤合成、结构表征和产物应用结合起来，形成综合、连续合成的模式，使学生对合成反应有较全面了解的同时，激发对合成实验的兴趣和热情。

　　设计性实验首先给定实验目的要求和实验条件，在教师的指导下，学生查阅文献资料，自行设计实验方案，选择实验方法和实验仪器，拟定实验步骤，加以实现和优化条件，并对实验结果进行分析处理，写出实验论文。

　　研究创新性实验是在教师指导下，学生针对某一或某些选定研究目标进行具有科学研究和探索性质的实验，更突出实验内容的自主性、实验结果的未知性、实验方法和手段的探索性等特点。设计性和研究创新性实验适合开放性实验教学。

　　化合物的制备研究是有机化学最基本也是最重要的研究课题。其基本应包括：实验题目与背景材料，文献资料查阅与评述，实验方案的设计与比较，实验仪器的选择与组建，实验方案的实施与改进，产物的分离提纯与鉴定等步骤。

5.1　解热镇痛药片 APC 各组分的合成与分离鉴定

5.1.1　阿司匹林的合成

【实验目的】

1. 学习以酚类化合物作原料制备酯的原理和实验方法。
2. 巩固重结晶、熔点测定操作，熟悉红外光谱、核磁共振氢谱测定技术。
3. 了解阿司匹林的应用价值。

【实验原理】

　　乙酰水杨酸（aacetyl salicylic acid），俗称阿司匹林（Aspirin）。早在 18 世纪，人们就从柳树皮中提取到这种化合物，1897 年德国拜耳公司成功地合成出阿司匹林，这是世界上首次人工合成出来的具有药用价值的有机化合物。至今，阿司匹林仍是世界上应用最广泛的解热、镇痛和抗炎药，成为医药史上三大经典药物之一。近年来，随着医学研究的不断深入，人们对于阿司匹林又有了新的认识，其药用价值似乎还未穷尽。1971 年，伦敦皇家外科医学会的约翰·文（John R. Vane）在研究中发现，阿司匹林能抑制诱发心脏病和中风的血液凝块的形成，因此，约翰·文获得了诺贝尔奖。

阿司匹林可由水杨酸与乙酸酐在少量硫酸作用下，加热催化、乙酰化来制取：

$$\text{水杨酸} + \text{乙酸酐} \xrightarrow{H^+} \text{乙酰水杨酸} + CH_3COOH$$

反应温度不宜过高，否则将增加副产物的生成。阿司匹林在水中不易溶解，大约为 0.25 g/100 mL。因此，可用冷水和重结晶法将阿司匹林分离出来。

粗产品中可能有未反应的水杨酸，水杨酸可与氯化铁形成深红色的络合物。而阿司匹林中的酚羟基已被乙酰化，不再发生此反应，因此，可用氯化铁检验水杨酸杂质的存在。

【实验步骤】

在 100 mL 锥形瓶中，依次加入 1.0 g（0.0072 mol）水杨酸、2.5 mL（0.026 mol）乙酸酐[1] 和 2 滴浓硫酸，充分摇匀。加热，使水杨酸溶解，保持瓶内温度 70~75 ℃，维持 15~20 min，并不断摇动。停止加热，稍冷却后，在不断搅拌下倒入盛有 15 mL 冷水的烧杯中[2]，用冷水冷却，有晶体析出。抽滤，沉淀用少量冷水洗涤，抽干得乙酰水杨酸粗产品。

将粗产品转入烧杯中，边搅拌边加入饱和碳酸氢钠溶液，直至不再有二氧化碳产生。抽滤，除去不溶性化合物，再将滤液倒入烧杯中，搅拌下，缓缓加入 20% 盐酸，置入冰水浴中，使晶体尽量析出。抽滤，沉淀用少量冷水洗涤，抽干得乙酰水杨酸粗产品。进一步可用 2∶8（体积比）乙醇-水重结晶[3]。产品可用 1% 氯化铁溶液检验有否水杨酸存在（同时也用水杨酸、药用阿司匹林作对照试验）。测熔点，进行红外光谱和核磁共振氢谱鉴定。

纯的乙酰水杨酸熔点为 128~135 ℃[4]。

[1] 水杨酸应当干燥，乙酸酐应当是新蒸馏的，收集 139~140 ℃ 馏分。

[2] 由于剩余的乙酸酐发生水解，反应瓶会变热，有时反应物甚至会沸腾，操作应小心。

[3] 也可先将粗产品溶入少量的沸乙醇中，然后向乙醇溶液中添加热水直到溶液出现浑浊，再加热至溶液澄清透明。静置冷却，过滤，干燥。重结晶时，溶液不应加热过久，亦不宜用高沸点的溶剂，以防止乙酰水杨酸的分解。

[4] 乙酰水杨酸受热易分解（分解温度 136 ℃），因此熔点不是很明显。在测定熔点时，可先将热载体加热至 120 ℃ 左右，再放入样品进行测定。注意测定时尽可能让温度上升得慢些。

【思考题】

1. 乙酰化反应中使用浓硫酸的目的何在？在硫酸存在下，水杨酸与乙醇作用将得到什么产品？

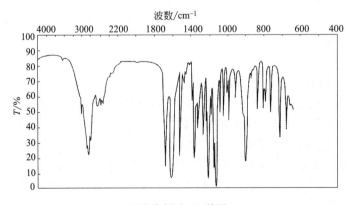

乙酰水杨酸 IR 谱图

2. 纯的阿司匹林不会与氯化铁溶液发生显色反应。然而，在乙醇-水中经过重结晶的阿司匹林，有时反而会与氯化铁溶液呈阳性反应，这是什么缘故？

乙酰水杨酸 ^{1}H NMR 谱图

5.1.2 非那西丁的合成

【实验目的】

1. 学习以胺类化合物为原料制备酰胺的原理和实验方法。
2. 巩固重结晶、熔点测定操作，熟悉红外光谱、核磁共振氢谱测定技术。
3. 了解非那西丁的应用价值。

【实验原理】

非那西丁（Phenacetin）是温和的止痛药和退热药，与阿司匹林一起在许多非处方药物中发挥重要作用。非那西丁的制备是用乙酸酐处理乙氧基苯胺，使之成为酰胺非那西丁。

反应式：

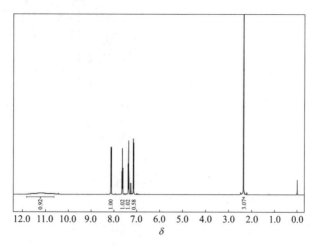

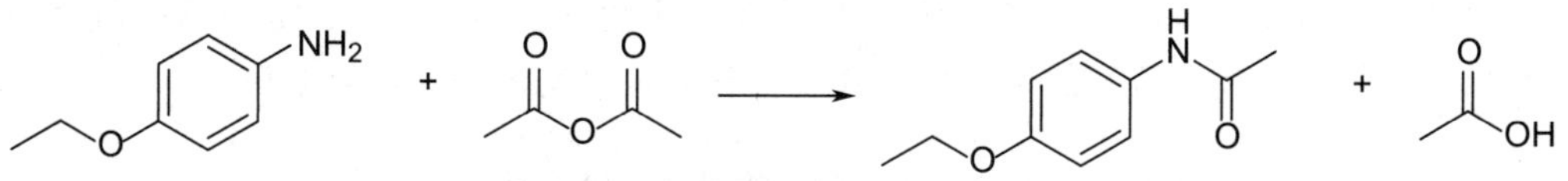

【实验步骤】

在 150 mL 锥形瓶中，加入 40 mL 水、2 g (0.015 mol) 对乙氧基苯胺，然后，加入 1.3 mL 浓盐酸，使胺完全溶解[1]。再加入活性炭至溶液中，振摇几分钟，滤去活性炭。另外，在 8 mL 水中溶解 2.3 g 乙酸钠制成缓冲溶液待用。

将对乙氧基苯胺盐酸盐溶液加热，一边振摇，一边加入 1.8 mL (0.019 mol) 乙酸酐，立即加入乙酸钠缓冲溶液，剧烈摇匀溶液。停止加热，用冰水冷却，并剧烈搅拌，使晶体析出。抽滤，沉淀用少量冷水洗涤，抽干得非那西丁粗产品。

进一步用水重结晶可得纯的产品，测熔点。

纯的非那西丁熔点为 134～136 ℃。

[1] 如有一些胺仍不溶解，略加几滴盐酸直至胺溶解。

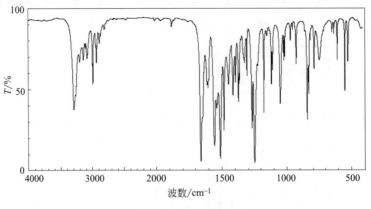

非那西丁 IR 谱图

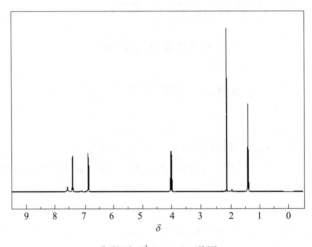

非那西丁 ^{1}H NMR 谱图

【思考题】

通过将浓盐酸加入对乙氧基苯胺中,然后再用活性炭脱色,可使对乙氧基苯胺得到纯化。写出对乙氧基苯胺和盐酸的化学反应式,解释对乙氧基苯胺为何会溶解。

5.1.3 从茶叶中提取咖啡因

【实验目的】

1. 了解一种从天然物中提取纯化有用成分的方法。
2. 掌握从茶叶中提取咖啡因的原理和操作,学习索氏提取器的原理和使用方法。
3. 掌握利用升华方法纯化固体产物的原理和基本操作。

【实验原理】

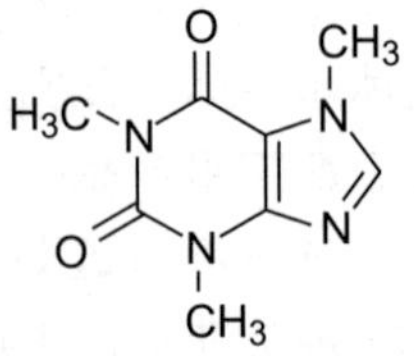

咖啡因(Caffeine)又称咖啡碱,化学名为 1,3,7-三甲基-2,6-二氧嘌呤。咖啡因具有刺激心脏、兴奋大脑神经和利尿等作用,在医学上用作心脏、呼吸器官和神经系统的兴奋剂,还是利尿合剂的成分之一,它也是重要的解热镇痛药复合阿司匹林(APC)的主要成分之一。饮服咖啡过度可导致焦虑、烦躁易怒、失眠和肌肉震颤，具成瘾性，长期大剂量摄入会损害肝、肾、胃等内脏器官。

含结晶水的咖啡碱为白色针状结晶，味苦。能溶于水、乙醇、丙酮、氯仿等，微溶于石油醚。在100 ℃时失去结晶水，开始升华，120 ℃时升华显著，178 ℃以上升华加快。无水咖啡碱的熔点为238 ℃。

咖啡因存在于自然界的咖啡、茶和可拉果中。测定表明，茶叶中含咖啡因约1%～5%，丹宁酸（或称鞣酸）约11%～12%，色素、纤维素、蛋白质等约0.6%。咖啡因是使咖啡和茶叶成为对人类有用的活性成分。

从茶叶中提取咖啡因，是用适当的溶剂（乙醇、氯仿、苯等）在索氏提取器（Soxhlet extractor）中连续抽提，浓缩即得粗咖啡因，进一步可利用升华法提纯。咖啡因是弱碱性化合物，能与酸成盐，其水杨酸盐衍生物的熔点为138 ℃，可借此验证其结构。

使用浸渍法从固体中提取化合物（如中药材中有效成分的提取），优点是省工，但效率不高、时间长、溶剂用量大。实验室从固体中提取有效成分多采用索氏提取器（也称脂肪提取器），优点是效率高，溶剂用量少，操作简便，损失较小。

【实验步骤】

方法一：索氏提取法

称取15 g茶叶末[1]放入索氏提取器［见图2.2(a)］的滤纸筒中[2]，在150 mL圆底烧瓶中加入80～100 mL 95%乙醇。加热回流提取，直到提取液颜色较浅为止[3]，待冷凝液刚刚虹吸下去时即可停止加热。稍冷后，改成蒸馏装置，蒸出提取液中的大部分乙醇，至提取液浓缩至约为10 mL时，停止蒸馏，趁热把瓶中剩余液倒入蒸发皿中，再用5 mL乙醇清洗烧瓶，一并倒入蒸发皿中。

往盛有提取液的蒸发皿中加入4 g生石灰粉[4]，搅成浆状，在蒸汽浴上蒸干，使成粉状（不断搅拌，压碎块状物）。然后小火加热，焙炒片刻，除去水分[5]。

在蒸发皿上盖一张刺有许多小孔且孔刺向上的滤纸，再在滤纸上罩一个大小合适的漏斗，漏斗中塞一小团疏松的棉花（见图2.7）。用酒精灯隔着石棉网小心加热，适当控制温度[6]，当发现有棕色烟雾时，即升华完毕，停止加热。冷却后，取下漏斗，轻轻揭开滤纸，用刮刀将附在滤纸上下两面的咖啡因刮下。残渣经搅拌后，用较大的火再加热片刻，使升华完全。合并几次升华的咖啡因，测熔点，进行红外光谱鉴定。

方法二：微波提取法[7]

称取10 g茶叶末置于250 mL碘量瓶中，加入120 mL 95%乙醇，放入沸石。将碘量瓶放入普通微波炉中，调节功率约320 W，微波辐射约50～60 s[8]，取出冷却。重复上述步骤3～4次，过滤，除去茶叶末。

[1] 萃取前先将茶叶研细，以增加液体浸润面积。

[2] 滤纸包茶叶时要严密，防止茶叶末漏出堵塞虹吸管。滤纸筒的大小要合适，既能紧贴套管内壁，又能取放方便，且其高度不能超过虹吸管高度，否则将会影响虹吸；纸套上面要折成凹形。

[3] 提取时间主要依据萃取溶剂的颜色判断，当颜色较淡时，说明大部分物质已被萃取到溶剂内，此时可停止萃取。

[4] 生石灰起中和作用，以除去丹宁酸等酸性的物质。

[5] 用小火加热，并不断搅和，研成粉末。如留有水分，将会在下一步升华时产生一些有色烟雾，污染产品和器皿。

[6] 升华操作是实验成败的关键。在升华过程中始终需严格控制温度，若温度太低，升华速度较慢，耗时过长；温度太高又会使被烘物冒烟炭化，导致产品不纯和损失。升华开始时在漏斗内出现水珠，则用滤纸迅速擦干漏斗内的水珠并继续升华。

[7] 微波提取法比其他方法所需

滤液冷却后改为蒸馏装置，蒸出提取液中的大部分乙醇，至提取液浓缩至约为 10 mL 时，停止蒸馏。趁热将浓缩液倒入蒸发皿中，再用 5 mL 乙醇清洗一下烧瓶，一并倒入蒸发皿中。

其余步骤按方法一中操作。

的实验时间可缩短 1 h 左右。

[8] 微波辐射时间以不使溶液暴沸冲出为原则，重复微波辐射时要先冷却。

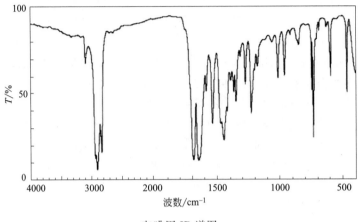

咖啡因 IR 谱图

【思考题】

1. 试述索氏提取器萃取原理，它和一般的浸泡萃取比较有哪些优点？
2. 固体有机物是否都可用升华方法提纯？升华方法有何优缺点？进行升华操作时应注意哪些问题？
3. 本实验中使用生石灰的作用有哪些？
4. 除可用乙醇萃取咖啡因外，还可采用哪些溶剂萃取？

5.1.4 薄层色谱法对解热镇痛药片 APC 各组分的分离鉴定

【实验目的】

1. 了解并分离鉴定解热镇痛药复方阿司匹林的主要成分。
2. 掌握薄层色谱法分离鉴定药物的原理和方法。

【实验原理】

阿司匹林、非那西丁、对乙酰氨基酚等都是常见的非处方止痛药。除了单独成方制成药片外，在非处方止痛药商品中还常见到复方止痛药，即它们中的二种或三种复配。有的还加入咖啡因或其他活性组分进行复配，满足不同人群和不同疼痛症状的需要。

市售的解热镇痛药——复方阿司匹林（APC），每片药片中含一定的有效成分：阿司匹林（A）0.22 g、非那西丁（P）0.15 g、咖啡因（C）0.035 g，此外，还含有大量淀粉及碱性物质（氢氧化铝、氢氧化钙）等。

本实验用薄层色谱法对 APC 各组分进行分离和鉴定。

【实验步骤】

1. 薄层板的制备

（1）玻璃板的选择与清洗：选取平整、光滑的平板玻璃，先用去污粉洗净，然后依次用自来水、蒸馏水洗净，待基本晾干后，用脱脂棉蘸丙酮擦干。

（2）涂浆与涂布：称取 GF-254 硅胶约 2 g 放入研钵中研磨，一边慢慢加入 1%CMC（羧甲基纤维素钠）水溶液 6 mL，待调成均匀的浆糊状后，将浆液倾倒在洁净的玻璃板上，用一洁净的玻璃棒把浆液在玻璃板上大致摊匀，用手将带浆的玻璃板在水平桌面上轻微地振动，并不时地转动方向，很快制成厚薄均匀、表面光洁平整的薄层板，从调浆到涂布结束要求在 5 min 内完成，不然浆料固化难涂均匀。

（3）干燥与活化：将制成的湿板停放在一个水平又防尘的地方，让其自然阴干固化，表面呈白色。随后在干燥箱中于 110 ℃下活化 1 h，稍冷，取出置于干燥器中待用。水分对活性的影响很大，必须严格控制薄层板的干燥与活化条件。

2. 点样

（1）样品液的准备：取一片复方阿司匹林在研钵中研细，然后转移到装有二氯甲烷（8 mL）和水（8 mL）的小烧杯中，充分搅拌至固体物全部溶解。分液，将有机层转移到锥形瓶中，用无水硫酸镁干燥，过滤除去干燥剂后，所得滤液可直接用于点样。另外，把少量咖啡因（茶叶提取物）和乙酰水杨酸（实验合成物）也分别溶于二氯甲烷中制成点样溶液。

（2）点样：在同一块薄层板上点三个样：一个为咖啡因，一个为乙酰水杨酸，另一个为复方阿司匹林（镇痛药 APC）。

3. 展开

（1）展开器：可用玻璃标本缸代替，标本缸带有磨砂玻璃及盖子，使用前将其洗净并在磨砂部分并涂少量真空脂。也可以用广口瓶作展开器。

（2）展开：将事先选好的展开剂（推荐使用苯：乙醚：冰醋酸：甲醇=120：60：18：1）放入干净的展开缸内，展开剂的深度达 0.5~1 cm 即可（展开剂一定要在点样线以下，不能超过），盖好玻璃盖，使缸内的蒸汽达到饱和。放入点好样品的薄层板，盖好盖子，使样品在缸内进行展开分离。当展开剂上升到预定的位置时（通常是离板上端约 1 cm 处），立即取出薄层板并尽快用铅笔在展开剂上升的前沿处画一记号，再在水平位置上风干，然后在红外灯下烘干冰醋酸。

4. 鉴定

（1）显色：将烘干的薄层板放入 254 nm 紫外分析仪中照射显色，可清晰地看到展开得到的粉红色斑点。其中 APC 是三个点。

（2）定位：定出所有点的相对位置，量出斑点中心到原始点的距离及展开剂前沿到原始点中心的距离，计算 R_f 值。

（3）确定镇痛药 APC 的成分：通过 R_f 值的分析结果，可确定相应的组分。

从文献中查到相应化合物的各项数据如下：

化合物	R_f	λ_{max}	熔点/℃
水杨酸	0.86	304	159
阿司匹林	0.81	276	135~138
乙酰苯胺	0.64	241	113~115
非那西丁	0.60	249	134~136
咖啡因	0.30	273	234~237

注：展开剂为苯：乙醚：冰醋酸：甲醇=120：60：18：1。

【参考文献】

[1] 曾昭琼,曾和平. 有机化学实验. 3 版. 北京:高等教育出版社,2000.
[2] 兰州大学,复旦大学编. 有机化学实验. 2 版. 北京:高等教育出版社,1994.
[3] 李吉海. 基础化学实验(Ⅱ)——有机化学实验. 北京:化学工业出版社,2004.
[4] 刘湘,刘士荣. 有机化学实验. 北京:化学工业出版社,2007.
[5] D. L. Pavia, G. M. Lampman, G. S. kriz, Jr. Introduction to Organic Laboratory Techniques, A Contemporary Appoach, W. B. Saunders Company, 1976.

5.2 磺胺药物的合成及抗菌试验

百浪多息（Prontosil）是一种红色偶氮染料,1932 年,在染羊毛时,意外地发现它有抗菌活性。1933 年,德国药剂师 Gerhard Domagk 使用百浪多息成功治愈因葡萄球菌感染得败血症的男孩,这是世界上第一次用化学合成药物治愈败血症的实例。进一步的研究表明,百浪多息是一种在动物体内有效的抗菌物质,即注射到活的动物体内时才显抗菌活性。在体外,即用实验室培养生长的细菌作试验时,百浪多息不显药物活性。后来发现百浪多息是在小肠内经代谢作用分解成磺胺,磺胺是百浪多息的活性组分,在体内抑制细菌的生长繁殖。

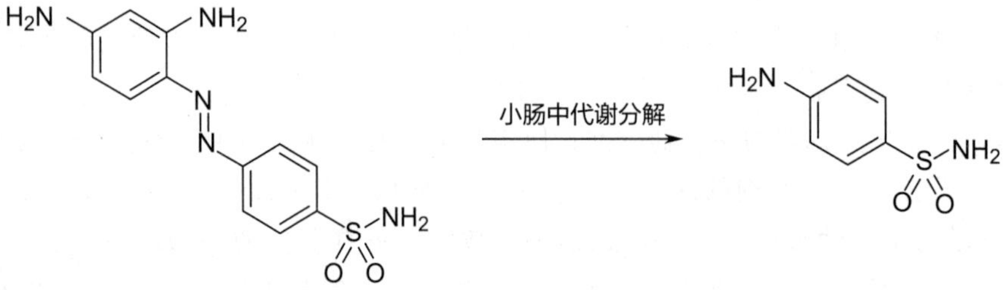

百浪多息（红色偶氮染料） →（小肠中代谢分解）→ 对氨基苯磺酰胺（磺胺）

这些发现引起了研究磺胺衍生物的极大兴趣,化学合成的磺胺衍生物多达 1000 种以上,但仅有几种显示出抗菌活性,它们统称为磺胺（sulfonamide）药物,例如磺胺吡啶、磺胺噻唑、磺胺嘧啶、磺胺胍和长效磺胺等。这些磺胺药具有更强的抗菌活性,并且副作用和毒性明显低于磺胺。

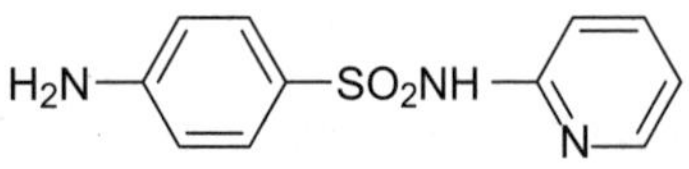

磺胺吡啶

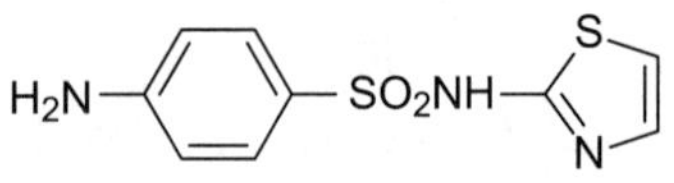

磺胺噻唑

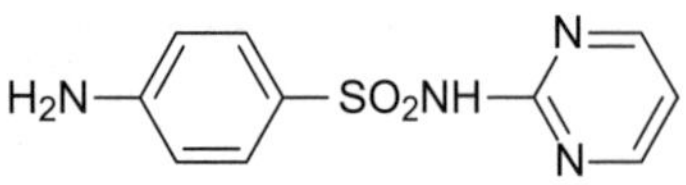

磺胺嘧啶

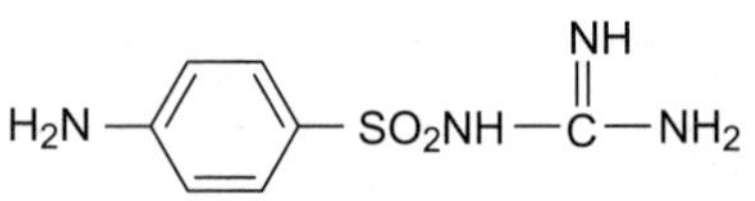

磺胺胍

今天,尽管许多因细菌感染的疾病都可以用抗生素治疗（青霉素、头孢菌素、四环素、氨基葡萄糖苷和大环内酯等）,但磺胺在治疗如疟疾、肺结核、麻风病、脑膜炎、猩红热、鼠疫、呼吸道感染、肠内或尿路感染等疾病方面仍然有广泛的用途。

磺胺药物的合成是以苯为原料，经硝化、还原、乙酰化、氯磺酰化和氨取代等常规反应，合成了系列中间体和磺胺。由于磺胺（4-氨基苯磺酰胺）副作用大，目前，主要使用磺胺衍生物作为磺胺药物。其合成路线如下。

4-氨基苯磺酰胺的合成：

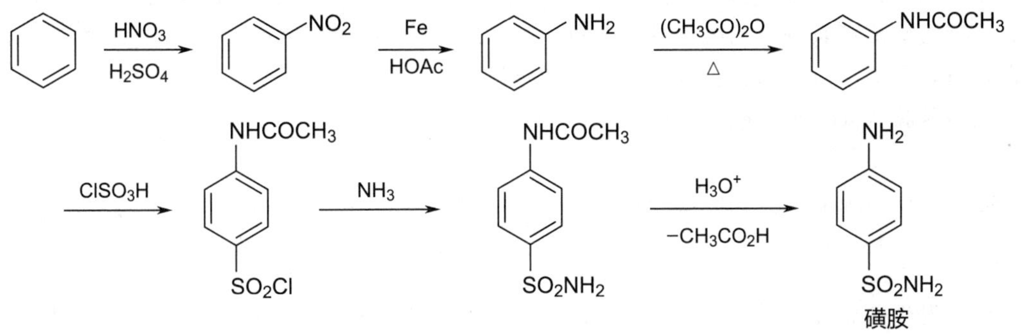
HNO3
H2SO4
NO2
Fe
HOAc
NH2
(CH3CO)2O
△
NHCOCH3
ClSO3H
NHCOCH3
SO2Cl
NH3
NHCOCH3
SO2NH2
H3O+
−CH3CO2H
NH2
SO2NH2
磺胺

磺胺吡啶及磺胺噻唑的合成：

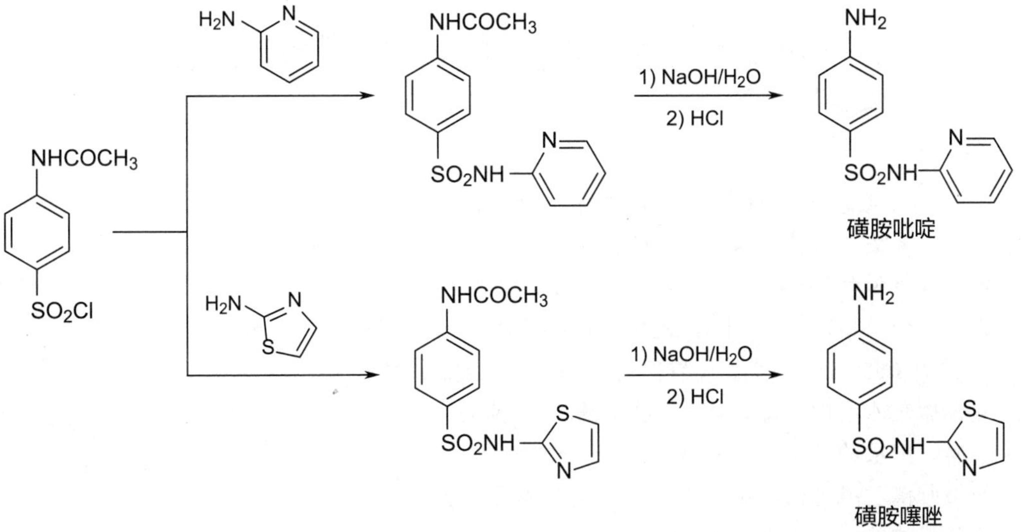
NHCOCH3
SO2Cl
H2N
N
NHCOCH3
SO2NH
N
1) NaOH/H2O
2) HCl
NH2
SO2NH
N
磺胺吡啶
H2N
N
S
NHCOCH3
SO2NH
S
N
1) NaOH/H2O
2) HCl
NH2
SO2NH
S
N
磺胺噻唑

本实验旨在通过以苯为原料，经硝化、还原、乙酰化、氯磺酰化和氨取代等常规反应，掌握磺胺及磺胺衍生物的制备方法。

5.2.1 乙酰苯胺的制备

【实验目的】

1. 制备磺胺的中间体乙酰苯胺。
2. 掌握苯胺乙酰化反应的原理和实验技术。

【实验原理】

芳胺的酰化反应在有机合成中有着重要的作用，通常可以保护氨基，防止氨基氧化，以及降低氨基在亲电取代反应中对苯环的活化能力，使反应由多元取代转变为一元取代。同时乙酰氨基在酸碱存在下，很容易水解游离出氨基，通过先酰基化再水解的过程达到保护氨基的目的。

芳胺可用酰氯、酸酐或冰醋酸进行酰化反应。冰醋酸易得，价格便宜，但反应时间较长，适合于大规模制备。酸酐一般来说是比酰氯更好的酰化试剂。

用醋酐进行的酰化反应是在醋酸-醋酸钠缓冲溶液中进行的。先将非水溶性的苯胺转变成水溶性的苯胺盐酸盐，再加入醋酐、醋酸钠，这样可以使苯胺盐酸盐游离出苯胺。然后，醋酐立即与游离苯胺进行乙酰化反应，可以得到高产率的乙酰苯胺。由于醋酐水解比酰化速率慢，可以避免醋酐的水解，得到高纯度的产物。

乙酰苯胺（acetanilide）的制备反应式：

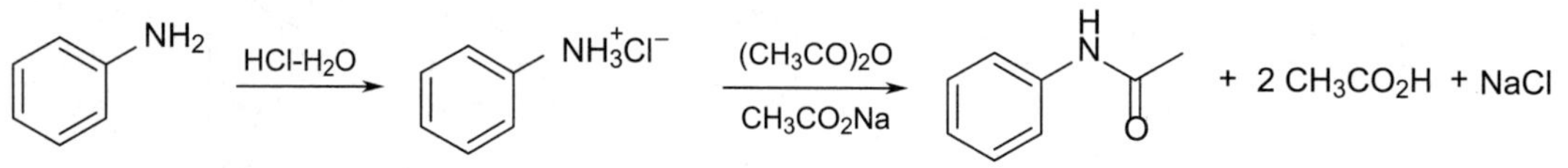

NH2
HCl-H2O
NH3+Cl−
(CH3CO)2O
CH3CO2Na
H
N
O
+ 2 CH3CO2H + NaCl

可能发生的副反应是乙酰苯胺的二乙酰化生成二乙酰基苯胺。但用上述方法可以减少副产物的生成，而用苯胺直接与醋酐的反应往往伴有二乙酰化副产物的生成。

副反应：

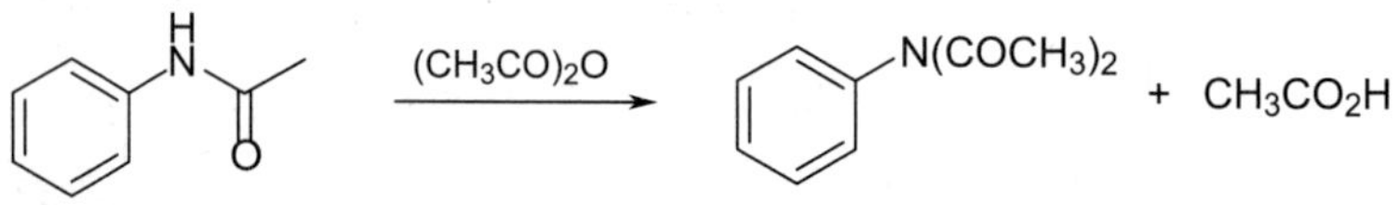

H
N
O
(CH3CO)2O
N(COCH3)2
+ CH3CO2H

【实验步骤】

在 250 mL 烧杯中，加入 5 mL 浓盐酸、120 mL 水和 5.6 g（5.5 mL，0.06 mol）苯胺，搅拌混合[1]（若溶液颜色深，加约 1 g 活性炭，煮沸，趁热过滤脱色）。将溶液转移至 250 mL 锥形瓶并加热至 50 ℃，加入 7.3 mL（7.5 g，0.07 mol）乙酐，搅拌溶解。再立即加入事前配制好的 9 g（0.065 mol）结晶醋酸钠的 20 mL 水溶液。搅拌混合后，将反应混合物在冰浴中冷却，使产物结晶析出，抽滤收集，用少量冷水洗涤，干燥，称重约 5～6 g（产率 65%～75%）。

[1] 自制的苯胺如含有少量硝基苯，用盐酸使苯胺成为苯胺盐酸盐溶于水中，而硝基苯则不溶于水，此时可用分液漏斗分出少量的硝基苯油层。

如果所得乙酰苯胺不纯或有颜色，可用水重结晶。

乙酰苯胺熔点为 113～114 ℃。

100
50
0
T/%
4000
3000
2000
1500
1000
500
波数/cm⁻¹

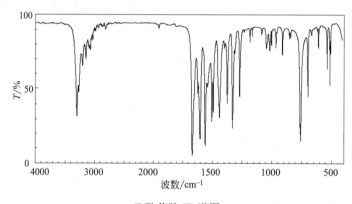

乙酰苯胺 IR 谱图

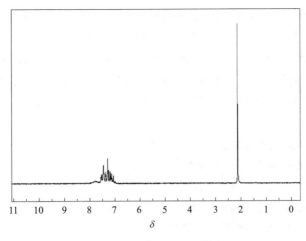

乙酰苯胺的 ^{1}H NMR 谱图

【思考题】

用乙酸酐进行乙酰化反应时加入盐酸和醋酸钠的目的是什么？

5.2.2 对乙酰氨基苯磺酰氯的制备

【实验目的】

1. 制备磺胺的中间体对乙酰氨基苯磺酰氯。
2. 掌握乙酰苯胺氯磺酰化反应的原理和实验技术。

【实验原理】

芳环上的磺化及氯磺化都是重要的亲电取代反应。乙酰苯胺的氯磺化反应主要得到对位取代产物。

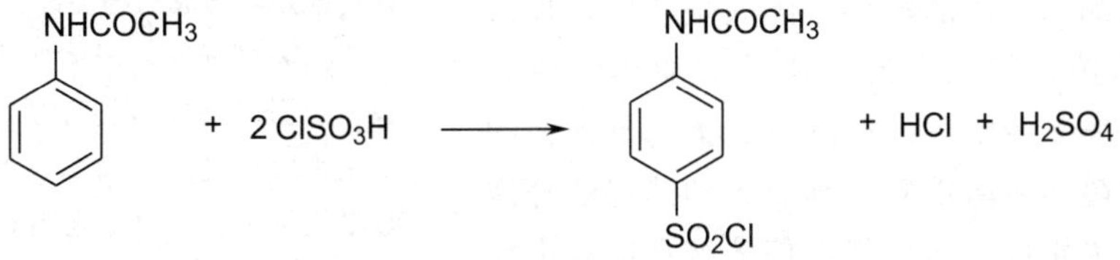

$$\text{C}_6\text{H}_5\text{NHCOCH}_3 + 2\,\text{ClSO}_3\text{H} \longrightarrow p\text{-CH}_3\text{CONH-C}_6\text{H}_4\text{-SO}_2\text{Cl} + \text{HCl} + \text{H}_2\text{SO}_4$$

磺化及氯磺化反应都是 SO_3 作为亲电试剂。在氯磺化反应中，首先生成对乙酰氨基苯磺酸，再与氯磺酸作用得到对乙酰氨基苯磺酰氯（p-acetamidobenzenesulfonyl chloride），所以该反应实际上是 1 mol 乙酰苯胺需要 2 mol 氯磺酸。

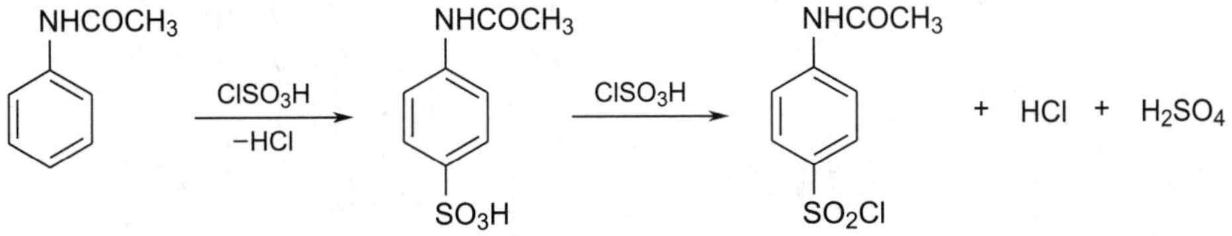

$$\text{C}_6\text{H}_5\text{NHCOCH}_3 \xrightarrow[-\text{HCl}]{\text{ClSO}_3\text{H}} p\text{-CH}_3\text{CONH-C}_6\text{H}_4\text{-SO}_3\text{H} \xrightarrow{\text{ClSO}_3\text{H}} p\text{-CH}_3\text{CONH-C}_6\text{H}_4\text{-SO}_2\text{Cl} + \text{HCl} + \text{H}_2\text{SO}_4$$

在实验操作中，将反应混合物倾入冰水中得到对乙酰氨基苯磺酰氯沉淀，过量的氯磺酸被水解，而磺酰氯的水解相对较慢，只有在加热或长时间停留在水介质中才会慢慢水解成磺酸。下一步制备磺胺是在氢氧化铵水溶液中反应，所以对乙酰氨基苯磺酰氯不必干燥和精制，而制备磺胺吡啶和磺胺噻唑时,对乙酰氨基苯磺酰氯则必须干燥,因反应是在无水条件下进行。

【安全提示】

工业氯磺酸(ClSO$_2$OH,d1.77,呈棕黑色)使用前宜用磨口仪蒸馏饨化,收集148~150 ℃的馏分。氯磺酸对皮肤和衣服有强烈的腐蚀性,暴露在空气中释放出氯化氢气体,与水发生猛烈的放热反应。取用时须特别注意,戴防护手套和护目镜,所用仪器须十分干燥。

【实验步骤】

在150 mL干燥的锥形瓶中,放入10 g(0.074 mol)干燥的乙酰苯胺,缓慢加热熔化。旋转烧瓶使其均匀地凝结在瓶底和下部瓶壁上[1]。置烧瓶于冰水浴中冷却,迅速将25 mL(45 g,0.38 mol)氯磺酸一次加入锥形瓶,立即塞上带有氯化氢导气管的塞子,此时大量氯化氢气体放出[2],反应立即发生,甚至沸腾,必要时可用冰水浴冷却。待反应缓和后,旋摇烧瓶使固体全部溶解,再在温水浴中温热10 min,使反应完全。

将反应瓶置于冰浴中完全冷却后,在通风橱内,搅拌下,将冷的混合物慢慢倒入盛有约160 g碎冰的烧杯中[3],用少量冷水淋洗烧瓶,并将洗涤液倒入烧杯中。搅拌数分钟并尽量将大块固体捣碎,抽滤收集,用少量冷水洗涤,压干[4]。称重,得到10~12 g对乙酰氨基苯磺酰氯粗产品。

取上述粗产品的1/3量直接用于磺胺的制备。另外的2/3上述粗产品按如下方法进行重结晶。

将欲重结晶的粗产品转移至圆底烧瓶中,加入50~70 mL氯仿,装上回流冷凝管,加热回流几分钟,观察固体是否溶解。待溶液成为清亮透明的溶液后,迅速趁热将溶液转移到事先预热好的分液漏斗中仔细分去水层。然后将氯仿溶液在冰浴中冷却,抽滤收集结晶的对乙酰氨基苯磺酰氯产品[5]。

纯的对乙酰氨基苯磺酰氯熔点为149 ℃。

[1] 氯磺酸与乙酰苯胺反应激烈,将乙酰苯胺凝结在瓶底周围,可使反应缓和。当反应过于剧烈时,应适当冷却。

[2] 为避免污染室内空气,装置应严密,导气管的末端要与碱液接收瓶的水面接近,但不能插入水中,否则可能倒吸而引发事故。

[3] 加入速度必须缓慢,并充分搅拌,以免局部过热而使对乙酰氨基苯磺酰氯水解,这是实验成功的关键。

[4] 尽量洗去固体所夹带的杂质和盐酸,否则产物在酸性介质中放置过久,会很快水解。洗涤时要捣碎块状产物,抽滤时尽量压干,并且应在当天的实验课用掉。

[5] 应将此干燥的产物置于密塞瓶中保存,在下次课使用。

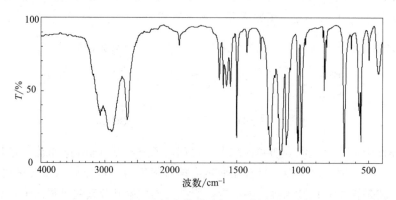

对乙酰氨基苯磺酰氯 IR 谱图

【思考题】

写出一个反应方程式说明过量氯磺酸是怎样被分解的?

5.2.3 对氨基苯磺酰胺的制备

【实验目的】

1. 学习磺胺衍生物的合成方法。
2. 通过磺胺的制备掌握酰氯的氨解和乙酰氨基衍生物水解的实验技术。

【实验原理】

中间体对乙酰氨基苯磺酰氯分子中存在有磺酰氯基团,性质活泼,先与氨反应转变成磺酰胺,反应体系中使用过量的氨,可以用来中和反应中产生的氯化氢。进一步是乙酰保护基的酸催化水解,得到铵盐,然后,碱中和游离出对氨基苯磺酰胺产品。

主反应:

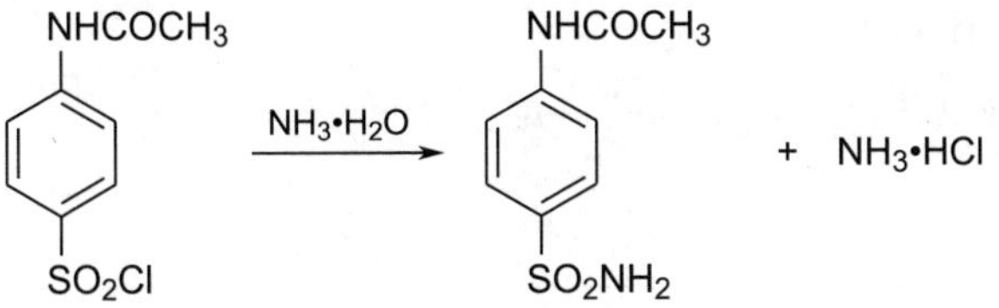

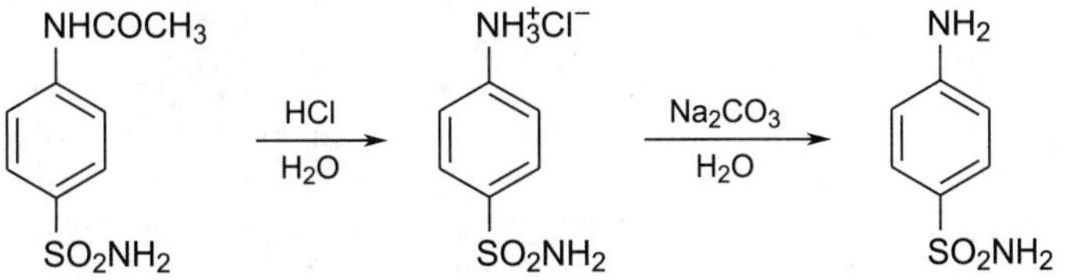

对乙酰氨基苯磺酰胺分子中存在两个酰胺键,由于磺酰氨基的水解比乙酰氨基慢得多,只有乙酰氨基被水解,而磺酰胺不被水解。

副反应:磺酰氯在水存在下水解成磺酸。

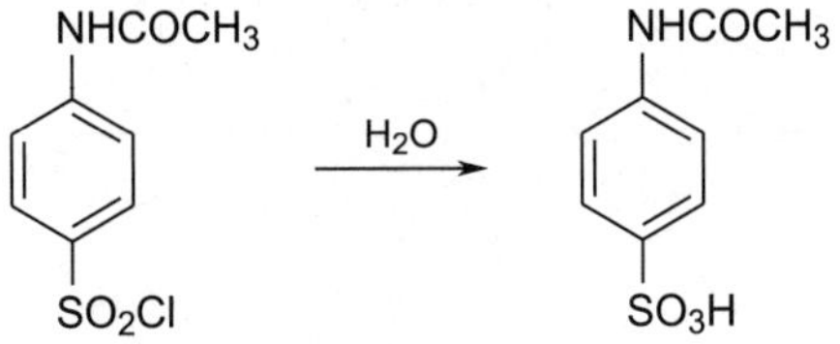

副产物对乙酰氨基苯磺酸在中和步骤中成为磺酸钠盐,溶于水中,不影响产品质量。

【实验步骤】

1. 对乙酰氨基苯磺酰胺

称取 3 g(约 0.013 mol)自制的对乙酰氨基苯磺酰氯粗产品于 100 mL 锥形瓶中。在搅拌下,缓慢加入(在通风橱内)15 mL 浓氨水,立即发生放热反应并产生白色糊状物。继续搅拌 10 min。再加入 10 mL 水,缓缓加热 10 min,并不断搅拌,以除去多余的氨。得到的对乙酰氨基苯磺酰胺混合物

[1] 对乙酰氨基苯磺酰胺可溶于过量的浓氨水中,若冷却后结晶析出不多,可加入稀盐酸至刚果红试纸变色,则对乙酰氨基苯磺酰胺就几乎全部沉淀析出。

[2] 对乙酰氨基苯磺酰

可直接用于下一步实验。

也可以将上述对乙酰氨基苯磺酰胺混合物在冰水浴中冷却[1]，抽滤，少量冰水洗涤，干燥。粗产品可用水重结晶，产品熔点为 219~220 ℃。

2. 对氨基苯磺酰胺

将上述混合物移入圆底烧瓶中，加入 3 mL 浓盐酸，加热回流约 30 min。冷却至室温，得到几乎澄清的溶液。若有固体析出[2]，继续加热，使反应完全。如溶液呈黄色，并有极少量固体存在，需加少量活性炭煮沸几分钟，趁热过滤。

将滤液转入大的烧杯中，在搅拌下，小心地向滤液中加入碳酸钠[3] 至溶液恰好呈碱性（约 4 g）。冰水浴冷却，抽滤收集固体，用少量冰水洗涤，压干得对氨基苯磺酰胺粗产品。

粗产物用水重结晶（每克粗产物用水 10~12 mL），产量 1.8~2.1 g，熔点为 161~162 ℃。

纯的对氨基苯磺酰胺为白色针状结晶，熔点为 163~164 ℃。

胺在稀盐酸中水解成磺胺，后者又可与过量的盐酸形成磺胺盐酸盐而溶于水，所以水解完成后，反应液冷却应无固体析出。由于水解前溶液中氨的含量不同，或因盐酸用量不够，因此回流后可以重新检测溶液的 pH 值，若酸性不够，应补加盐酸，继续回流一段时间。

[3] 用碳酸钠中和滤液中的盐酸时，伴随着二氧化碳逸出，应控制加入速度并不断搅拌。另外磺胺为一两性化合物，在过量的碱溶液中也易成盐而溶于水，故中和须仔细进行，以免降低产量。

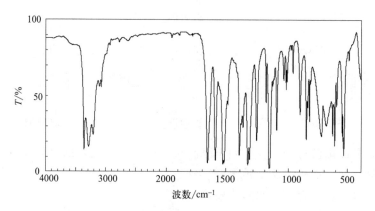

对乙酰氨基苯磺酰胺 IR 谱图

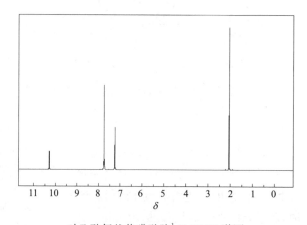

对乙酰氨基苯磺酰胺 ^{1}H NMR 谱图

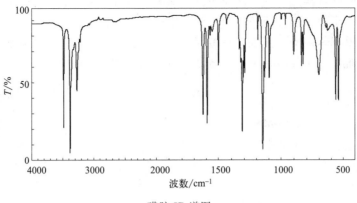

磺胺 IR 谱图

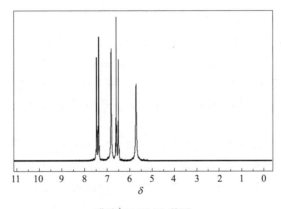

磺胺 ^{1}H NMR 谱图

【思考题】

对乙酰氨基苯磺酰胺制备磺胺时,为何只水解乙酰氨基?试解释乙酰氨基和磺酰氨基水解活性不同的原因?

5.2.4 磺胺吡啶的制备

【实验目的】

1. 学习磺胺吡啶的合成方法。
2. 通过磺胺吡啶的制备,掌握磺胺衍生物的制备方法。

【实验原理】

将前面已制备好的中间体对乙酰氨基苯磺酰氯与 2-氨基吡啶反应,转变成对乙酰氨基苯磺酰氨基吡啶,反应中产生的氯化氢与吡啶形成吡啶盐酸盐。

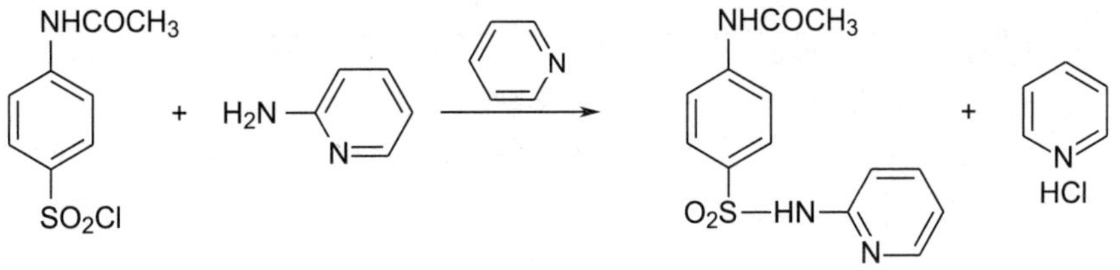

反应体系中吡啶既作为溶剂，又作为碱。如果没有吡啶的存在，2-氨基吡啶就会与氯化氢形成盐，降低了亲核试剂的亲核能力，使反应产率下降。

接着对乙酰氨基苯磺酰氨基吡啶在碱存在下，发生水解反应，生成磺胺吡啶碱式盐，加酸中和生成磺胺吡啶[p-amino-N-(2-pyridyl)benzenesulfonamide]。

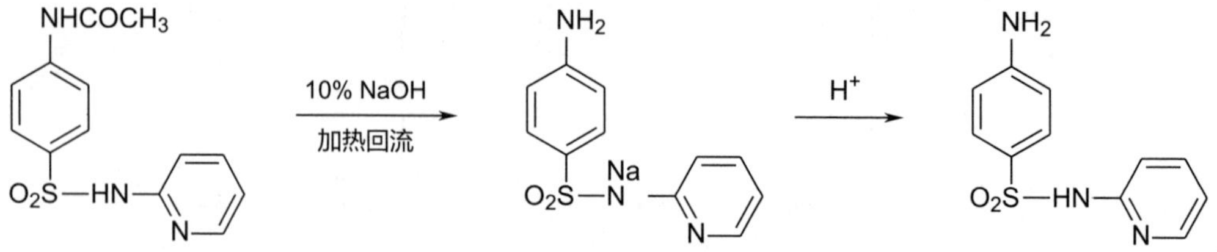

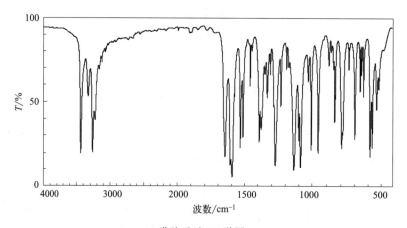

反应中使用的吡啶须经严格干燥，因为磺酰氯也能发生水解，生成对氨基苯磺酸副产物。

【实验步骤】

在 50 mL 圆底烧瓶中，放入 2.4 g（0.025 mol）2-氨基吡啶和 10 mL 无水吡啶[1]，再加入 6 g（0.03 mol）对乙酰氨基苯磺酰氯[2]。装上冷凝管，加热回流 15 min。冷却，并将其倾入 50 mL 水中[3]，冰浴冷却，析出结晶，抽滤，得对乙酰氨基苯磺酰氨基吡啶粗产物。

将上述粗产物转移至 50 mL 圆底烧瓶中，加入 20 mL 10％氢氧化钠溶液使其溶解，回流 40 min。混合物冷却后，用 6 mol/L 盐酸小心将其中和，充分冷却，析出沉淀，抽滤，得磺胺吡啶粗产品。

粗产品可用 95％乙醇重结晶。溶解时仔细观察（约需 100 mL 乙醇），当回流数分钟后，残留的固体不再溶解时，趁热过滤。冷却滤液至室温，析出结晶，抽滤，干燥，得到磺胺吡啶产品。称重约 1.2～1.5 g，熔点为 190～193 ℃。

[1] 无水吡啶的制备是实验前在吡啶中加入氢氧化钾，放置 1～2 天，不需过滤和蒸馏，直接取用即可。

[2] 对乙酰氨基苯磺酰氯是经重结晶和干燥过的产品。

[3] 为有利于转移，也可直接向烧瓶内加入一些水，将混合物置于冰浴中冷却并搅拌，直至油状物结晶，抽滤，压干。

磺胺吡啶 IR 谱图

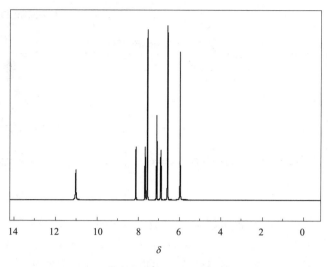

磺胺吡啶 ^{1}H NMR 谱图

【思考题】

在制备磺胺吡啶的最后步骤中,加入盐酸中和,为什么要仔细控制?用反应方程式表明磺胺在酸性和碱性溶液中的化学行为。

5.2.5 磺胺噻唑的制备

【实验目的】

1. 学习磺胺噻唑的合成方法。
2. 通过磺胺噻唑的制备,掌握磺胺衍生物的制备方法。

【实验原理】

中间体对乙酰氨基苯磺酰氯与 2-氨基噻唑反应,生成对乙酰氨基苯磺酰胺噻唑,而反应中生成的副产物氯化氢可以与 2-氨基噻唑反应生成惰性 2-氨基噻唑盐酸盐,降低反应产率。因此,必须在反应过程中除去生成的氯化氢。本反应体系中用吡啶作溶剂,也可以吸收氯化氢。然后对乙酰氨基苯磺酰胺噻唑在碱性条件下水解、再中和得到磺胺噻唑 [4-amino-N-(1,3-thiazol-2-yl)benzenesulfonamide]。

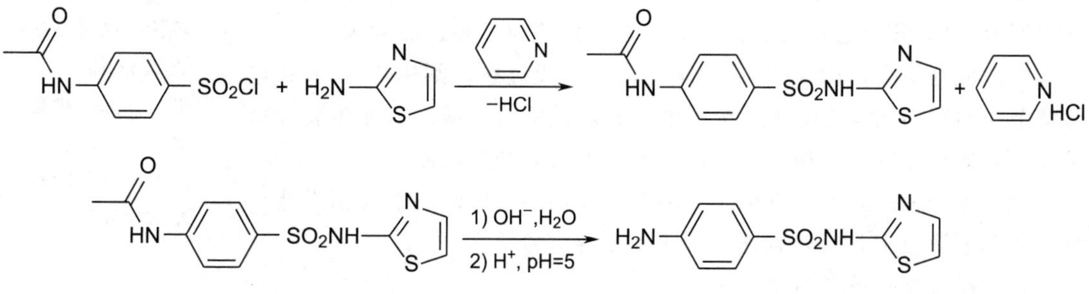

可能的副反应是由于 2-氨基噻唑(Ⅰ)通过互变异构作用,形成的互变异构体(Ⅱ),(Ⅱ)再与对乙酰氨基苯磺酰氯反应生成副产物(Ⅲ)与(Ⅳ)。由于(Ⅲ)与(Ⅳ)磺酰胺中的 N 原子不含氢,所以不溶于碱液中。

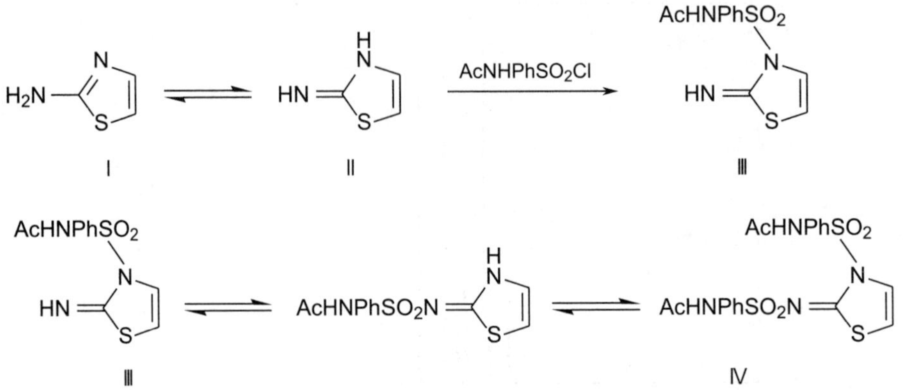

生成副产物的量是极少的，也可以通过精制的方法除去。将反应混合物的水溶液冷却后，产品和副产物都析出，抽滤，收集。再将固体溶于过量的碱液中，此时产品溶解，而副产物不溶，抽滤除去固体副产物，再将碱溶液加热回流水解乙酰氨基。

对乙酰氨基苯磺酰胺噻唑中，存在有乙酰基和磺酰基。由于磺酰基相对稳定，在此反应条件下优先乙酰基的水解，而磺酰基不受影响。

在酸化中和过程中，加入醋酸钠至溶液 pH 5 左右。醋酸钠与体系中的盐酸反应，产生醋酸。醋酸与溶液中的醋酸根离子组成缓冲溶液，在强酸性溶液中，磺胺噻唑因质子化而溶于水，当溶液调至 pH 5 左右时，磺胺噻唑就析出。

【实验步骤】

在 100 mL 锥形瓶中，加入 2.5 g（0.025 mol）2-氨基噻唑和 10 mL 无水吡啶[1]，搅拌溶解。再将 6.5 g（0.032 mol）干燥的对乙酰氨基苯磺酰氯[2] 分批、少量地加入上述混合物中，并轻轻旋摇烧瓶。通过加入速度控制反应温度不超过 40 ℃。若温度超过，将混合物稍加冷却。加料完毕后，装上冷凝管，温热 30 min 使反应完全。

冷却混合物并将其倾入装有 75 mL 热水的烧杯中，用玻璃棒搅拌即会固化，析出结晶。抽滤，压干，用少量冷水洗涤，再压干，称重约得 6~7 g 对乙酰氨基苯磺酰氨基噻唑粗产品。

在 100 mL 圆底烧瓶中投入上述制得的对乙酰氨基苯磺酰氨基噻唑粗产品和 10%氢氧化钠溶液（每克粗产品约用 10 mL）。装上冷凝管，加热回流 1 h，得到透明溶液。若有少量固体残留，须过滤除去。

将溶液冷却后，加入盐酸至 pH 6，若盐酸过量，则用 10%氢氧化钠调节。然后加固体乙酸钠直至溶液对石蕊试纸恰呈碱性。加热混合物至沸后，即置冰浴中冷却，抽滤，压干得磺胺噻唑粗产品。

磺胺噻唑粗产品用水重结晶（磺胺噻唑在热水中的溶解度相当低），慢慢冷却溶液至室温[3]，抽滤，压干，干燥，称重。

纯的磺胺噻唑熔点为 201~202 ℃。

[1] 无水吡啶的制备是实验前在吡啶中加入氢氧化钾，放置 1~2 天，不需过滤和蒸馏，直接取用即可。

[2] 对乙酰氨基苯磺酰氯是经重结晶和干燥过的产品。

[3] 为有利于转移，也可直接向烧瓶内加入一些水，将混合物置于冰浴中冷却并搅拌，直至油状物结晶，抽滤，压干。

【思考题】

在制备磺胺噻唑的最后步骤中，加入盐酸中和，为什么要仔细控制？用反应式表明磺胺在酸性和碱性溶液中的化学行为。

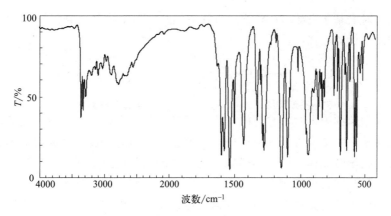

磺胺噻唑 IR 谱图

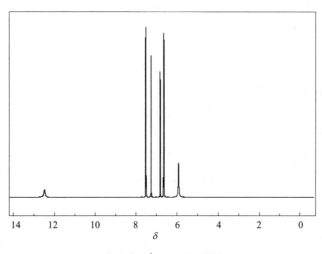

磺胺噻唑 ^{1}H NMR 谱图

5.2.6 磺胺药物的抗菌试验

【实验目的】
1. 通过学习磺胺类药物的抗菌试验，了解磺胺药的抗菌和抑菌原理。
2. 了解细菌的生长和繁殖过程。

【实验原理】
发现磺胺药物的抗菌活性（antibacterial activity）已达半个多世纪了，今天虽然已拥有活性更强、应用范围更广泛的抗生素药物，但磺胺药物对某些传染病仍然具有特殊的疗效。

1940 年，Woods 和 Fildes 发现磺胺药物的抗菌作用机理，今天学习和研究化学合成药物仍然有启迪。细菌为了生长需要会发生酶催化反应，酶催化反应须使用叶酸为辅助因子。叶酸的化学结构如下所示：

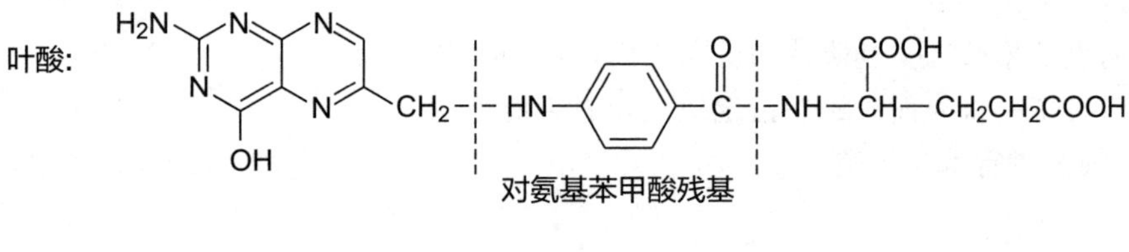

细菌首先将对氨基苯甲酸（PABA）与其他氨基酸和生物碱组合形成叶酸。由于磺胺和对氨基苯甲酸结构上的相似性：

$$H_2N-\underset{\text{对氨基苯甲酸}}{\bigcirc}-COOH \qquad H_2N-\underset{\text{对氨基苯磺酰胺}}{\bigcirc}-SO_2NH_2$$

当磺胺导入细菌细胞内时，它与叶酸中对氨基苯甲酸竞相争夺酶的活性部位，而这种酶是专管将对氨基苯甲酸结合进叶酸分子的，因磺胺一旦与酶形成络合物后就无法再执行对氨基苯甲酸独有的化学转化作用，故称磺胺为这种酶的竞争性抑制剂。这种酶与磺胺形成络合物后，就不能完成叶酸合成时所需的化学反应。没有叶酸，细菌就无法合成其生长所需的核酸。结果，细菌的生长受到抑制，直至人体的免疫系统可以作出反应，杀死细菌。因此，磺胺并不杀死细菌，只是抑制细菌的生长与繁殖。

本实验用制得的三种磺胺药对产气气杆菌和枯草杆菌进行抗菌试验。

【操作步骤】

将 0.25 g 磺胺、磺胺噻唑分别溶于 70 mL 煮沸的蒸馏水中，将 0.25 g 磺胺吡啶溶于 50 mL 蒸馏水和 20 mL 95% 乙醇混合的煮沸溶液中。

在溶解药物的同时，取得预先接种了细菌的两块琼脂板[1]，细菌的名称则都写在培养皿盖上。用油笔在培养皿底部画出四等份（如图 1 所示）[2]。在每一等份中，再分别标出磺胺药物的名称［SA(sulfanilamide, 磺胺)、SP(sulfapyridine, 磺胺吡啶)、ST(sulfathiazole, 磺胺噻唑)、C(Control, 对照)］，在培养皿的盖上贴上学生名字的标签。

下面操作须在无菌条件下进行[3]：取一把镊子在 75% 酒精中浸一下，然后在酒精灯火焰上消毒，再用此镊子夹两块薄片浸入沸腾的磺胺药溶液几秒钟，取出，立即将它们置于培养皿下的滤纸上，干燥几分钟。

重新消毒镊子，并在剩下的两种磺胺药溶液中相继重复上述各步操作。最后取一块薄片浸入一杯煮沸的蒸馏水中浸泡，再取出，晾干，当作对照。将培养皿盖上提稍许，上提的高度是刚够镊子进出的高度（如图 1 所示）。用镊子夹住对照薄片，轻轻放入已作好四等份标记的培养皿中相应区间的中心位置（如图 1 所示）。将镊子消毒并相继把各块薄片移置到培养皿中各个相应区间的中心位置。

再在含另一种细菌的培养皿中重复以上操作，必须特别注意避免细菌沾染。

细菌的生长繁殖：一旦薄片均已在表面皿内的琼脂板上放好后，统一将表面皿放在指定地点，温度应维持在 25 ℃，细菌进行生长繁殖[4]。

[1] 已接种细菌的琼脂板，存放在培养皿内。由微生物专业实验室协助提供。

[2] 培养皿底部画出四等份以及将培养皿盖稍许上提的动作（见图1）。

图 1　四等份的培养皿

[3] 普通环境到处存在有传染性细菌，并且细菌倾向于从上面落下，绝不会由下往上或由旁边进入。

[4] 细菌需在温度和湿度适宜的环境中生长，此条件由实验室统一提供，因此不可将培养皿独自放在实验柜等地方。

[5] 琼脂板提起，从板的底部观察。细菌已生长的区域里，原先澄清的板变得浑浊（见图2）。

图 2　观察细菌已生长的区域

观察细菌繁殖情况：在 24 h 内，药物显示出对细菌生长最大的抑制作用。因此，在 24 h 或 24 h 前观察结果是很重要的。少数情况可能延长至 48 h 才显示出结果。把琼脂板提起，从板的底部观察。在细菌已生长的区域里，原先澄清的板变得浑浊。对照薄片周围的状况，应能观察到细菌生长繁殖情况。在磺胺药抑制了细菌生长的区域里，琼脂是澄清的，能看到一个澄清的圆形区域，圆周愈大，磺胺药抑制细菌的效力愈大（如图 2 所示）[5]。

可能也会观察到极少数琼脂板是完全澄清的，细菌根本不生长，这可能是磺胺药具有极强的抑菌活性，也可能是琼脂板接种细菌时出现漏错，无论哪一种情况都须重做。

在报告中须对三种磺胺药的抗菌相对效果进行评价，写出评价结论。

【参考文献】

[1] D. L. Pavia，G. M. Lampman，G. S. Kriz，Jr. **Introduction to Organic Laboratory Techniques**，A Contemporary Appoach，W. B. Saunders Company，**1976**.

[2] B. S. Furniss，A. J. Hannaford，P. W. G. Smith，A. R Tatchell. **Vogel's Textbook of Practical Organic Chemistry. Fifth Edition**，**1989**.

5.3 抗癫痫药物苯妥英的合成

5,5-二苯基乙内酰脲即苯妥英（Phenytoin），是一种抗癫痫药，中文别名大伦丁、地伦丁、二苯妥英、二苯乙内酰脲或奇非宁，适用于治疗全身性强直阵挛性发作、复杂部分性发作（精神运动性发作、颞叶癫痫）、单纯部分性发作（局限性发作）和癫痫持续状态，也可用于治疗三叉神经痛。

本实验以苯甲醛为起始原料合成 5,5-二苯基乙内酰脲，实验分三部分：安息香的辅酶合成、安息香的氧化-薄层色谱法监测反应的进程、抗癫痫药物 5,5-二苯基乙内酰脲的合成。其总反应式如下：

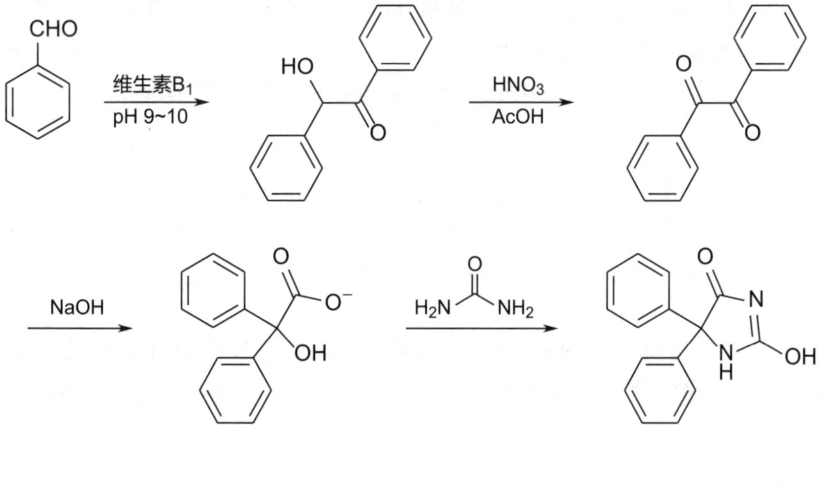

苯甲醛与辅酶维生素 B_1 反应，维生素 B_1 中噻唑环上的氮原子和硫原子的共同影响使邻位上的氢有明显的酸性，在碱的作用下可生成碳负离子。然后碳负离子与苯甲醛作用生成中间体，中间体可以分离得到，经过异构化脱去质子得到中间体烯胺，烯胺与另一分子苯甲醛作用得到安息香。

安息香可被温和的氧化剂，如 Fehling 溶液、硫酸铜吡啶溶液或醋酸铜溶液等氧化成二苯基乙二酮（benzil）。本实验是使用硝酸作为氧化剂，方法较为简便。

在反应过程中，通过不断把反应液取出作薄层分析，监测反应的进程，可以知道还剩下多少原料未发生反应以及反应终点的判断；如果反应不加以监测，通常为了保证反应完全，往往采取延长反应时间的办法，这不仅浪费了时间和能源，而且已经得到的产物还会进一步发生变化，转化为副产物，使收率和产品纯度降低。简单的薄层色谱法可以方便而又清楚地监测反应的进程。

二苯基乙二酮是一个不能烯醇化的 α-二酮，当用碱处理时发生重排，得到二苯基乙醇酸。此反应是由羟基负离子向二苯基乙二酮分子中的羰基加成，形成活性中间体而开始的。此时另一个羰基则是亲电中心苯基带着一对电子进行转移重排，而反应的动力是生成的羧基负离子的稳定性。生成的二苯基乙醇酸与尿素缩合，生成 5,5-二苯基乙内酰脲。

5.3.1 安息香的辅酶法合成

【实验目的】

1. 学习安息香缩合反应的原理。
2. 掌握应用维生素 B_1 为催化剂合成安息香的实验方法。

【实验原理】

苯甲醛在 NaCN 或 KCN 作用下，分子间发生缩合生成二苯羟乙酮，又称安息香（benzoin）。由于安息香缩合使用了剧毒的氰化物，给操作带来麻烦。改用具有生物活性的辅酶维生素 B_1 作催化剂，价廉易得、操作安全，效果良好。

反应式：

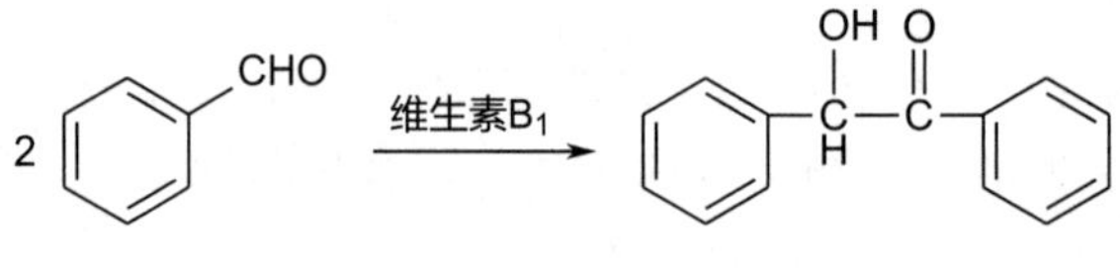

$$2 \text{ PhCHO} \xrightarrow{\text{维生素}B_1} \text{Ph-CH(OH)-CO-Ph}$$

维生素 B_1 又称为硫胺素，它是一个噻唑生成的季铵盐。反应时，维生素 B_1 分子中噻唑环上的氮原子和硫原子之间的氢原子，由于受到氮和硫原子的影响，具有明显的酸性。在碱的作用下，质子容易离去，形成碳负离子，从而催化苯偶姻的形成。

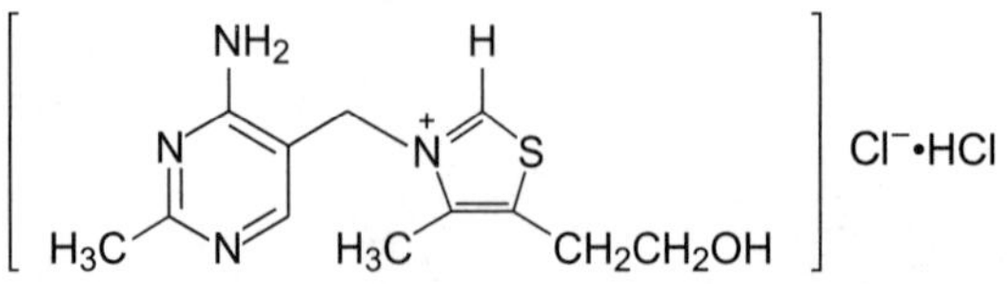

维生素 B_1 的质量对反应影响很大。维生素 B_1 通常在酸性条件下稳定，但易吸水，在水溶液中易被空气氧化失效，且光、金属离子（如铜、铁、锰等）均可加速维生素 B_1 的氧

化；在氢氧化钠溶液中噻唑环则易开环失效。所以，为促使维生素 B_1 形成碳负离子，反应第一步需加入冰冷的氢氧化钠，保持反应体系偏碱性，而低温是为了防止噻唑环发生开环反应。

【实验步骤】

在 100 mL 圆底烧瓶中，加入 1.75 g（0.005 mol）维生素 B_1[1]、3.5 mL 水，使其溶解，再加入 15 mL 95％乙醇。将烧瓶置于冰水浴中冷却，同时，取 5 mL 10％氢氧化钠溶液于一支试管中，也置于冰水浴中冷却[2]。

在冰水浴冷却下，将冷透的氢氧化钠溶液边摇动边逐滴加入到反应瓶中，然后加入 10 mL（10.5 g，0.1 mol）新蒸的苯甲醛，充分摇匀，调节反应液的 pH 9～10。去掉冰水浴，加入沸石，装上回流冷凝管，将混合物置于 60～75 ℃ 水浴中温热 1.5 h（反应后期可将水浴温度升高到 80～90 ℃），期间不断摇动反应瓶，且保持反应液的 pH 9～10[3]。

反应混合物冷至室温后，将烧瓶置于冰水中使结晶析出[4]，抽滤，并用冷水（20 mL×2）洗涤结晶，干燥，称重。粗产物用 95％乙醇重结晶[5]，测熔点。

纯的安息香为白色针状结晶，熔点为 137 ℃。

[1] 维生素 B_1 应使用新开瓶或原密封、保管良好的维生素 B_1，用不完的应尽快密封保存在阴凉处。

[2] 维生素 B_1 溶液和氢氧化钠溶液在反应前必须用冰水充分冷透，否则，维生素 B_1 在碱性条件下会被分解，这是本实验的关键。

[3] 反应过程中，溶液的 pH 值非常重要，如碱性不够，不易出现固体，必要时可滴加 10％氢氧化钠溶液。

[4] 若冷却太快，产物易呈油状析出，可重新加热溶解后再慢慢冷却重新结晶，必要时可加少量水或用玻璃棒摩擦瓶壁诱发结晶。

[5] 安息香在沸腾的 95％乙醇中的溶解度为 12～14 g/100 mL。

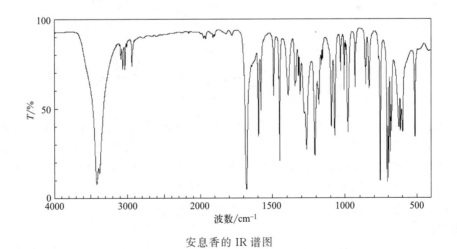

安息香的 IR 谱图

【思考题】

1. 安息香缩合、羟醛缩合、歧化反应有何不同？
2. 本实验为什么要使用新蒸馏出的苯甲醛？为什么加入苯甲醛后，反应混合物的 pH 要保持在 9～10？溶液 pH 过低或过高有什么不好？

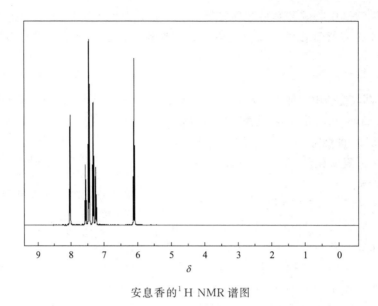

安息香的 ^{1}H NMR 谱图

5.3.2 二苯基乙二酮的制备——薄层色谱监测反应的进程

【实验目的】

通过将薄层色谱技术应用于安息香氧化制备二苯基乙二酮的反应，掌握薄层色谱在有机合成反应中的应用技术。

【实验原理】

安息香可被温和的氧化剂，如 Fehling 溶液、硫酸铜吡啶溶液或醋酸铜溶液等氧化成二苯基乙二酮（benzil）。本实验是使用硝酸作为氧化剂，方法较为简便。

反应式：

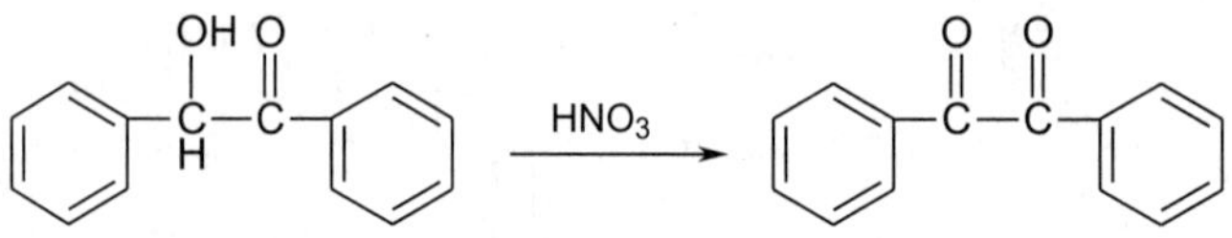

在反应过程中，通过不断把反应液取出作薄层分析监测反应的进程，可以知道还剩下多少原料未发生反应以及进行反应终点的判断；如果反应不加以监测，通常为了保证反应完全，往往采取延长反应时间的办法，这不仅浪费了时间和能源，而且已经得到的产物还会进一步发生变化，转化为副产物，使收率和产品纯度降低。

简单的薄层色谱法可以方便而又清楚地监测反应的进程。

【操作步骤】

在 100 mL 三口烧瓶中装置磁力搅拌器、回流冷凝管和温度计，另一口用磨口塞塞紧。将 3.0 g (0.014 mol) 安息香和 15 mL 冰醋酸[1] 及 7 mL 浓硝酸（70%，相对密度 1.42）混合均匀。将此反应混合物搅拌、加热至 85～95 ℃，此后每隔 15～20 min 用毛细管吸出少量的反应液。

[1] 冰醋酸作为反应溶剂，使其成为均相体系。也可以不加冰醋酸，但需增加硝酸用量。

[2] 薄层板通常是购买专业公司生产的产品，再用玻璃刀割成小规格的薄层板。也可以自行制备，但由于是采用手工铺板，

将吸有少量反应液的毛细管在薄层板[2]（2.5 cm×1.0 cm）的起始线点样，并用电吹风的热风烘烤薄层板，使醋酸和硝酸挥发；然后将薄层板放置在小层析缸中，用二氯甲烷展开；再用紫外灯（或碘蒸气）显色。如此不断地观察安息香是否已全部转化为二苯基乙二酮[3]。

当安息香全部转化为二苯基乙二酮后，将反应液冷却，并倾入装有 80 mL 水和 80 g 冰的烧杯中，并用玻璃棒搅拌，此时有黄色的二苯基乙二酮结晶出现。

抽滤，并用少量冰水洗涤黄色结晶固体以除去附在粗产品中的硝酸和醋酸。干燥后，粗产品用甲醇重结晶，计算产率，二苯基乙二酮的熔点为 95 ℃。

厚薄不均匀，样品在薄层板中展开产生的误差较大，不宜采用。

[3] 首先将原料安息香和产物二苯基乙二酮的标准样品在同一块薄层板上分别点样，再将反应液点样，这样在同一块薄层板的起始线上分别有三个样品点。经展开和显色，计算 R_f 值（也可以直接平行对比），就可以确定反应液中的一个点是原料安息香，另一个点则是产物二苯基乙二酮。

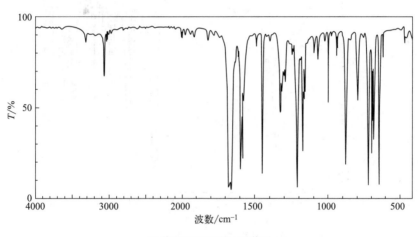

二苯基乙二酮的 IR 谱图

【思考题】

从物理化学手册中可以查到如下的紫外最大吸收值。安息香：λ_{max} 248 nm；二苯基乙二酮：λ_{max} 260 nm。试用此两数据确定用薄层板分离得到的两个点各是哪一个化合物，并算出各自的 R_f 值。哪一个化合物的 R_f 值大一些，为什么？

【参考文献】

[1] Pavia. Introduction to Organic Laboratory Techniques. Philadelphia：W. B. Saunders Company，1976，303.
[2] Organic Synthesis，Coll. I. P. 87；中文译本：《有机合成》第一集，68.
[3] 刘长辉，蒋颂. 苯偶酰的高效简便合成. 湖南城市学院学报（自然科学版），2008（2）：59.

5.3.3　5,5-二苯基乙内酰脲的合成

【操作步骤】

注：以下样品用量仅供参考，请根据上述实验步骤中获得的二苯基乙二酮的实际样品量进行投

料，其余试剂进行相应比例的换算。

在 50 mL 圆底烧瓶中依次加入 1.0 g 二苯乙二酮、0.58 g 尿素、15 mL 95%乙醇，随后缓慢滴加 3 mL 30%氢氧化钠溶液，加到 50 mL 圆底烧瓶，在 90 ℃水浴中加热回流 1.5 h。水浴冷却，将反应物倒入盛有 25 mL 水的烧杯中，抽滤。向滤液滴加 10%盐酸至溶液使石蕊试纸呈红色（pH 5～6）为止。抽滤，用 20 mL 水洗涤固体。抽干后用 10 mL 95%乙醇重结晶，若颜色较深，重结晶时加入一定量活性炭脱色。烘干称量。计算产率，测熔点。5,5-二苯基乙内酰脲熔点为 293.5～295 ℃。

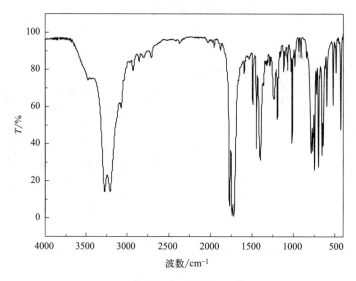

5,5-二苯基乙内酰脲的 IR 谱图

【思考题】

写出反应中二苯基乙二酮经过重排生成二苯基乙醇酸盐的反应机理。

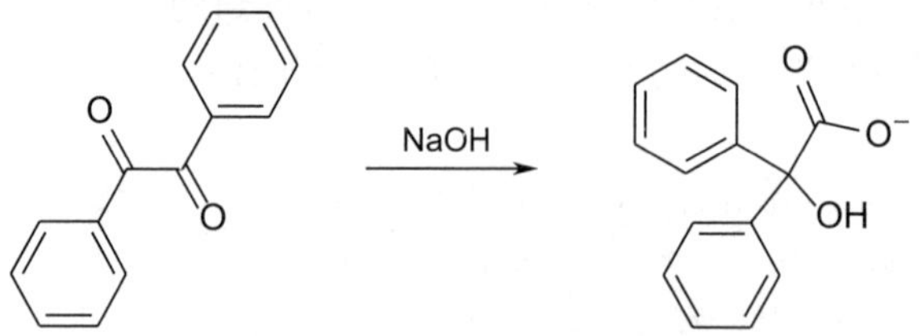

【参考文献】

[1] 何强芳，伍光仲，朱洁明. 安息香缩合反应的影响因素. 大学化学. 2010, 25（3）: 58-61.
[2] 陈益民，银董红，周全等. 苯甲醛安息香缩合反应催化合成苯偶姻新方法. 精细化工中间体. 2009, 39（6）: 57-60.

5.4 在水相中进行的类似格氏反应研究

【实验目的】

1. 学习在水相中进行的类似格氏反应的原理和方法。
2. 训练查阅文献、综合运用有机合成的知识和技能进行实验设计、开展科学研究的思路和方法。
3. 熟练薄层色谱、红外光谱与核磁共振氢谱的测定技术。

【实验设计要求】

传统的格氏反应是在具有醚官能团的有机溶剂中进行的，该醚基团与镁中间体形成配合物。水分的存在会在金属试剂与羰基反应前将其消耗掉，因此，必须非常小心确保反应溶液无水。

本实验设计用金属锌来进行类似格氏反应。以苯甲醛和烯丙基溴为原料，在水相中（只用少量的四氢呋喃）发生亲核加成反应，生成 1-苯基-3-丁烯-1-醇。

$$\text{PhCHO} + \text{CH}_2=\text{CHCH}_2\text{Br} \xrightarrow[\text{NH}_4\text{Cl饱和溶液,THF}]{\text{Zn}} \text{PhCH(OH)CH}_2\text{CH}=\text{CH}_2$$

1. 研究加入不同量（甚至不加）的四氢呋喃（THF）对反应的影响。
2. 选用不同的烯丙基卤或醛、酮进行反应，对实验可行性和产率进行比较。
3. 拟订合理的制备方案，包含以下内容：
① 合适的原料配比；② 满足实验要求的合成装置；③ 反应温度、反应时间等主要反应参数；④ 合适的分离和提纯手段和操作步骤；⑤ 产物的鉴定方法。

【参考方案】

在一个 50 mL 圆底烧瓶中加入 0.78 g 锌粉和 10 mL 饱和 NH_4Cl 水溶液，向此混合物中加入 1.02 mL 苯甲醛溶于 1 mL 四氢呋喃的溶液。剧烈搅拌下，从回流冷凝管上端慢慢滴入 1.04 mL 烯丙基溴[1]，反应立刻发生，并伴随着锌粉逐渐减少。继续搅拌 30~45 min[2] 后，加入 2 mL 乙醚，过滤除去过量的锌粉及反应中产生的锌盐沉淀，再用 2 mL 乙醚冲洗沉淀。把滤液转入分液漏斗，分出有机层，水层用 2 mL 乙醚萃取。合并有机层，用无水硫酸钠干燥，过滤，浓缩后得到 1-苯基-3-丁烯-1-醇的无色液体。称重，测折射率。

1-苯基-3-丁烯-1-醇 n_D^{21} 1.5289。

[1] 烯丙基溴是一有毒、易燃的液体。本实验需戴手套并应在通风橱内进行。

[2] 反应的进程可以用薄层色谱来跟踪。

【思考题】

1. 在水中反应与在有机溶剂中相比更绿化。你能否想一些别的办法把该反应变得更绿色？
2. 若用异丁醛代替苯甲醛进行该反应，请写出反应产物的结构。

【参考文献】

Li C-J, Chan T-H. Organic Reactions in Aqueous Medix. New York：John Wiley and Sons，1997.

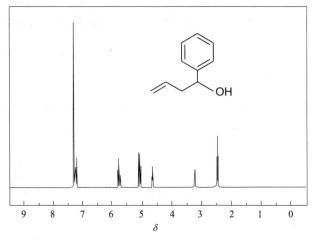

1-苯基-3-丁烯-1-醇 ^{1}H NMR 谱图

5.5 番茄酱中番茄红素和 β-胡萝卜素的提取及分析测定

【实验目的】

1. 理解有机溶剂提取番茄红素和 β-胡萝卜素的原理和方法。
2. 掌握萃取分离过程的基本操作及柱色谱操作。
3. 掌握分光光度法测定色素含量的方法。
4. 掌握实验数据的处理及色素含量的计算方法。

【产品介绍】

番茄酱浓缩了番茄中的番茄红素和 β-胡萝卜素，二者的结构均属于类胡萝卜素，因而在结构上极为相似。

番茄红素（lycopene）：

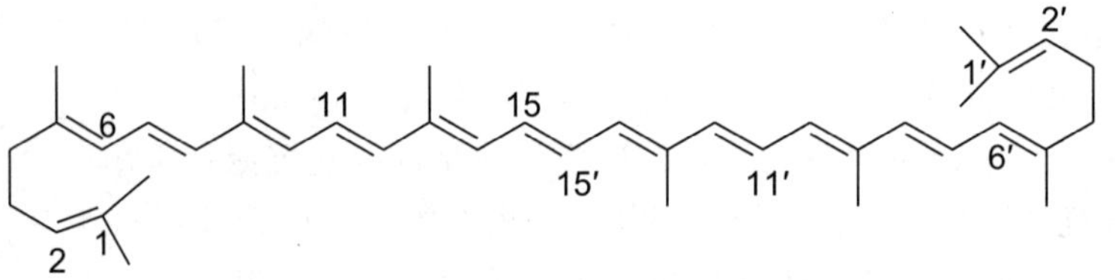

β-胡萝卜素（β-carotene）：

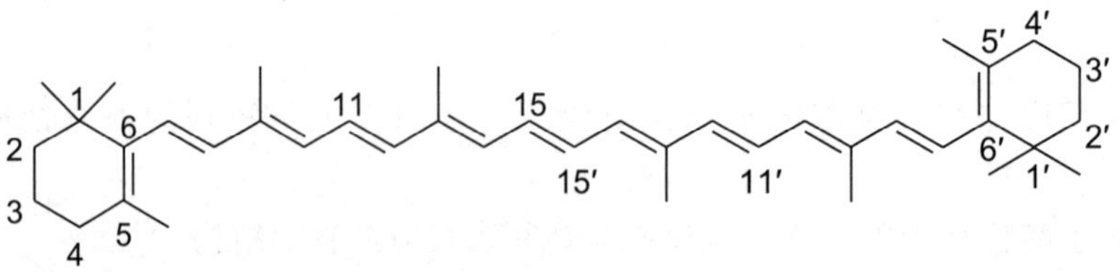

番茄红素是食物中的一种天然色素成分，番茄、西瓜和葡萄、柚等食物中番茄红素的含量很高，具有的红或黄颜色主要是由番茄红素引起的。番茄红素是一种强的抗氧化剂，具有

极强的清除自由基的能力,其抗氧化作用是 β-胡萝卜素的 2 倍,维生素 E 的 100 倍。在清除人体"万病之源"——自由基方面,番茄红素的作用比 β-胡萝卜素更强大。2003 年,美国《时代》杂志把番茄红素列在"对人类健康贡献最大的食品"之首,番茄红素也因此被称为"植物中的黄金"及"21 世纪保健品的新宠"。

β-胡萝卜素是橘黄色脂溶性化合物,许多天然食物中,如绿色蔬菜、甘薯、胡萝卜、木瓜、芒果等,皆存有丰富的 β-胡萝卜素。作为一种食用油溶性色素,其本身的颜色因浓度的差异,可涵盖由红色至黄色的所有色系,因此,受到食品业的认可,适合油性产品及蛋白质性产品的开发,如人造奶油、胶囊、鱼浆炼制品、素食产品、速食面的调色等。另外,β-胡萝卜素在饲料、化妆品等方面有重要用途。

β-胡萝卜素也是一种抗氧化剂,具有解毒作用,是维护人体健康不可缺少的营养素。β-胡萝卜素是自然界中维生素 A(V_A)的前体,它在人体内可转化为维生素 A。由于维生素 A 缺乏时会导致夜盲症,摄入过量又会造成中毒,自然界中又只有 β-胡萝卜素在人体需要时才会转换成维生素 A,因此,β-胡萝卜素是目前最安全的补充维生素 A 的途径。

天然胡萝卜素内含 80% β-胡萝卜素、10% α-胡萝卜素及 10% 其他胡萝卜素,在追求绿色食品的潮流中,天然胡萝卜素更受欢迎。

【实验设计要求】

类胡萝卜素为多烯类色素,不溶于水而溶于脂溶性有机溶剂。本实验先用较高极性的溶剂提取较高极性的色素,同时脱去样品中存在的少量水分;再用较低极性的溶剂补充提取较低极性的色素。因为低极性溶剂不与水混溶,故先除去水分后才能有效地从组织中较完全地萃取类胡萝卜素。根据番茄红素与 β-胡萝卜素极性的差别,用柱色谱可以将它们分离。

番茄红素在不同的有机溶剂中均有类似的吸收峰,最大吸收峰的波长在 500 nm 附近,将分离后的样品溶解在适当的溶剂中,在最大吸收峰处用分光光度计测定溶液的吸光度。由于番茄红素标样的不稳定性,在此以苏丹红代替番茄红素作为标准品,用氯仿作为溶剂及参比液,在 500 nm 附近测定苏丹红的系列吸光度,绘制标准曲线;用番茄红素的提取液的吸光度值在此标准曲线上查取相应浓度,以此来表征番茄红素的浓度。通过换算得到番茄酱中该色素的含量。

β-胡萝卜素的含量采用色值的测定及计算方法。色值是色素在商业上的浓度计量方式,特点是不需要校准样,也不需作标准曲线,简单快速。在天平上准确称取样品 m g,用 V mL 石油醚溶解,以石油醚作参比液,在 λ_{max} 下测量样品溶液的吸光度 A。样品色值 E 按下式计算:

$$E_{1cm}^{1\%} = \frac{AV}{100m}$$

【参考方案】

1. 混合色素的提取

称取新鲜番茄酱[1] 10 g 于 50 mL 圆底烧瓶中,加极性的试剂(建议用 95% 乙醇)[A] 20 mL,摇匀,装上回流冷凝管及恒温磁力搅拌器,水浴中加热回流 5 min,冷却后抽滤,滤液直接进入一个 50 mL 锥形瓶中。残渣转入原 50 mL 圆底烧瓶中,加入 15 mL 低极性溶剂(建议用二氯甲烷)[A],水浴回流 5 min,冷却,混合物常压过滤,滤液直接滤入以上 50 mL 锥形瓶中,再加 5 mL 低极性

[1] 番茄酱采用"亨氏番茄酱",称取番茄酱时,可直接用大口胶头滴管从瓶里吸取番茄酱加入圆底烧瓶。

[2] 饱和氯化钠可

溶剂洗涤残渣，过滤。合并高极性提取液和两次低极性提取液，倒入分液漏斗中，加 4 mL 饱和氯化钠溶液[2]，振荡，静置分层。分出较深色有机相后，使其流经一个在颈部装有疏松棉花且在棉花上铺有 6 g 无水硫酸钠的漏斗，以除去其中的微量水分。再用 5 mL 低极性溶剂洗涤干燥剂，合并所得的溶液于一干燥的 50 mL 圆底烧瓶中。水浴蒸馏蒸出大部分溶剂后，在通风橱内直接水浴加热圆底烧瓶[3]，并用洗耳球不断向圆底烧瓶中吹气，直到完全蒸干为止，备用。

2. 色谱柱的制作

取一支长约 15 cm、内径为 1~1.2 cm 的干燥的色谱柱，将其垂直固定于铁架上，底部铺上少量棉花，打开活塞。称取 8 g 氧化铝小心倾入色谱柱中，在氧化铝上铺一层棉花[4]。然后向柱内加入 15 mL 石油醚，让溶剂浸润并流过色谱柱，注意柱顶部溶剂不能干涸。待溶剂液面刚好与氧化铝表面相切时，关闭活塞，备用。

3. 柱色谱分离

向蒸干的粗样品中加入 2 mL 苯使其溶解。用一长颈滴管取样，小心滴入色谱柱内，注意产品不能接触柱壁[5]。打开活塞，让溶液自然流下，待液面刚好与柱顶氧化铝表面相切时，加入 2 mL 石油醚，用 50 mL 干燥的锥形瓶[6] 接收滴出的溶液。待溶剂液面与氧化铝表面相切时，再加入 8 mL 或更多的石油醚，至滴出的溶液无色，关闭活塞，收集红色的番茄红素溶液（a）；打开活塞，再往色谱柱中先后加入 2 mL 及 8 mL 的氯仿，洗至滴出的溶液无色，用另一 50 mL 干燥的锥形瓶[6] 接收，关闭活塞，收集黄色的 β-胡萝卜素溶液（b）。然后用相应温度的水浴蒸干（a）、（b），差重法分别称出相应浓缩物的质量 m_a、m_b（精确到 0.0002 g）。

4. 苏丹红（Ⅱ）工作曲线

用分析天平准确称取约 5.0 mg 苏丹红（Ⅱ）于小烧杯中，加入少量溶剂（建议用氯仿）[B] 在通风橱内水浴加热搅拌溶解，待溶液冷却至室温后全部转移到 100 mL 容量瓶中，用溶剂（建议用氯仿）稀释定容至刻度线，可得到 50 μg/mL 的标准液。然后用 10 mL 移液管分别移取该溶液 2 mL、4 mL、6 mL、8 mL、10 mL 于五个 25 mL 的容量瓶中，然后加入溶剂将其稀释定容至刻度，它们浓度分别为 4 μg/mL、8 μg/mL、12 μg/mL、16 μg/mL、20 μg/mL。用该溶剂作参比溶液，在波长为 510 nm 下分别测其吸光度，以吸光度对浓度作图，可得到吸光度对浓度的标准工作曲线图及关系式。

5. 番茄红素及 β-胡萝卜素含量的测定[D]

（1）番茄红素含量的测定及百分含量的计算　往蒸干（a）所得的浓缩物中加入 5 mL 的氯仿溶解，此溶液的浓度为 c_1；用 1 mL 移液管移取 0.5 mL 该溶液于 25 mL 锥形瓶中，用定量的氯仿分步稀释该溶液，使溶液的颜色与吸光度为 0.5 左右的苏丹红（Ⅱ）溶液的颜色接近，此时溶液的浓度为 c_2[7]。在 400~600 nm 区间测定番茄红素最大吸收波长 λ_{max}，在此 λ_{max} 下测其吸光度[C]。将该吸光度值代入标准工作曲线，求出其浓度 c_2，从而推算出番茄酱中番茄红素的含量。

防止乳化并有利于分层。

[3] 进行该操作时，边振荡边拿着洗耳球向瓶中吹气，有利于加速蒸干溶剂。

[4] 棉花的作用是防止氧化铝被倾入的溶剂冲散，从而保证氧化铝表面的平整。

[5] 使柱色谱中各成分能同步流出。

[6] 称空锥形瓶的质量，以备用差重法计算产物质量：$m_{(产物)} = m_{(产物+锥形瓶)} - m_{(锥形瓶)}$。

[7] 颜色深浅与吸光度的大小有对应关系，故相近颜色表明相近的吸光度。从而根据已知溶液的吸光度选择待测液的吸光度落在合理的测定范围内，使测定结果精确度较高。

$$番茄酱中番茄红素的含量(\%) = \frac{m_a}{m_{番茄酱}} \times 100\% = \frac{c_2 \times f \times 5 \times 10^{-6}}{m_{番茄酱}} \times 100\%$$

式中，f 是 c_1 稀释到 c_2 倍数。

(2) β-胡萝卜素含量的测定及色值的计算[D]　用 5 mL 石油醚作溶剂溶解（b）的浓缩物，取出 1 mL，再用石油醚稀释 3～5 倍，使其吸光度值落在 0.3～0.7 的范围内。然后以石油醚作参比溶液，在 480 nm 测其吸光度。由色值公式算出稀释后的浓缩物中 β-胡萝卜素的色值，从而推算出样品番茄酱中 β-胡萝卜素的色值。

色值计算公式：

$$E^{1\%}_{1cm(稀释后浓缩物)} = \frac{AV}{100m}$$

式中　E——稀释后浓缩物的色值；
　　　A——吸光度；
　　　V——稀释浓缩物所用石油醚的总体积，mL；
　　　m——浓缩物（b）的质量，g。

番茄酱中 β-胡萝卜素的色值计算公式：

$$m_{稀释后浓缩物} E_{稀释后浓缩物} = m_{番茄酱} E_{番茄酱}$$

【实验探究】

实验探究内容可以选择不同条件。

[A] 较高极性溶剂可选择：95%乙醇（化学纯）、丙酮（化学纯）、甲醇（化学纯）；较低极性溶剂可选择：二氯甲烷（化学纯）、乙醚（化学纯）、石油醚（化学纯，30～60 ℃）。

[B] 溶解苏丹红的溶剂选择：氯仿、甲苯、石油醚。

[C] 波长位点选择：根据实验测定番茄红素、β-胡萝卜素吸光度的最大波长来选择测定时的 λ_{max}。

[D] 含量的数据处理方法的选择：科研中常用使用标准样的百分含量计算法；商业中常用色值计算法，因其不必使用校准样。

【思考题】

1. 加饱和氯化钠萃取后，应保留颜色较深的层。颜色较深那一层是有机层还是水层？

2. 为什么在接收滴出的 β-胡萝卜素时要在有色溶液刚滴出时换另一个干燥的锥形瓶接收溶液，而且此锥形瓶需要称重？

3. 配制不同浓度的苏丹红（Ⅰ）溶液作标准曲线时，能否用量筒量取苏丹红（Ⅰ）溶液和氯仿？为什么？

【参考文献】

[1] 苏永恒，蒋惠然，李发生. 番茄红素测定方法的研究进展. 中国卫生检验杂志，2004，14 (6).
[2] 邱伟芬，汪海峰. 天然番茄红素在不同环境条件下的稳定性研究. 食品科学，2004，25 (2).
[3] 余孔捷，杨方，卢声. 分光光度法测定红辣椒及其产品中苏丹红Ⅰ. 中国卫生检验杂志，2004，14 (5).
[4] 隋晓. 辣椒红色素晶体制备技术的研究. 精细化工，1999，16 (4).
[5] 孙庆杰，丁霄霖. 番茄红素稳定性的初步研究. 多功能精密恒温仪，第 24 卷 第 2 期.
[6] 凌关庭，唐述潮，陶民强. 食品添加剂手册. 第 3 版. 北京：化学工业出版社，2003.
[7] 蔡俊，邱雁临，谈小兰，夏服宝，段新斌. 番茄红素提取工艺的研究. 食品与发酵工业，2000，26 (2)：50-53.
[8] 惠军，韩彬，单艳丽，惠寿年. 番茄红素提取工艺及其稳定性初步研究. 新疆农业科学，2004，41 (4)：204-207.

第6篇 有机化合物官能团的定性鉴定

有机化合物的鉴别可以用化学方法和波谱方法。在红外光谱仪和核磁共振仪出现之前，有机化合物的鉴别主要是测定化合物的物理常数、溶解性和官能团的特征反应的化学试验，以及把官能团化合物转化成具有特征物理常数的衍生物来完成。

有机化合物官能团的定性鉴定是利用各种官能团不同的特性，与指定试剂反应，产生明显、特征的现象（如颜色变化、沉淀析出、气体产生等），从而证明样品中某种官能团的存在。它具有反应快、操作简便的特点，可为进一步鉴定化合物的结构提供重要信息。

6.1 烯烃、炔烃的鉴定

1. $KMnO_4$ 溶液试验

在试管中加入 2 mL 1% $KMnO_4$ 溶液，加入 2 滴试样（固体试样先用水或丙酮溶解），振荡。如果溶液紫色褪色，有褐色沉淀生成，表明样品含烯、炔不饱和键（—C=C—、—C≡C—）。

易氧化的醛、某些酚和芳香胺也可使 $KMnO_4$ 溶液褪色。

2. Br_2/CCl_4 溶液试验

在干燥的试管中加入 2 mL 2% Br_2-CCl_4 溶液，加入 4 滴试样（固体试样先用四氯化碳溶解），振荡。如果溴的红棕色褪去，表明样品含烯、炔不饱和键（—C=C—、—C≡C—）。

有些具有烯醇式结构的醛、酮和带有强活性基团的芳烃也会使 Br_2-CCl_4 溶液褪色。

3. 银氨溶液试验

在试管中加入 0.5 mL 5%硝酸银溶液，加入 1 滴 5%NaOH 溶液，随即滴加 2%氨水溶液至开始形成的氢氧化银沉淀刚好溶解为止，在此溶液中加入 2 滴试样。如果有白色沉淀生成，表明样品为叁键在末端的炔烃（—C≡CH）。

4. 铜氨溶液试验

在试管中加入 1 mL 水，加入一小粒固体氯化亚铜，然后滴加浓氨水至沉淀完全溶解，在此溶液中加入 2 滴试样。如果有砖红色沉淀生成，表明样品为叁键在末端的炔烃（—C≡CH）。

试样：精制石油醚、环己烯、环己炔、1-己炔。

6.2 芳烃的鉴定

发烟硫酸试验：在试管中加入 1 mL 含 20%SO_3 的发烟硫酸，逐滴加入 0.5 mL 样品，振荡后静置。如果样品强烈放热并完全溶解，表明为芳烃。

该试验适用于样品可能是芳烃、烷烃或环烷烃中的一种。

6.3 卤代烃的鉴定

硝酸银溶液试验：在试管中加入 1 mL 5‰ $AgNO_3$-C_2H_5OH 溶液，加 2～3 滴试样（固体试样先用乙醇溶解），振荡。如果立即产生沉淀，可能为苄基卤、烯丙基卤或叔卤代烃；如无沉淀产生，则加热煮沸片刻，若生成沉淀，加入 1 滴 5%硝酸后沉淀不溶解，可能为仲或伯卤代；如加热仍不能生成沉淀，或生成的沉淀可溶于 5%硝酸，可能为乙烯基卤代烃或卤代芳烃或同碳多卤化合物。

酰卤也可与硝酸银溶液反应立即生成沉淀；羧酸也与硝酸银反应，但羧酸银沉淀溶于硝酸。

试样：正氯丁烷、仲氯丁烷、叔氯丁烷、正溴丁烷、溴苯、氯苄、三氯甲烷、苯甲酰氯。

6.4 醇的鉴定

1. Lucas 试验

在试管中加入 5～6 滴样品及 2 mL Lucas 试剂，塞住试管口振荡后静置。如立即出现浑浊或分层，可能为苄醇、烯丙型醇或叔醇；如不见浑浊，则放在温水浴中温热 2～3 min，振荡后静置，如慢慢出现浑浊并最后分层者为仲醇；不起作用者为伯醇。

含多于 6 个碳原子的醇不溶于水，不能用此法鉴定。

试样：苄醇、正丁醇或正戊醇、仲丁醇或仲戊醇、叔丁醇或叔戊醇。

2. 硝酸铈铵试验

将 2 滴液体试样或 50 mg 固体样品溶于 2 mL 水中（不溶于水的样品可用 2 mL 二氧六环代替），加入 0.5 mL 硝酸铈铵试剂，振荡。如果溶液呈红至橙黄色，表示是醇。以空白试验作对照。

该方法适合于少于或等于 10 个碳原子醇的鉴定。

试样：乙醇、甘油、苄醇、庚醇。

6.5 酚的鉴定

1. 氯化铁试验

在试管中加入 0.5 mL 1%样品水溶液或稀乙醇溶液，再加入 2～3 滴 1%氯化铁水溶液。如果有颜色出现，表明是酚类。

不同的酚与氯化铁生成的配合物颜色大多不同。常见为红、蓝、紫、绿等色。有烯醇结构的化合物与氯化铁也能显色，多为紫红色。

2. 溴水试验

在试管中加入 0.5 mL 1%样品水溶液，逐滴加入溴水。如果溴水的颜色不断褪去，并析出白色沉淀，表明是酚类。

芳香胺与溴水也有同样反应。

试样：苯酚、水杨酸、对苯二酚、对羟基苯甲酸、邻硝基苯酚、苯甲酸、乙酰乙酸乙酯。

6.6 醛和酮的鉴定

1. 饱和亚硫酸氢钠试验

在试管中加入 2 mL 新配制的饱和亚硫酸氢钠溶液，再加入 6～8 滴样品，振荡并置于冰水浴中冷却。如果有结晶析出，表明样品为醛、脂肪族甲基酮或环酮。

试样：丙酮、正丁醛。

2. 2,4-二硝基苯肼试验

在试管中加入 2 mL 2,4-二硝基苯肼试剂，加入 3～4 滴样品后，振荡，静置片刻。若无沉淀析出，微热 0.5 min，再振荡。冷却后如果有橙黄色或橙红色沉淀生成，表明样品为醛或酮。

试样：乙醛水溶液、丙酮、苯乙酮。

3. 碘仿试验

在试管中加入 1 mL 水和 3～4 滴样品，再加入 1 mL 10％氢氧化钠溶液，然后滴加 I_2-KI 溶液至呈淡黄色，振荡。如果反应液淡黄色逐渐消失，并出现浅黄色沉淀，表明样品为甲基酮。

具有 α-羟乙基结构的化合物也能发生碘仿反应。

试样：乙醛水溶液、正丁醛、丙酮、乙醇。

4. Schiff 试验

在试管中加入 1 mL Schiff 试剂，加入 2 滴样品（固体试样应将其溶解在最少量的水或 95％乙醇中），放置数分钟。若显紫红色，表明样品为醛。

试样：甲醛水溶液、乙醛水溶液、丙酮。

5. Tollens 试验

在洁净的试管中加入 2 mL 5％硝酸银溶液，振荡下逐滴加入浓氨水，至产生的棕色沉淀恰好溶解为止。然后加入 2 滴样品（不溶于水的试样先用 0.5 mL 乙醇溶解），静置，若无银镜形成，在水浴中加热。如果试管壁有银镜形成或生成黑色金属银沉淀，表明样品为醛。

试样：甲醛水溶液、乙醛水溶液、丙酮、苯甲醛。

6. Fehling 试验

在试管中加入 Fehling A 和 Fehling B 各 0.5 mL，混合均匀后，加入 3～4 滴样品，在沸水浴中加热。若有砖红色沉淀生成，表明为脂肪醛类化合物。

芳香醛不溶于水，所以不能发生 Fehling 反应。

试样：甲醛水溶液、乙醛水溶液、丙酮、苯甲醛。

6.7 羧酸及其衍生物的鉴定

1. 羧酸的鉴定

在配有胶塞和导气管的试管中加入 2 mL 饱和 $NaHCO_3$ 溶液，滴加 5 滴样品，产生的气体通入 5％$BaCl_2$ 溶液。如果出现沉淀，表明有羧酸类化合物。

比羧基酸性更强的基团，如—SO_3H 或能水解成羧基或酸性更强的基团，如酸酐、酰卤等，也能有此反应。

试样：乙酸、苯甲酸。

2. 酰卤的鉴定

在试管中加入 1 mL 5% $AgNO_3$-C_2H_5OH 溶液，加入 2～3 滴样品，振荡。如果立即产生沉淀，表明存在酰卤。

苄基卤、烯丙基卤或叔卤代烃也有同样反应。

3. 酰胺的鉴定

在试管中加入 2 mL 6 mol/L NaOH 溶液，然后加入 4～5 滴样品，煮沸。如果有气体产生，表明样品为酰胺。

4. 乙酰乙酸乙酯的鉴定

在试管中加入 1 mL 饱和 $Cu(Ac)_2$ 溶液和 1 mL 样品，振荡混合。如果有蓝绿色沉淀生成，则再加入 1～2 mL 氯仿后进行振荡，如果沉淀消失，表明样品中含乙酰乙酸乙酯。

乙酰乙酸乙酯还可用 2,4-二硝基苯肼试验、饱和亚硫酸氢钠试验、氯化铁-溴水试验等。

6.8 胺 的 鉴 定

1. 亚硝酸试验

在试管Ⅰ中加入 0.3 mL 样品、1 mL 浓盐酸和 2 mL 水，用冰盐浴冷却至 0～5 ℃。另在试管Ⅱ加入 0.3 g $NaNO_2$ 和 2 mL 水，将此溶液慢慢滴入样品溶液Ⅰ中，振荡并维持温度不高于 5 ℃。观察现象并判断：(1) 若在此温度下有大量气泡冒出，则样品为脂肪族伯胺。(2) 若在此温度下不冒气泡或仅有极少量气泡冒出，溶液中也无固体或油状物析出，则取试管Ⅲ加入 4 mL 10% NaOH 溶液和 0.2 g β-萘酚，将其滴入其中，产生红色沉淀的表明样品为芳香族伯胺。(3) 若溶液中有黄色固体或油状物析出，加 10% NaOH 溶液中和至碱性，溶液不变色为仲胺；若变为绿色固体，则表明样品为叔胺。

试样：苯胺、N-甲基苯胺、N,N-二甲基苯胺。

2. Hinsberg 试验

在试管中加入 0.5 mL 样品、2.5 mL 10% NaOH 溶液和 0.5 mL 苯磺酰氯，塞住试管口后振荡，并在不超过 70 ℃ 水浴中温热。冷却后用试纸检验，如不呈碱性，则再滴加 10% NaOH 溶液呈碱性。观察现象并判断：(1) 若无固体生成，用 6 mol/L HCl 酸化，析出沉淀或油状物，则样品为伯胺。(2) 若溶液中有沉淀或油状物析出，也用 6 mol/L HCl 酸化，如果沉淀不消失，则样品为仲胺。(3) 若无反应，溶液中仍有油状物，用盐酸酸化后油状物溶解为澄清溶液，则样品为叔胺。

试样：苯胺、N-甲基苯胺、N,N-二甲基苯胺。

6.9 糖类的鉴定

1. 成脎试验

在试管中加入 1 mL 5% 的样品水溶液和 1 mL 2,4-二硝基苯肼试剂，混合均匀，在沸水浴中加热。记录形成结晶所需时间，用显微镜观察脎的晶形，并与已知的糖脎作比较。

糖类也可用 Tollens 试验或 Fehling 试验鉴定。

试样：葡萄糖、果糖、蔗糖、麦芽糖。

2. Molish 试验

在试管中加入 0.5 mL 5％的样品水溶液，滴入 2 滴 10％ α-萘酚-乙醇溶液，混合均匀后，将试管倾斜约 45°，沿管壁慢慢加入 1 mL 浓 H_2SO_4，不要摇动溶液。如果在两层交界处出现紫色环，表明样品为糖类化合物。

试样：葡萄糖、蔗糖、淀粉、滤纸浆。

6.10　蛋白质的鉴定

1. 双缩脲试验

在试管中加入 10 滴清蛋白溶液和 1 mL 10％ NaOH 溶液，混合均匀，加入 4 滴 5％ $CuSO_4$ 溶液。如果有紫色出现，表明蛋白质分子中有多个肽键。

2. 黄蛋白试验

在试管中加入 1 mL 清蛋白溶液，滴入 4 滴浓 HNO_3，出现白色沉淀。将试管置于水浴中加热，沉淀变为黄色。冷却后滴加 10％ NaOH 溶液或浓氨水，黄色变为更深的橙黄色，表明蛋白质中含有酪氨酸、色氨酸或苯丙氨酸。

附　　录

附录1　常用元素的原子量（1997年）

元素名称	元素符号	原子量	元素名称	元素符号	原子量
银	Ag	107.8682	镁	Mg	24.3050
铝	Al	26.981538	锰	Mn	54.938049
溴	Br	79.904	氮	N	14.00674
钙	Ca	40.078	钠	Na	22.989770
氯	Cl	35.4527	镍	Ni	58.6934
铬	Cr	51.9961	氧	O	15.9994
铜	Cu	63.546	磷	P	30.973761
氟	F	18.9984	铅	Pb	207.2
铁	Fe	55.845	钯	Pd	106.42
氢	H	1.00794	铂	Pt	195.078
汞	Hg	200.59	硫	S	32.066
碘	I	126.90447	硅	Si	28.0855
钾	K	39.0983	锡	Sn	118.710
碳	C	12.0107	锌	Zn	65.39

附录2　常用有机溶剂的纯化

【无水乙醇】（absolute ethyl alcohol）

C_2H_5OH　bp 78.5 ℃，n_D^{20} 1.3611，d_4^{20} 0.7893。

市售的无水乙醇一般只能达到99.5%纯度，通常工业用的95.5%乙醇不能直接用蒸馏法制取无水乙醇，因95.5%乙醇和4.5%的水形成恒沸混合物。

1. 无水乙醇（含量99.5%）的制备

在100 mL圆底烧瓶中，加入30 mL 95%乙醇和10 g生石灰[1]，用木塞塞紧瓶口，放置至下次实验[2]。下次实验时，拔去木塞，装上回流冷凝管，其上端接一氯化钙干燥管，回流1 h。稍冷后，改为蒸馏装置。蒸去前馏分后，用干燥的吸滤瓶或蒸馏瓶作接收器，其支管接一氯化钙干燥管，使与大气相通。加热，蒸馏至几乎无液滴流出为止。

2. 绝对乙醇（含量 99.95%）的制备

（1）用金属镁制备　在 100 mL 圆底烧瓶中，放入 0.3 g 干燥的镁条，10 mL 99.5% 乙醇，装上回流冷凝管，并在冷凝管上端加氯化钙干燥管。加热使微沸，移去热源，立刻加入几小粒碘（注意此时不要振荡），顷刻即在碘粒附近发生作用，最后可以达到相当剧烈的程度。有时作用太慢则需加热，如果在加碘之后，作用仍不开始，则可再加入数粒碘。待全部镁作用完毕后，加入 40 mL 99.5% 乙醇和 2 粒沸石，回流 30 min。蒸馏，产品储于带有磨口塞或橡皮塞的容器中。

（2）用金属钠制备　在 100 mL 圆底烧瓶中，放置 1 g 金属钠和 50 mL 99.5% 乙醇，加入 2 粒沸石。回流 30 min 后，加入 2 g 邻苯二甲酸二乙酯[3]，再回流 10 min。改成蒸馏装置，按收集无水乙醇的要求进行蒸馏。

3. 检验乙醇有否水分

（1）取一支干净试管，加入制得的无水乙醇 2 mL，随即加入少量的无水硫酸铜粉末，如果无水硫酸铜变为蓝色则表明乙醇中含有水分。

（2）取一支干净试管，加入制得的无水乙醇 2 mL，随即加入几粒干燥的高锰酸钾，如果呈紫色溶液则表明乙醇中含有水分。

注释：

[1] 一般用干燥剂干燥有机溶剂时，在蒸馏前应先过滤除去。但氧化钙与乙醇中的水反应生成的氢氧化钙，因在加热时不分解，故可留在瓶中一起蒸馏。

[2] 若不放置，可适当延长回流时间。

[3] 加入邻苯二甲酸二乙酯的目的是利用它和氢氧化钠进行反应，抵消了乙醇和氢氧化钠生成乙醇钠与水的反应，这样制得的乙醇可达到极高的纯度。

【无水乙醚】（absolute ether）

$C_2H_5OC_2H_5$　bp 34.51 ℃，n_D^{20} 1.3526，d_4^{20} 0.7138。

在 15 ℃ 时乙醚中能溶解 1.2% 的水，在 20 ℃ 时水能溶解 6.5% 的乙醚。醚与水的共沸物含水 1.26%，在 34.15 ℃ 时沸腾，普通乙醚中含有不同数量的乙醇和水。

在空气中受光作用时，乙醚容易形成爆炸性过氧化物。因此，在贮存乙醚时建议加入氢氧化钾，它能把生成的过氧化物立即转变成不溶解的盐。此外，氢氧化钾也是很适合的干燥剂。乙醚在临用前应进行过氧化物的检查。

1. 检验有无过氧化物的存在及除去

取少量乙醚与等体积的 2% 碘化钾溶液，加入几滴稀盐酸一起振摇，若能使淀粉溶液呈紫色或蓝色，即证明有过氧化物存在。除去过氧化物可在分液漏斗中加入普通乙醚和相当于乙醚体积 1/5 的新配制硫酸亚铁溶液[1]，剧烈振摇后，分去水溶液，然后除去过氧化物。

2. 无水乙醚的制备

干燥：先用氯化钙干燥数天，过滤后，反复地加入钠丝，直到钠的光泽不变为止。

在圆底烧瓶中，放置 100 mL 除去过氧化物的普通乙醚和几粒沸石，装上冷凝管，冷凝管上端通过一带有侧槽的橡皮塞，插入盛有 10 mL 浓硫酸[2]的滴液漏斗。通入冷凝水，将浓硫酸慢慢滴入乙醚中，由于脱水作用所产生的热，乙醚会自行沸腾。加完后摇动反应物。

待乙醚停止沸腾后，改成蒸馏装置，在收集乙醚的接收瓶支管上连一氯化钙干燥管，并用与干燥管连接的橡皮管把乙醚蒸气导入水槽。加入沸石，用事先准备好的水浴加热蒸馏。蒸馏速度不宜太快，以免乙醚蒸气冷凝不下来而逸散室内[3]。当收集到约 70 mL 乙醚，且蒸馏速度显著变慢时，即可停止蒸馏。瓶内所剩残液，倒入指定的回收瓶中，切不可将水加入残液中。

将蒸馏收集的乙醚倒入干燥的锥形瓶中，加入 1 g 钠屑或钠丝，然后用带有氯化钙干燥管的软木塞塞住，或在木塞中插入一末端拉成毛细管的玻璃管，可防止潮气侵入并可使产生的气泡逸出。放置 24 h 以上，使乙醚中残留的少量水和乙醇转化为氢氧化钠和乙醇钠。如不再有气泡逸出，同时钠的表面较好，则可储放备用。如放置后，金属钠表面已全部发生作用，需重新压入少量钠丝，放置至无气泡发生。这种无水乙醚符合一般无水要求[4]。

注释：

[1] 硫酸亚铁溶液的配制：在 110 mL 水中加入 6 mL 浓硫酸，然后加入 60 g 硫酸亚铁。硫酸亚铁溶液久置后容易氧化变质，因此需在使用前临时配制。使用较纯的乙醚制取无水乙醚时，可免去硫酸亚铁溶液洗涤。

[2] 也可在 100 mL 乙醚中加入 4～5 g 无水氯化钙代替浓硫酸作干燥剂；并在下一步操作中用五氧化二磷代替金属钠而制得合格的无水乙醚。

[3] 乙醚沸点低（34.51 ℃），极易挥发（20 ℃时蒸气压为 58.9 kPa），且蒸气比空气重（约为空气的 2.5 倍），容易聚集在桌面附近或低凹处。当空气中含有 1.85%～36.5%的乙醚蒸气时，遇火即会发生燃烧爆炸。故在使用和蒸馏过程中，一定要谨慎小心，远离火源。尽量不让乙醚蒸气散发到空气中，以免造成意外。

[4] 如需要更纯的乙醚时，则在除去过氧化物后，再用 0.5%高锰酸钾溶液与乙醚共振摇，使其中含有的醛类氧化成酸，然后依次用 5%氢氧化钠、水洗涤，经干燥、蒸馏，再压入钠丝。

【无水甲醇】（absolute methyl alcohol）

CH_3OH　　bp 64.96 ℃，n_D^{20} 1.3288，d_4^{20} 0.7914。

市售的甲醇，含水量不超过 0.5%～1%。由于甲醇和水不能形成共沸物，为此可借高效的精馏柱将少量水除去。精制甲醇含有 0.02%丙酮和 0.1%水，一般已可应用。如要制得无水甲醇，可用镁的方法。若含水量低于 0.1%，亦可用 3A 或 4A 型分子筛干燥。

干燥：每升甲醇加入 5 g 镁屑，反应停止后，回流 2～3h，然后进行蒸馏。如果甲醇的含水量大于 1%，镁的反应开始后，将此混合物加到欲作干燥的大量甲醇中，这样所用镁的总量要比前面的稍微多一些。

注意：甲醇引起晕厥、抽搐、神经的损害，以及视力障碍和失明。

【苯】（benzene）

C_6H_6　　bp 80.1 ℃，n_D^{20} 1.5011，d_4^{20} 0.87865。

20 ℃时，苯能溶解 0.06%的水，在相同温度下水能溶解 0.07%的苯。苯和水的共沸物在 69.25 ℃沸腾，含有 91.17%苯；苯与水和乙醇形成三元共沸物。普通苯含有少量的水（可达 0.02%），由煤焦油加工得来的苯还含有少量噻吩（bp 84 ℃），不能用分馏或分步结晶等方法分离除去。

1. 干燥：苯可用共沸物蒸馏进行干燥，把最初 10%的蒸馏液弃去，最好是加入钠丝除去水，反复加入新鲜的钠直到再也没有氢气放出为止。

2. 无水无噻吩苯的制备：在分液漏斗内将苯及相当苯体积 15%的浓硫酸一起摇荡，静置，弃去底层的酸液，再加入新的浓硫酸，这样重复操作直至酸层呈现无色或淡黄色，且检验无噻吩为止。分去酸层，苯层依次用水、10％碳酸钠溶液、水洗涤，经氯化钙干燥，蒸馏，收集 80 ℃的馏分。加入钠丝（见"无水乙醚"）保存待用。

3. 噻吩的检验：取 5 滴苯于小试管中，加入 5 滴浓硫酸及 1～2 滴 1‰α,β-吲哚醌-浓硫酸溶液，振荡片刻。如呈墨绿色或蓝色，表示有噻吩存在。

注意：对造血系统的损害是苯中毒的主要特征，早期中毒表现为白细胞数持续降低和头晕、乏力等。

【丙酮】（acetone）

CH_3COCH_3　bp 56.2 ℃，n_D^{20} 1.3588，d_4^{20} 0.7899。

丙酮和醇、醚以及水能任意混溶，它与水不形成共沸混合物。普通丙酮中往往含有少量水及甲醇、乙醛等还原性杂质，可用下列方法精制：

1. 在 100 mL 丙酮中加入 0.5 g 高锰酸钾回流，以除去少量还原性杂质。若高锰酸钾紫色很快消失，则需再加入少量高锰酸钾继续回流，直至紫色不再消失为止。蒸出丙酮，用无水碳酸钾或无水硫酸钙干燥，过滤，蒸馏收集 55～56.5 ℃的馏分。

2. 于 100 mL 丙酮中加入 4 mL 10％硝酸银溶液及 35 mL 0.1mol/L 氢氧化钠溶液，振荡 10 min，除去还原性杂质。过滤，滤液用无水硫酸钙干燥后，蒸馏收集 55～56.5 ℃的馏分。

3. 工业丙酮为了加以干燥，可加入五氧化二磷放置 1 h，并时常加入新鲜的干燥剂；不太急需时也可以用氯化钙干燥；在上述各种情况下都要进行蒸馏。必须记住，用碱性干燥剂干燥时会生成缩合产物（即使用酸性干燥剂也有少量生成）。

【乙酸乙酯】（ethyl acetate）

$CH_3COOH_2H_5$　bp 77.06 ℃，n_D^{20} 1.3723，d_4^{20} 0.9003。

市售的乙酸乙酯中含有少量水、乙醇和乙酸，可用下述方法精制：

1. 于 100 mL 乙酸乙酯中加入 10 mL 乙酸酐和 1 滴浓硫酸，加热回流 4 h，除去乙醇及水等杂质，然后进行分馏，收集 76～77 ℃的馏液。用 2～3g 无水碳酸钾振荡干燥，过滤后，再蒸馏，最后产物的沸点为 77 ℃，纯度达 99.7％。

2. 将乙酸乙酯先用等体积 5％碳酸钠溶液洗涤，再用饱和氯化钙溶液洗涤，然后用无水碳酸钾干燥后，蒸馏。当干燥要严格时，可向乙酸乙酯中加入少量五氧化二磷干燥，过滤，在隔绝湿气的条件下蒸馏。

【氯仿】（chloroform）

$CHCl_3$　bp 61.7 ℃，n_D^{20} 1.4459，d_4^{20} 1.4932。

氯仿-水-乙醇共沸物含有 3.5％水、4％乙醇，在 55 ℃沸腾。普通用的氯仿含有 1％的乙醇，这是为了防止氯仿分解为有毒的光气，作为稳定剂加进去的。为了除去乙醇，可以将氯仿用一半体积的水振荡数次，然后分出下层氯仿，用无水氯化钙干燥数小时后，蒸馏。

另一种精制方法是将氯仿与小量浓硫酸一起振荡数次，每 500 mL 氯仿，约用浓硫酸 25 mL。分去酸层后，用水洗涤，干燥，然后蒸馏。除去乙醇的无水氯仿应保存于棕色瓶子里，并且不要见光，以免分解。

注意：氯仿不能与金属钠接触，因为有爆炸的危险。氯仿主要作用于中枢神经系统，有麻醉作用。长期接触氯仿可引起肝脏损害。

【石油醚】（petroleum）

石油醚为轻质石油产品，是低分子量烃类（主要是戊烷、己烷和庚烷）混合物，常用的有沸程为 30~60 ℃、60~90 ℃、90~120 ℃ 等规格的石油醚。石油醚中含有少量不饱和烃，沸点与烷烃相近，用蒸馏法无法分离，必要时可用浓硫酸和高锰酸钾把它除去。

通常将石油醚用其体积 1/10 的浓硫酸洗涤 2~3 次，再用 10% 硫酸加入高锰酸钾配成的饱和溶液洗涤，直至水层中的紫色不再消失为止。然后再用水洗，经无水氯化钙干燥后，蒸馏。如要绝对干燥的石油醚则加入钠丝（见"无水乙醚"）。

【吡啶】(pyridine)

C_5H_5N bp 115.6 ℃，n_D^{20} 1.5095，d_4^{20} 0.9819。

吡啶有吸湿性，能任意与水、乙醇以及乙醚混溶，与水形成的共沸物在 94 ℃ 沸腾，含有 57% 吡啶。

分析纯吡啶的纯度大于 99.5%，已可供一般使用。如要制得无水吡啶，可与粒状氢氧化钾或氢氧化钠一起回流，然后隔绝潮气蒸出备用。干燥的吡啶吸水性很强，保存时应将容器口用石蜡封好。

注意：吡啶对皮肤有刺激作用，可引起湿疹样的皮肤损害。吸入吡啶蒸气可出现头晕、恶心和肝肾损害，大量吸入能麻痹中枢神经系统。

【N,N-二甲基甲酰胺】(N,N-dimethyl formamide，DMF)

$(CH_3)_2NCHO$ bp 153.0 ℃，n_D^{20} 1.4305，d_4^{20} 0.9487。

N,N-二甲基甲酰胺和水及大多数有机溶剂可任意混溶，此外尚能溶解许多盐类。常含有胺、氨、甲醇以及少量水分。在常压蒸馏时有少量分解，产生二甲胺与一氧化碳。若有酸或碱存在时，分解加快。所以在加入固体氢氧化钾或氢氧化钠在室温放置数小时后，即有部分分解。因此，最好用硫酸钙、硫酸镁、氧化钡、硅胶或分子筛干燥，然后减压蒸馏，收集 76 ℃/4.79 kPa（36 mmHg）的馏分。如其中含水较多时，可加入 1/10 体积的苯，在常压及 80 ℃ 以下蒸去水和苯，然后用硫酸镁或氧化钡干燥，再进行减压蒸馏。

N,N-二甲基甲酰胺中如有游离胺存在，可用 2,4-二硝基氟苯产生颜色来检查。

注意：N,N-二甲基甲酰胺对皮肤和黏膜有轻度刺激作用，并能经皮肤吸收。

【四氢呋喃】(tetrahydrofuran，THF)

bp 67 ℃，n_D^{20} 1.4050，d_4^{20} 0.8892。

市售的四氢呋喃含有少量水分及过氧化物。如要制得无水四氢呋喃，可与氢化铝锂（通常 500 mL 约需 2 g 氢化铝锂）在隔绝潮气下加热回流 1~2 h，然后蒸馏，收集 65~66 ℃ 的馏分。精制后的液体应在氮气氛中保存，如需较久放置，应加 0.025% 4-甲基 2,6-二叔丁基苯酚作抗氧剂。处理四氢呋喃时，应先用小量进行试验，以确定只有少量水和过氧化物，作用不致过于猛烈时，方可进行。

四氢呋喃中的过氧化物可用酸化的碘化钾溶液来试验。如过氧化物很多，应另行处理。

【二甲亚砜】(dimethyl sulfone，DMSO)

bp 189 ℃（mp 18.5 ℃），n_D^{20} 1.4783，d_4^{20} 1.0954。

二甲亚砜为吸湿性液体，常压下加热至沸腾可部分分解。市售试剂级二甲亚砜含水量约为 1%，通常先减压蒸馏，然后用 4A 型分子筛干燥；或用氢化钙粉末搅拌 4~8 h，再减压蒸馏收集 64~65 ℃/533 Pa（4 mmHg）馏分。蒸馏时，温度不宜高于 90 ℃，否则会发生歧化反应生成二甲砜和二甲硫醚。放入分子筛贮存待用。

附录3　常用试剂的配制

【2,4-二硝基苯肼试剂】

取 1 g 2,4-二硝基苯肼溶于 7.5 mL 浓硫酸中,将此溶液慢慢倒入 75 mL 95％乙醇中,再用水稀释至 250 mL,搅动混合均匀即成橙红色溶液,若有沉淀应过滤。

【饱和亚硫酸氢钠溶液】

1. 将研细的碳酸钠（$Na_2CO_3 \cdot 10H_2O$）与水混合,水的用量使粉末上只覆盖一薄层水为宜。然后通入二氧化硫气体,至碳酸钠近乎完全溶解;或将二氧化硫通入 1 份碳酸钠与 3 份水的混合物中,至碳酸钠全部溶解为止。配制好后密封放置,但不可放置太久,最好是用时新配。

2. 取饱和亚硫酸氢钠溶液 100 mL,加入 70 mL 乙醇,然后加入足够量的水使溶液呈透明清亮状。

【Schiff（希夫）试剂】

1. 将 0.2 g 对品红盐酸盐溶于 100 mL 新制的冷却饱和二氧化硫溶液中,放置数小时,直至溶液无色或淡黄色,再加水稀释至 200 mL,密封贮存在棕色瓶中。

2. 溶解 0.2 g 对品红盐酸盐于 100 mL 热水中,冷却后,加入 2 g 亚硫酸氢钠和 2 mL 浓盐酸,最后用水稀释至 200 mL,密封贮存于棕色瓶中。

Schiff 试剂应密封贮存于暗冷处,倘若受热见光或露置空气中过久,试剂中的二氧化硫易失,结果又显桃红色。遇此情况,应再通入二氧化硫,使颜色消失后使用。但应指出,试剂中过量的二氧化硫愈少,反应就愈灵敏。

【Fehling（斐林）试剂】

Fehling 试剂由 Fehling A 和 Fehling B 组成,使用时将两者等体积混合。

Fehling A:将 3.5 g 五水硫酸铜晶体溶于 100 mL 水中,浑浊时过滤。

Fehling B:将 17 g 五水酒石酸钾钠晶体溶于 20 mL 热水中,加入含有 5 g 氢氧化钠的水溶液 20 mL,稀释至 100 mL。

【Benedict（本尼迪）试剂】

溶解 20 g 柠檬酸钠和 11.5 g 无水碳酸钠于 100 mL 热水中,不断搅拌下,把含 2 g 硫酸铜结晶的 20 mL 水溶液慢慢地加到柠檬酸钠和碳酸钠溶液中。此混合液应十分清澈,否则,需过滤。

【Tollens 试剂】

加 20 mL 5％硝酸银溶液于干净试管内,加入 1 滴 10％氢氧化钠溶液,然后滴加 2％氨水,随摇,直至沉淀刚好溶解。

Tollens 试剂久置后将析出黑色的氮化银（Ag_3N）沉淀,它受振动时分解,发生猛烈爆炸,有时潮湿的氮化银也能引起爆炸。因此,Tollens 试剂必须现用现配。

【Lucas 试剂】

将 34 g 无水氯化锌在蒸发皿中加强热使其熔融,稍冷后置干燥器中冷至室温,取出捣碎,溶于 23 mL 浓盐酸中。配制时须加以搅动,并把容器放在冰水浴中冷却,以防氯化氢逸出。放冷后,存于玻璃瓶中,塞紧。此试剂一般是临用时配制。

【硝酸铈铵试剂】

取 100 g 硝酸铈铵加 250 mL 2 mol/L 硝酸，加热使溶解后放冷。

【碘-碘化钾溶液】

将 20 g 碘化钾溶于 100 mL 水中，然后加入 10 g 碘，搅动使其全溶呈深红色溶液。

【饱和溴水】

溶解 15 g 溴化钾于 100 mL 水中，加入 10 g 溴，振荡。

【氯化亚铜氨溶液】

取 1 g 氯化亚铜，加 1～2 mL 浓氯水和 10 mL 水，用力摇动后，静置片刻，倾出溶液，并投入一块铜片（或一根铜丝），贮存备用。

【次溴酸钠水溶液】

在 2 滴溴中，滴加 5% 氢氧化钠溶液，直到溴全溶且溶液红色褪掉呈淡蓝色为止。

【1%淀粉溶液】

将 1 g 可溶性淀粉溶于 5 mL 冷蒸馏水中，用力搅成稀浆状，然后倒入 94 mL 沸水中，即得近于透明的胶体溶液，放冷使用。

【α-萘酚试剂】

取 10 g α-萘酚溶于 95% 酒精，再用 95% 酒精稀释至 100 mL，贮于棕色瓶中，用前才配制。

【间苯二酚盐酸试剂】

将 0.05 g 间苯二酚溶于 50 mL 浓盐酸中，再用蒸馏水稀释至 100 mL。

【0.1%茚三酮乙醇溶液】

将 0.1 g 茚三酮溶于 124.9 mL 95% 乙醇中，用时新配。

【Millon（米伦）试剂】

将 2 g 汞溶于 3 mL 浓硝酸（相对密度为 1.4）中，然后用水稀释到 100 mL。它主要含有汞、硝酸亚汞和硝酸汞，此外还有过量的硝酸和少量的亚硝酸。

附录 4　制备实验中基本操作一览表

序号	实验名称	熔点测定	分液漏斗使用	滴液漏斗使用	萃取	抽滤	磁力搅拌	回流	蒸馏	分馏	减压蒸馏	水蒸气蒸馏	重结晶	水分离器使用	无水操作	气体吸收装置
3.2.1	环己烷的氯代反应			√		√		√	√							√
3.3.1	1,2-二溴乙烷的制备		√	√				√								√
3.3.2	1,2,3-三溴丙烷的制备			√			√	√		√						√
3.4.1	对二叔丁基苯的制备	√		√	√	√		√					√		√	√
3.4.2	苯乙酮的制备			√		√	√	√								
3.4.3	硝基苯的制备			√				√								√
3.5.2	2-甲基-2-氯丙烷的制备		√		√				√							

续表

序号	实验名称	熔点测定	分液漏斗使用	滴液漏斗使用	萃取	抽滤	磁力搅拌	回流	蒸馏	分馏	减压蒸馏	水蒸气蒸馏	重结晶	水分离器使用	无水操作	气体吸收装置
3.5.3	正丁醚的制备		√		√			√	√					√		
3.5.4	β-萘乙醚的制备				√	√		√					√			
3.6.1	环己烯的制备				√				√	√						
3.6.2	2-甲基-2-丁烯和 2-甲基-1-丁烯的制备				√		√		√	√						
3.7.1	三苯甲醇的制备	√	√	√	√	√		√			√		√		√	
3.7.2	2-甲基-2-丁醇的制备		√	√	√			√	√						√	
3.8.1	乙酸乙酯的制备		√		√			√	√							
3.8.2	苯甲酸乙酯的制备		√		√			√	√		√			√		
3.9.1	肉桂酸的制备	√			√			√				√	√			
3.9.2	乙酰乙酸乙酯的制备		√		√			√			√				√	
3.9.3	查耳酮的制备	√			√								√			
3.10.1	蒽与马来酸酐的环加成					√										
3.10.2	环戊二烯与对苯醌的环加成					√							√			
3.11.1	环己酮的制备		√	√	√			√			√					
3.11.2	己二酸的制备		√		√			√					√			√
3.12.1	1-苯乙醇的制备		√		√			√								
3.12.2	苯胺的制备		√		√			√			√					
3.13.1	呋喃甲醇和呋喃甲酸的制备	√	√		√	√		√					√			
3.13.2	苯甲醇和苯甲酸的制备		√		√	√		√					√			
3.14.1	甲基橙的制备				√								√			
3.14.2	对氯甲苯的制备				√			√					√			
3.15.1	8-羟基喹啉的制备	√			√	√	√					√	√			
3.15.2	2-氨基噻唑的制备	√			√		√	√					√			
3.16.1	(±)-α-苯乙胺的合成		√		√			√			√					
3.16.2	(±)-α-苯乙胺的拆分				√	√		√	√							
3.17.1	酶解-水蒸气蒸馏法提取沙姜精油		√		√			√			√					
3.17.2	溶剂法从黑胡椒中提取胡椒碱		√			√		√					√			
3.17.3	从毛发中提取胱氨酸	√			√	√	√									

附录4 制备实验中基本操作一览表

续表

序号	实验名称	熔点测定	分液漏斗使用	滴液漏斗使用	萃取	抽滤	磁力搅拌	回流	蒸馏	分馏	减压蒸馏	水蒸气蒸馏	重结晶	水分离器使用	无水操作	气体吸收装置
4.1.1	邻甲氧基苯酚相转移催化制备香兰素	√		√	√	√	√	√				√	√			
4.1.2	相转移催化制备二茂铁					√	√									
4.2.1	苯频哪醇的光化学制备					√										
4.2.2	马来酸酐光化二聚制备1,2,3,4-四羧酸甲酯环丁烷	√				√		√					√			
4.3.1	Kolbe电解法合成十二烷				√				√	√						
4.4.1	微波辐射合成对氨基苯磺酸	√				√							√			
4.4.2	微波法提取黑胡椒油树脂及胡椒碱含量的测定					√	√	√								
4.5.1	α-乙酰氨基肉桂酸的不对称常压氢化反应														√	
5.1.1	阿司匹林的合成	√				√							√			
5.1.2	非那西丁的合成	√				√							√			
5.1.3	从茶叶中提取咖啡因				√			√	√							
5.1.4	薄层色谱法对解热镇痛药片APC各组分的分离鉴定					√	√						√			
5.2.1	乙酰苯胺的制备	√				√							√			
5.2.2	对乙酰氨基苯磺酰氯的制备					√									√	√
5.2.3	对氨基苯磺酰胺的制备	√				√							√			
5.2.4	磺胺吡啶的制备	√				√		√					√			
5.2.5	磺胺噻唑的制备	√				√		√					√			
5.2.6	磺胺药物的抗菌试验															
5.3.1	安息香的辅酶法合成	√				√	√						√			
5.3.2	二苯基乙二酮的制备——薄层色谱监测反应的进程					√	√						√			
5.3.3	5,5-二苯基乙内酰脲的合成	√	√			√							√			
5.4	在水相中进行的类似格氏反应研究		√	√	√	√										
5.5	番茄酱中番茄红素和β-胡萝卜素的提取及分析测定		√		√				√	√						

附录5 有机化学文献和手册中常见的英文缩写

aa	acetic acid	醋酸		*conc*	concentrated	浓的
abs	absolute	绝对的		cr	crystals	结晶、晶体
ac	acid	酸		cy	cyclohexane	环己烷
Ac	acetyl	乙酰基		d	decompose	分解
ace	acetone	丙酮		dil	diluted	稀释、稀的
al	alcohol	醇(通常指乙醇)		diox	dioxane	二䓬烷(二氧杂环己烷)
alk	alkali	碱		diq	deliquescent	潮解的、易吸湿气的
am	amyl[pentyl]	戊基		distb	distillable	可蒸馏的
amor	amorphous	无定形的		dk	dark	黑暗的、暗(颜色)
anh	anhydrous	无水的		DMF	dimethyl formamide	二甲基甲酰胺
aq	aqueous	水的、含水的				
as	asymmetric	不对称的		Et	ethyl	乙基
atm	atmosphere	大气、大气压		eth	ether	醚、(二)乙醚
b	boiling	沸腾		exp	explode	爆炸
bipym	bipyramidal	双锥体的		et. ac	ethyl acetate	乙酸乙酯
bk	black	黑(色)		fl	flakes	絮片状
bl	blue	蓝(色)		flt	fluorescent	荧光的
br	brown	棕(色)、褐(色)		fr	freeze	冻、冻结
bt	bright	嫩(色)、浅(色)		fr. p	freezing point	冰点、凝固点
Bu	butyl	丁基		fum	fuming	发烟的
Bz	benzene	苯		gel	gelatinous	胶凝的
c	cold	冷的、无光(彩)		gl	glacial	冰的
chl	chloroform	氯仿		glyc	glycerin	甘油
col	column	柱、塔、列		gold	golden	(黄)金的、金色的
col	colorless	无色		gr	green	绿的、新鲜的
comp	compound	化合物		gran	granular	粒状
gy	gray	灰(色)的		pw	powder	粉末、火药
H	hot	热		pym	pyramids	棱锥形、角锥
hex	hexagonal	六方形的		rac	racemic	外消旋的
hing	heating	加热的		rect	rectangular	长方(形)的
hp	heptane	庚烷		rh	rhombic	正交(晶)的
hx	hexane	己烷		rhd	rhombodral	菱形的、三角晶的
hyd	hydrate	水合物		s	soluble	可溶解的
i	insoluble	水溶(解)的		s	secondary	仲、第二的
i	iso-	异		silv	silvery	银的、银色的
ign	ignite	点火、着火		so	solid	固体
infl	inflammable	易燃的		sol	solution	溶液、溶解
infus	infusible	不溶的		solv	solvent	溶剂、有溶解力的
liq	liquid	液体、液态的		sph	sphenoidal	半面晶形的
lt	light	轻的		st	stable	稳定的

m	melting	熔化	sub	sublimes	升华
m	meta	间位(有机物命名)	suc	supercooled	过冷的
		偏(无机酸)	sulf	sulfuric acid	硫酸
Me	methyl	甲基	sym	symmetrical	对称的
mior	microscopic	显微(镜)的,微观的	*t*	tertiary	叔某基、第三
mol	monoclinc	单斜(晶)的	ta	tablets	平片体
mut	mutarotatory	变旋光(作用)	tcl	triclinic	三斜(晶)的
n	normal chain	正链、折射率	tet	tetrahedron	四面体
	refractive index		tetr	tetragonal	四方(晶)的
nd	needle	针状结晶	THF	tetrahydrofuran	四氢呋喃
o	ortho-	正、邻(位)	tol	toluene	甲苯
oct	octahedral	八面的	tr	transparent	透明的
og	orange	橙色的	undil	undiluted	未稀释的
ord	ordinary	普通的	uns	unsymmetrical	未对称的
org	organic	有机的	unst	unstable	不稳定的
orh	orthorhombic	斜方(晶)的	vac	vacuum	真空
Os	organic solvent	有机溶剂	vap	vapor	蒸汽
			visc	viscous	黏(滞)的
p	para-	对(位)	volat	volatile	挥发(性)的
part	partial	部分的		或 volatilises	
peth	petroleum ether	石油醚	vt	violet	紫色
			W	water	水
ph	phenyl	苯基	wh	white	白(色)的
pk	pink	桃红	wr	warm	温热的、加(温)
pr	prism	棱镜、棱柱体	wx	waxy	蜡状的
pr	propyl	丙基	xyl	xylene	二甲苯
purl	purple	红紫(色)	yel	yellow	黄(色)的

主要参考书目

[1] 曾昭琼，曾和平等．有机化学实验．3版．北京：高等教育出版社，2000．

[2] 朱琴玉，曹洋．大学化学实验．北京：化学工业出版社，2021．

[3] 曹健，郭玲香．有机化学实验．南京：南京大学出版社，2012．

[4] 虞虹，薛明强．基础化学实验．苏州：苏州大学出版社，2016．

[5] 李吉海．基础化学实验（Ⅱ）——有机化学实验．2版．北京：化学工业出版社，2004．

[6] 高占先．有机化学实验．4版．北京：高等教育出版社，2007．

[7] 刘湘，刘士荣．有机化学实验．2版．北京：化学工业出版社，2013．

[8] 李良助，林垚，宋艳玲等．有机合成原理和技术．北京：高等教育出版社，1992．

[9] 朱文．有机化学实验．2版．北京：高等教育出版社，1999．

[10] 黄涛．有机化学实验．3版．北京：化学工业出版社，2021．

[11] 薛思佳，季萍，Larry Olson. Experimental Organic Chemistry（有机化学实验，英-汉双语版）．第2版．北京：科学出版社，2007．

[12] Pavia D L 等．现代有机化学实验技术导论．丁新腾译．北京：科学出版社，1985．

[13] 王尊本．综合化学实验．北京：科学出版社，2007．

[14] 吴世晖，周景尧，林子森等．中级有机化学实验．北京：高等教育出版社，1986．

[15] 苏克曼，番铁英，张玉兰．波谱解析法．上海：华东理工大学出版社，2002．

[16] 宁永成．有机化合物结构鉴定与有机波谱学．北京：清华大学出版社，1989．

[17] 张翠梅．化学化工文献与信息检索．北京：国防工业出版社，2008．

[18] Pavia D L, Lampman G M, Kriz G S, Jr. Introduction to Organic Laboratory Techniques, A Contemporary Approach, W. B. Saunders Company, 1976.

[19] Furniss B S, Hannaford A J, Smith P W G, Tatchell A R. Vogel's Textbook of Practical Organic Chemistry, Fifth Edition, 1989.

[20] Gilbert J C, et al. Experimental Organic Chemistry: A miniscale and Micrseale Approach, 3rd edition. New York: Brooks Cole, 2001.